彩图 9 黄肉果实猕猴桃

彩图 10 绿肉果实猕猴桃

彩图 11 红肉果实猕猴桃

彩图 12 猕猴桃种子

彩图 13 畸形果

彩图 14 苗圃开花植株

彩图 15 猕猴桃受到晚霜危害

彩图 16 果实表面出现日灼

彩图 17　缺素黄化症状

彩图 18　受风害的果实

彩图 19　海沃德

彩图 20　秦美

彩图 21　徐香

彩图 22　米良 1 号

彩图 23　金魁

彩图 24　哑特

彩图 25　农大猕香

彩图 26　金香

彩图 27　翠香

彩图 28　布鲁诺

彩图 29　红阳

彩图 30　脐红

彩图 31　晚红

彩图 32　楚红

彩图 33　早金

彩图 34　翠玉

彩图 35　金桃

彩图 36　金农

彩图 37　华优

彩图 38　桂海 4 号

彩图 39　庐山香

彩图 40　魁蜜

彩图 41　金艳

彩图 42　华特

彩图 43　种子采集

彩图 44　伤流现象

彩图 45　近地面树干受冻症
状（左）及来年恢复状况（右）

彩图 46　正常叶片

彩图 47　缺氮症状

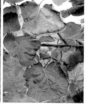

彩图 48　幼树和成龄树的缺钾症状

彩图 49　缺钙症状

彩图 50　缺镁症状

彩图 51　缺铁失绿症状

彩图 52　缺锰症状

彩图 53　缺硼症状

彩图 54　毛苕子作为绿肥

彩图 55　苜蓿作为绿肥

彩图 56　干腐病

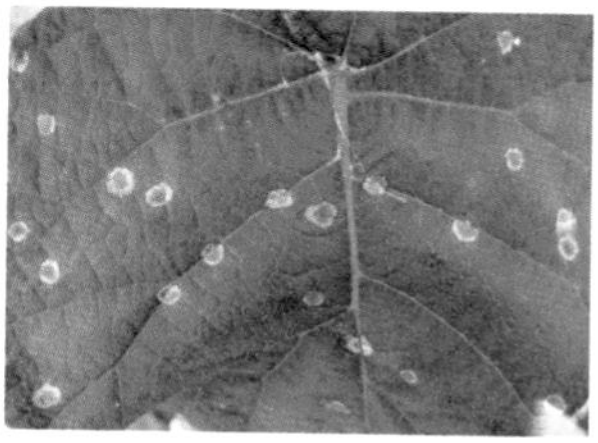

彩图 57　褐斑病

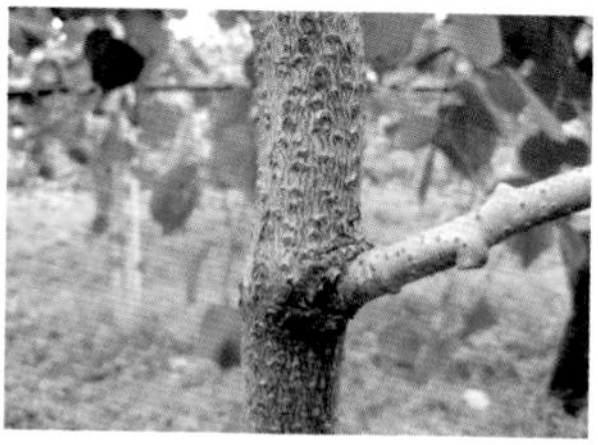

彩图 58　藤仲病

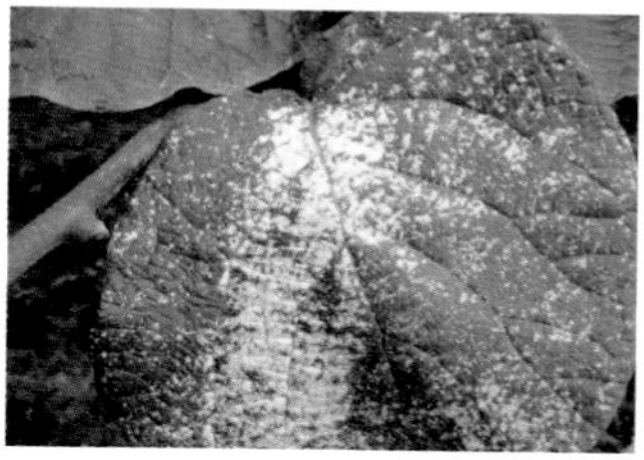

彩图 59　花叶病毒病

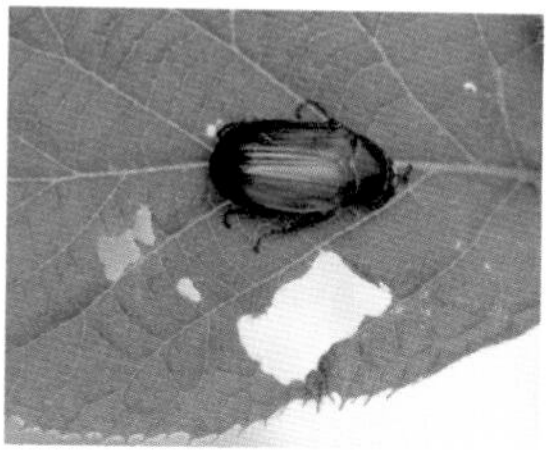

彩图 60　金龟子

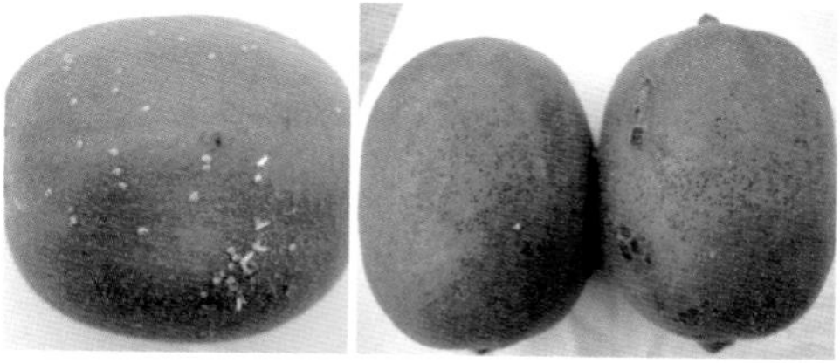

彩图 61　介壳虫为害果实症状

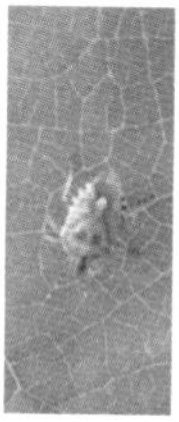

彩图 62　蜡象

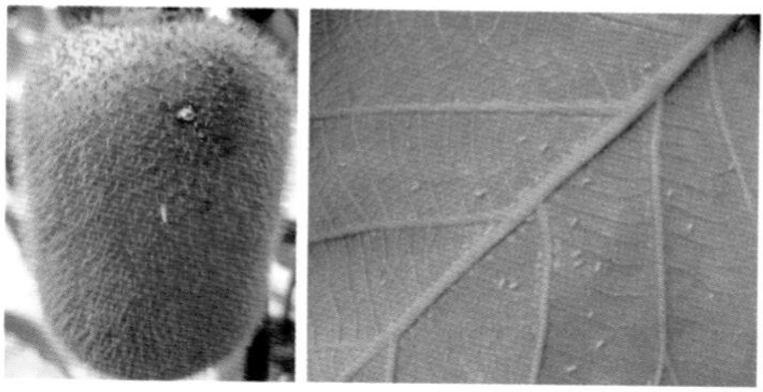

彩图 63　小绿叶蝉

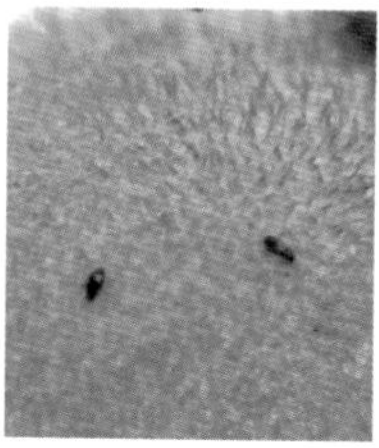

彩图 64　小新甲

彩图 65　斑衣蜡蝉若虫及虫卵

彩图 66　苹小卷叶蛾为害果实

彩图 67　吸果夜蛾类为害果实

彩图 68　根结线虫

猕猴桃高效栽培

郁俊谊　刘占德　编

机 械 工 业 出 版 社

本书收集了国内外有关猕猴桃栽培方面的最新研究成果，总结了猕猴桃科技示范园的管理经验及编者多年来在实践中对猕猴桃生产的认识，从猕猴桃的生物学特性、栽培品种、育苗、建园、土肥水综合管理、整形修剪、花果管理、病虫害综合防治、采收及采后处理等方面进行了比较翔实的描述，图文并茂，通俗易懂，实用性强。书中设有"提示""注意"等小栏目，可以帮助读者更好地掌握猕猴桃栽培过程中的技术要点；所提供的栽培实例，也可供读者借鉴。

本书适合广大猕猴桃种植户、农业技术推广人员及生产与经营管理者使用，也可供农林院校的相关专业师生学习参考。

图书在版编目（CIP）数据

猕猴桃高效栽培/郁俊谊，刘占德编 . —北京：机械工业出版社，2016.2（2020.5 重印）

（高效种植致富直通车）

ISBN 978-7-111-52460-1

Ⅰ.①猕… Ⅱ.①郁…②刘… Ⅲ.①猕猴桃 - 果树园艺 Ⅳ.①S663.4

中国版本图书馆 CIP 数据核字（2015）第 301207 号

机械工业出版社（北京市百万庄大街 22 号 邮政编码 100037）
总 策 划：李俊玲 张敬柱 策划编辑：高 伟 郎 峰
责任编辑：高 伟 郎 峰 责任校对：朱晓果
责任印制：郜 敏
涿州市京南印刷厂印刷
2020 年 5 月第 1 版 · 第 6 次印刷
140mm×203mm · 8.125 印张 · 4 插页 · 217 千字
标准书号：ISBN 978-7-111-52460-1
定价：29.80 元

序

  园艺产业包括蔬菜、果树、花卉和茶等，经多年发展，园艺产业已经成为我国很多地区的农业支柱产业，形成了具有地方特色的果蔬优势产区，园艺种植的发展为农民增收致富和"三农"问题的解决做出了重要贡献。园艺产业基本属于高投入、高产出、技术含量相对较高的产业，农民在实际生产中经常在新品种引进和选择、设施建设、栽培和管理、病虫害防治及产品市场发展趋势预测等诸多方面存在困惑。要实现园艺生产的高产高效，并尽可能地减少农药、化肥施用量以保障产品食用安全和生产环境的健康离不开科技的支撑。

  根据目前农村果蔬产业的生产现状和实际需求，机械工业出版社坚持高起点、高质量、高标准的原则，组织全国 20 多家农业科研院所中理论和实践经验丰富的教师、科研人员及一线技术人员编写了"高效种植致富直通车"丛书。该丛书以蔬菜、果树的高效种植为基本点，全面介绍了主要果蔬的高效栽培技术、棚室果蔬高效栽培技术和病虫害诊断与防治技术、果树整形修剪技术、农村经济作物栽培技术等，基本涵盖了主要的果蔬作物类型，内容全面，突出实用性，可操作性、指导性强。

  整套图书力避大段晦涩文字的说教，编写形式新颖，采取图、表、文结合的方式，穿插重点、难点、窍门或提示等小栏目。此外，为提高技术的可借鉴性，书中配有果蔬优势产区种植能手的实例介绍，以便于种植者之间的交流和学习。

  丛书针对性强，适合农村种植业者、农业技术人员和院校相关专业师生阅读参考。希望本套丛书能为农村果蔬产业科技进步和产业发展做出贡献，同时也恳请读者对书中的不当和错误之处提出宝贵意见，以便补正。

中国农业大学农学与生物技术学院

前　言

　　猕猴桃富含多种营养物质及矿质元素，尤以维生素 C 含量高而著名，被誉为"水果之王"。目前全球已经有 30 多个国家栽培猕猴桃。近年来，猕猴桃的栽培面积和产量一直呈快速上升的趋势，到 2014 年底，世界猕猴桃栽培面积超过了 20 万公顷，年产量达到了 300 多万吨，其中我国的猕猴桃栽培面积占全世界猕猴桃栽培面积的 2/3，产量占 50% 以上。陕西的秦岭北麓是我国乃至全世界猕猴桃栽培最集中的地区，栽培面积已经达到了 6 万多公顷。猕猴桃产业已发展为我国许多地区农民脱贫致富、繁荣农村经济的支柱产业之一。

　　猕猴桃原产于中国，但商业化栽培起步于新西兰。我国的猕猴桃规模化栽培只有不到 30 年时间。相对于其他果树，猕猴桃的人工栽培历史较短，生产中暴露的问题较多，许多现象尚未研究清楚，相关的知识积淀不够，处在一边生产栽培，一边试验摸索的状态。为此，编者在总结前人研究的最新成果的基础上，参考了国内外权威专家及同行的文献资料，并根据编者多年来的生产实践经验及部分乡土专家的意见，对猕猴桃的野生分布状态到人工栽培状态的整个过程进行了比较详尽系统的描述，包括猕猴桃对环境的要求、猕猴桃的生物学特性、主要栽培新品种、种苗培育、建园技术、树体培养与管理、病虫害防治及采收与贮藏加工等内容，对影响猕猴桃生长发育的基础部分——土肥水管理做了更详细的分析和叙述，期望对读者以更大的启迪和帮助。

　　需要特别说明的是，本书所用药物及其使用剂量仅供读者参考，不可完全照搬。在生产实际中，所用药物学名、通用名和实际商品名称存在差异，药物浓度也有所不同，建议读者在使用每一种药物之前，参阅厂家提供的产品说明来确认药物用量、用药方法、用药时间及禁忌等。

　　在本书编写的过程中，编者参引了许多专家、学者和同行们的研究成果和经验,在此表示衷心的感谢!

由于编者水平所限,书中存在的错误和不足之处在所难免,敬请读者批评指正。

编　者

目 录

第十一章　猕猴桃高效栽培实例

附录

参考文献

第一章
概 述

第一节 猕猴桃的种类

猕猴桃属于被子植物门双子叶植物纲山茶目猕猴桃科猕猴桃属，为多年生落叶、半落叶或常绿攀援藤本植物，也有少数灌木林类型，因为猕猴喜食而得名。猕猴桃又名羊桃、毛桃，据各种"木本"类的古书记载，也称猕猴桃为猕猴梨、藤梨、鬼桃、阳桃、木子等。

猕猴桃属植物最早隶属于第伦桃科，1899 年由 Van Tieghem 建立了猕猴桃科，1963 年归入山茶目。1911 年 Dunn 将猕猴桃属分为 4 组（净果组、斑果组、粗毛组、星毛组）23 种，但不包括条叶猕猴桃。由于新种的不断发现，李慧林于 1952 年订正该属为 4 组 36 种。1984 年梁畴芬再一次修正为 4 组 54 种 34 变种及一些类型，按最近分类修订，该属有 54 种 21 个变种，共 75 个分类单元。目前认为具有较高经济价值的种类有中华猕猴桃、美味猕猴桃、毛花猕猴桃、软枣猕猴桃、狗枣猕猴桃、葛枣猕猴桃、多花猕猴桃、京梨猕猴桃、阔叶猕猴桃、革叶猕猴桃、对萼猕猴桃等。多年来由于人们对自然资源保护知识的缺乏，植被被严重破坏，全花猕猴桃、桂林猕猴桃等种群已经濒临灭绝，被列为第二批中国稀有濒危植物。

猕猴桃多数为雌雄异株，稀有雌雄同株，花单生或聚伞花序，雌蕊子房上位，多室，胚珠多着生在中轴胎座上，花柱多数，分离呈放射状，果实近圆形或长圆形。猕猴桃属的各个种被鉴定为 6000

万～7000万年前的第三纪植被，出现于中生代侏罗纪之后至新生代第三纪中新世之前，是古老的孑遗植物。

（1）中华猕猴桃 又名软毛猕猴桃，光阳桃等。以原产于中国而得名，是我国分布较广、资源最多、经济价值最高、人们积极栽培的一个种。自然分布在陕西南部、河南、湖北、湖南、江西、安徽、浙江、江苏、福建、四川、云南、贵州、广西和广东北部。

中华猕猴桃一年生枝呈绿褐色，表面着生的柔软绒毛易脱落；二年生枝呈深褐色，无毛，髓片层状，白色或褐色中空。叶片倒阔卵形或矩圆形，长10～12cm，宽11～14cm，基部为心脏形，纸质或半革质，顶端多平截或中间凹入，叶背覆盖星状绒毛，叶柄浅紫红绿色。花白色，花冠直径4cm左右，花期在4月下旬～5月上旬。果实多圆球形、圆柱形或长圆形，果面被柔软茸毛，容易脱净（彩图1），果皮黄褐色至棕褐色，单果重多在30～80g，少数可达100g以上。果实在8月下旬～10月上旬成熟，果肉多为黄色，少数为绿色，少量植株果心周围的果肉为红色，汁液中多，风味以甜为主，少数酸甜，香气浓。果肉中含总糖4.5%～13.5%、有机酸0.9%～2.2%、氨基酸3.2%～5.8%、维生素C 50～320mg/100g，软熟后含可溶性固形物12%～20%。中华猕猴桃为二倍体，染色体58条，有少量为四倍体，染色体116条。

（2）美味猕猴桃 又名硬毛猕猴桃，毛杨桃等。自然分布在陕西、河南、湖北、湖南、安徽、四川、云南、贵州、广西、甘肃等省区。

美味猕猴桃一年生枝呈棕褐色，密被黄褐色长硬毛或长糙毛，不易脱落，即使脱落后仍然有毛的残迹；二年生枝呈灰褐色，髓片层状，褐色。叶片近圆形或宽卵形，长14～16cm，宽15～17cm，基部为心脏形，顶端多突尖，少量平截，个别凹入，纸质或半革质，叶背被星状毛，叶柄浅紫红色，稀被褐色短绒毛。花白色，花冠直径5～6cm，花期在5月上旬～5月下旬。果实多卵圆形、椭圆形、圆球形或圆柱形，果面密被褐色硬毛，不容易脱落（彩图2），果皮绿色至棕褐色，单果重多在30～80g，少数可达100g以上。果实在9月上旬～10月下旬成熟，果肉绿色，少量植株果心周围的果肉为红色，汁液多，风味多以酸甜为主，少量微酸，清香味浓。果肉中含总糖 7.2% ~ 13.2%、有机酸 1.2% ~ 1.7%、氨基酸 4.1% ~ 6.0%、维生素 C 40 ~ 350mg/100g，软熟后含可溶性固形物 14% ~ 25%。美味猕猴桃为六倍体，染色体 174 条。

（3）毛花猕猴桃 自然分布在长江以南各地，主要分布于贵州、湖南、浙江、江西、福建、广东、广西等省区。

毛花猕猴桃一年生枝先端部分密生灰白色短绒毛，髓部中空，呈白色片层状，二年生枝呈浅灰色，无毛。叶片厚纸质，倒卵形，长 14 ~ 15cm，宽 8 ~ 10cm，叶背被星状毛。花粉红色，花冠直径 2 ~ 3cm，花期在 5 月上旬 ~ 5 月下旬。果实圆柱形、近圆形或长椭圆形，果面密被乳白色绒毛，不容易脱落，状如蚕茧（彩图 3），单果重多在 20 ~ 30g，少数可达 80g 以上。果实在 9 月下旬 ~ 10 月下旬成熟，果肉翠绿色，汁液多，味酸。果肉中含总糖 9.7% ~ 13.2%、有机酸 1.3% ~ 2.9%、氨基酸 7.9%、维生素 C 569 ~ 1379mg/100g，软熟后含可溶性固形物 16%。毛花猕猴桃为二倍体，染色体 58 条。

（4）软枣猕猴桃 自然分布在黑龙江、辽宁、吉林、北京、山东、山西、河北、河南、陕西、甘肃、四川、湖北、湖南、云南、贵州、安徽、浙江、江西、福建、广西、云南等省区。

软枣猕猴桃枝条灰褐色，无毛，髓部片层状，枝条幼嫩时髓片为白色，后转为黄褐色。叶片纸质，椭圆形或宽卵形，长 8 ~ 12cm，宽 6 ~ 9cm。花绿白色，花冠直径 2 ~ 3cm，花期在 5 月上旬 ~ 5 月下旬。果实长柱形或长椭圆形，果面为绿色，成熟时变为浅红至紫红色（彩图 4），光滑无毛，无斑点，单果重多在 5 ~ 10g，少数可达 30g 以上。果实在 8 月下旬 ~ 9 月上旬成熟，果肉翠绿色，汁液多，味酸甜。果肉中含总糖 8.8% ~ 11%、有机酸 0.9% ~ 1.3%、氨基酸 5.2%、维生素 C 81 ~ 430mg/100g，软熟后含可溶性固形物 15%。软枣猕猴桃为四倍体，染色体 116 条。

软枣猕猴桃在意大利、新西兰等国及我国的东北地区已有少量人工栽培，开始商品生产。由于它不耐储存，所以我国每年只有少量野果能加工利用，而大量野生猕猴桃果实则浪费在大自然的深山谷地。

（5）狗枣猕猴桃 又名狗枣子、深山木天蓼等。主要分布在东北、河北、陕西、湖北、江西、四川、云南等地，能生长在海拔3600m处，抗寒性最强。

植株为藤本，生长较弱。老枝条灰褐色，光滑无毛，一年生枝条紫褐色，嫩枝条有毛，皮孔明显，密生，圆形或椭圆形，黄白色。叶片薄，膜质或纸质，无光泽，卵形，两侧不对称，先端渐尖或急尖。梢端新叶呈白色或浅红色。花序腋生，雌雄异株，雌花多为单生，少数花序2～3朵，花白色，有香气，子房圆形，浅黄绿色，无毛。雄花单生或聚伞花序，子房退化。果实长圆柱形或近圆形，光滑（彩图5），果小，纵径1.5～3.0cm，平均单果重2～5g，味酸甜，有果香，9～10月成熟。狗枣猕猴桃为二倍体或四倍体，染色体58或116条。

（6）葛枣猕猴桃 又名木天蓼。主要分布在东北、西北和湖北、四川、河南等地。能生长在海拔3200m处，抗寒性强。

植株为藤本，生长较弱，树体较小。枝条褐色，光滑无毛，质地硬，皮孔密生、小，椭圆形，灰白色。叶片薄，膜质或纸质，近卵形，先端渐尖，梢端新叶呈白色，叶柄基部扭曲贴生于一年生枝上。芽先端微露于叶痕之外。花序腋生，雌雄异株，雌花多为单生，间或聚伞花序。果实椭圆形，果皮被白粉，光滑无毛，无果点（彩图6），纵径约3.4cm，平均单果重3～7g，果有酸味，9～10月成熟。有虫瘿的果实可入药治疗疝气和腰痛。葛枣猕猴桃为二倍体或四倍体，染色体58或116条。

（7）阔叶猕猴桃 自然分布在广西、广东、云南、贵州、湖南、湖北、四川、江西、浙江、安徽、台湾等省区。

阔叶猕猴桃新梢灰绿色，粗壮，密被白色短绒毛，基部浅红褐色，多年生枝红褐色或黑褐色，髓部白色，片层状或中空或实心，变化很大。叶片厚纸质，近卵形，长15～22cm，宽10～13cm，叶背密被灰色至褐色星状绒毛。花白色，花冠直径1.4～1.6cm，花期在5月中下旬，开花时有浓香。果实圆柱形或椭圆形，果面褐绿色，光滑无毛，具明显的灰黄褐色斑点，单果重多在5～10g，少数可达20g以上。果实10月中、下旬成熟。果肉翠绿色，汁液多，适宜于加工。果肉中含总糖3.1%、有机酸1.1%～1.9%、氨基酸6.1%、维生素 C 940～2140mg/100g，可溶性固形物 10%。阔叶猕猴桃为二倍体，染色体 58 条。

第二节　猕猴桃的地理分布

猕猴桃属植物主要起源于亚洲地区，分布区广泛，西自尼泊尔、印度东北部、我国西藏的雅鲁藏布江流域，东达日本四岛、朝鲜和中国的台湾省等地。南北跨度很大，从热带赤道 0°附近的苏门答腊、加里曼丹岛等地至温带北纬 50°附近的黑龙江流域、西伯利亚、库页岛，纵跨北极植物区和古热带植物区，这种分布在高等植物中是罕见的，这个有稀有密联系四方的分布模式，在一定程度上代表着中国植物区系的特征。

猕猴桃属的自然分布趋势是越往北分类群越少，干旱而寒冷的地区没有分布，反映了本属植物对水分、热量条件的总需求较高；而越往南分类群越复杂，但脱离了大陆的岛屿，以及与大陆相连的太南地区则分布极少。几乎所有中国的邻国都有猕猴桃属植物，但均属零星分布，处于本属植物分布的边缘区。

中国是猕猴桃属植物分布的主体。本属的大部分类群主要集中在中国秦岭以南、横断山脉以东的地区，构成了猕猴桃属的密集分布区域。云南、广西、湖南、四川、贵州、江西、浙江、广东、湖北和福建等省区的分类群最多，陕西、安徽和河南次之，其余各省分布很少，宁夏、青海、新疆和内蒙古因干旱且寒冷便无猕猴桃分布。黑龙江拥有净果组的软枣猕猴桃（又名软枣子）、狗枣猕猴桃（又名狗枣子）和葛枣猕猴桃（又名葛枣子）3 种，主要分布于老爷岭、完达山脉及小兴安岭的南部。在五常、尚志、阿城、东宁、海林、宁安、穆棱、宾县、勃利、密山、虎林、依兰、桦南、桦川、巴彦、通河、方正、延寿、集贤、宝清、伊春、林口、汤原、绥棱、庆安、铁力等地区均有分布，其中以软枣猕猴桃和狗枣猕猴桃蕴藏量大，品质佳，有较大的开发利用价值。据调查，东宁县比较密集生长有猕猴桃的面积可达 0.2 万公顷，总株数大约 30 万株，年产量达 100 吨以上，饶河县密集生长有猕猴桃的面积达 4 万公顷，总株数

大约 600 万株，年产量达 150 吨。

美味猕猴桃和中华猕猴桃的原生分布中心均在我国华中地区的长江流域。中华猕猴桃的分布区由北向东南方向倾斜，海拔较低，主要分布在北纬 18°~34°、东经 100°~120°的暖温带和亚热带山区，以北纬 23°~34°的范围最为集中，其自然分布的北界是陕西秦岭和河南伏牛山向东延伸至大别山一线，南达广东、广西的南岭山区及广阔的云、贵、川山地等 16 省、自治区，以河南、陕西、湖北、四川、江西的山区分布最多。垂直分布一般在海拔 80~2300m 的地带，但以 500~1200m 的高度分布最多；美味猕猴桃的分布区由北向西南方向倾斜，海拔较高。

目前用于经济栽培的主要是美味猕猴桃和中华猕猴桃，以及少量的软枣猕猴桃和毛花猕猴桃，其中毛花猕猴桃要求栽培的气候条件温暖湿润，适宜范围较小；中华猕猴桃也要求温暖湿润的气候条件，但较毛花猕猴桃适宜范围广；美味猕猴桃对北方高温干燥气候的适应性较强，栽培面积和范围最大，目前世界上栽培的猕猴桃大部分属于美味猕猴桃；软枣猕猴桃是适应性广、耐寒性强、自然分布最广的一种，但因果个小，栽培面积不大；狗枣猕猴桃是猕猴桃属中最抗寒的一种，能在黑龙江伊春地区极端最低气温-43.1℃下安全越冬，是很好的抗寒材料，其利用价值仅次于美味猕猴桃、中华猕猴桃、软枣猕猴桃和毛花猕猴桃。

本书的下列各章、节的内容主要围绕猕猴桃属植物中目前经济栽培最广泛的美味猕猴桃和中华猕猴桃两个品种叙述。

第三节　猕猴桃多数种群的生态环境特点

猕猴桃的大多数种群要求温暖湿润气候，即亚热带或暖温带湿润和半湿润气候，主要分布在北纬 18°~34°的广大地区，年平均气温 11.3~16.9℃，极端最高气温 42.6℃，极端最低气温 -20.3℃，≥10℃的有效活动积温 4500~5200℃，无霜期为 160~270 天。这些地区猕猴桃种质资源丰富，优良种类多，资源蕴藏量也大。

猕猴桃的生长发育必须在相对稳定的外部环境条件下才能完成，中华猕猴桃和美味猕猴桃自然分布的区域，属于中亚热带和北亚热带阔叶与南温带落叶阔叶混交林带。在这个区域内，气候温和，雨量充沛，土壤肥沃，植被繁茂。表1-1为美味猕猴桃和中华猕猴桃主要栽培区域的气象资料。

表 1-1　美味猕猴桃和中华猕猴桃主要栽培区域的气象资料

气象指标	我国猕猴桃主要自然分布区		新西兰猕猴桃栽培地区
	美味猕猴桃	中华猕猴桃	
年平均气温/℃	11 ~ 18	11 ~ 20	12.5 ~ 15.2
1 月平均气温/℃	- 1 ~ 8	1 ~ 13	7.0 ~ 10.8
7 月平均气温/℃	23 ~ 29	25 ~ 30	17.4 ~ 19.2
≥10 ℃活动积温/℃	4000 ~ 5600	4500 ~ 6500	5113
极端高温/℃	40 ~ 43	42 ~ 44	32
极端低温/℃	- 23 ~ - 17	- 20.6 ~ - 8.4	- 5
年日照时数/h	1500 ~ 2300	1500 ~ 2300	2000 ~ 2400
降雨/mm	600 ~ 1600	750 ~ 2000	1754
无霜期天/天	215 ~ 300	211 ~ 350	268 ~ 346
空气相对湿度（%）	75 ~ 85	75 ~ 85	77 ~ 80
海拔/m	200 ~ 2000	50 ~ 2300	30 ~ 100
土壤 pH	4.9 ~ 7.9	4.9 ~ 7.9	5.5 ~ 7.2

软枣猕猴桃、狗枣猕猴桃和葛枣猕猴桃分布区的土壤分别为森林棕壤土、退化森林黑钙土、灰棕壤土，pH 6 左右。伴生植物有杨树、楸子、榆树、椴树、柞树、花曲柳、五味子、山葡萄、沙果、黄檗、红松、羊齿、木贼、山茄子、铁线蕨等。一般情况下，软枣猕猴桃生长在半山腰、阴坡灌木中，海拔 500 ~ 700m 处，透光度为 40% ~ 60%。狗枣猕猴桃主要分布在山林阴坡的丛林中，有的林边缘也有分布，透光度为 50% ~ 70%。葛枣猕猴桃多分布在山林边缘，透光度为 60% ~ 70%，常与软枣猕猴桃混生。黑龙江几种猕猴桃分布区域的气象资料见表1-2。

表1-2   黑龙江几种猕猴桃分布区域的气象资料

地名	年均气温/℃	极端高温/℃	极端低温/℃	无霜期/天	≥10 ℃活动积温/℃	年降水量/mm	相对湿度（%）	日照时数/h
伊春	0.3	34.4	-43.1	126.6	2203.1	636.4	70	2422.1
铁力	0.9	34.2	-42.6	129.4	2316.9	682.0	72	2505.5
通河	2.3	34.5	-40.4	139.6	2545.2	575.0	72	2475.3
桦南	2.6	34.0	-38.6	138.0	2517.5	555.0	67	2308.0
虎林	2.8	33.0	-38.9	141.3	2477.7	536.3	71	2424.8

【提示】 猕猴桃适宜气候温和、湿润、极端温度不能太高或太低的环境，人工栽培时应当尽量选择或创造与自然分布状态比较接近的环境条件。

第四节   猕猴桃的主要成分和经济价值

猕猴桃被誉为"世界珍果""水果之王"，新西兰称之为"绿色的金库"，日本称之为"美容果"。猕猴桃果实经过后熟以后清香多汁，酸甜爽口，具有甜瓜、草莓和柑橘的混合香味。据测定，猕猴桃果肉中含有大量维持人体健康所需要的营养物质，含总糖7.2%～13.5%，其中葡萄糖2%～6%、果糖1.5%～8.0%、蔗糖约2%，其含糖量不高，是一种低热量果品；含有机酸1.4%～2.2%，以柠檬酸为主，其次为苹果酸，酒石酸少量；含有天冬氨酸、苏氨酸、丝氨酸、谷氨酸、甘氨酸、丙氨酸、胱氨酸、蛋氨酸、亮氨酸、异亮氨酸、赖氨酸、脯氨酸、结氨酸、酪氨酸、苯丙氨酸、组氨酸、精氨酸共17种氨基酸。猕猴桃所含的氨基酸中，各类氨基酸的组合配比很接近于人脑神经细胞中的氨基酸组和配比，食用猕猴桃有益于人的大脑发育，其中赖氨酸等8种氨基酸是人体需要而又不能自身合成的。猕猴桃还含有生理活性较强且与人体健康密切相关的磷、钾、钙、镁、铁、锌、锶、锰、铜等多种矿质元素和多种维生素

（表1-3），维生素类是人体所必需的一类有机营养物质，在人体内发挥着重要作用，一般不能通过人体自身的同化作用合成，尤其是维生素C能增强人体的抵抗力，提高机体的免疫能力，保护毛细血管。一个成年人一天约需要50～60mg的维生素C，人体缺乏维生素C时，轻则出现精神沮丧、疲倦无力，重则引起坏血病等。猕猴桃尤其以维生素C的含量高而闻名，其100g鲜果中维生素C的含量可达100～420mg，有的种类如毛花猕猴桃可达568～1379mg，而阔叶猕猴桃最高可达940～2140mg。如表1-4所示，猕猴桃维生素C的含量比柑橘高5～10倍，比苹果、桃和葡萄高20～80倍，比梨高30～140倍，比菠萝高4～16倍。据美国营养学家保尔拉切斯研究，常见水果的营养指数依次为猕猴桃16、木瓜14、柑橘8、杏和草莓7、柿子和菠萝5、香蕉和梅子4、樱桃和西瓜3、苹果和梨2。

表1-3　海沃德猕猴桃果实的主要成分

成　　分	含量/（mg/100g）	成　　分	含量/（mg/100g）
蛋白质	110～1200	钙	16～51
类酯物	70～900	镁	10～32
纤维	1100～3300	氮	93～163
碳水化合物	17500	磷	22～67
可溶性固形物	12000～18000	钾	185～576
可滴定酸	1000～1600	铁	0.2～1.2
维生素C	80～120	钠	2.8～4.7
维生素A	0.577	氯	39～65
维生素B_1	0.014～0.02	锰	0.07～2.3
维生素B_2	0.01～0.05	锌	0.08～0.32
维生素B_6	0.15	铜	0.06～0.16
维生素B_3（烟酸）	0～0.5	硫	16
		硼	0.2

概述　第一章

表1-4 常见果品主要营养成分比较

种类	维生素 C/（mg/100g）	可溶性固形物（%）	总糖（%）
猕猴桃	100～420	13～15	6.3～13.9
橘子	30	13	12
广柑	49	10	9
菠萝	24	11	8
苹果	5	19	15
梨	3	14	1.2
桃	6	12	7
葡萄	4	12	10
枣	380	27	24
山楂	89	27	22

猕猴桃成熟的果实中含有大量蛋白水解酶，能把肉类的纤维蛋白质分解成氨基酸，使肉变软化，易于消化吸收，还能阻止蛋白质凝固，使肉类的死细胞不致硬化，增加肉味的柔软嫩滑感。

猕猴桃果实中的纤维素不被人消化，不能提供热量，但可以促进肠道蠕动加速肠内废物清除，降低肠道内某些致癌物质（硫化氢、吲哚、粪臭素等）的吸收。

猕猴桃除作为水果鲜食外，还可加工成果汁、果酱、罐头、果酒、蜜饯、果脯、果冻等，可制成汽水、冰淇淋等消暑品，也可作为佐餐配料与装饰。

很久以前，人们就知道用猕猴桃治疗疾病。猕猴桃的药用价值我国在古代就已发现，唐代名医陈藏器所著的《本草拾遗》（公元739年）有"猕猴桃味咸温无毒，可供药用，主治骨节风、瘫痪不遂，常年白发、内痔……"宋代刘翰所著的《开宝本草》中有"猕猴桃味酸、甘、寒无毒，主消渴，解烦热、冷脾胃动、泄癖、压丹石、下石淋、热壅，反胃者取瓤和生姜汁服之。"近代医学研究证明猕猴桃具有治疗肝炎、消化不良、食欲不振、便秘等功效。1984年北京医学院宋圃菊教授用猕猴桃汁阻断致癌物质 N-亚硝基码啉的合成，阻断率高达96.4%，即使维生素 C 经酶氧化以后，阻断率仍然很高，达到了 79.8%，而鲜柠檬汁对致癌物质 N-亚硝基码啉合成的阻断率仅为 34.79%。用猕猴桃汁保健饮料治疗老年脑心血管病，对降低胆固醇、β-脂蛋白和甘油三酯也有显著作用，还可提高血红蛋白的含量，对预防缺血性脑血管病、脑动脉粥样硬化及冠心病也有一定作用。1978 年，猕猴桃已被正式列入《中国药典》。

猕猴桃的花有浓郁的香气，是上等的蜜源，花可以用来提取芳香油或香精，是食品工业的香料。

猕猴桃的种子含油率一般为 22%～24%，高者可达 35.6%，质优味香浓，含有亚油酸，有疏通血管的功效，既可食用，也是工业上使用的干性油。湖南老爹农业科技开发有限公司从猕猴桃籽粒中成功提取出果王素，有降低人的血脂中过高的胆固醇和甘油酯水平的功效。种子中蛋白质含量达 15%～16%，为优质的食品原料。炒熟的种子有芝麻香味，故有"红芝麻"之称。

猕猴桃的叶片大而肥厚，含淀粉 11.8%、蛋白质 8.2%、维生素 C 7.47mg/100g，山区农民常用作喂猪的饲料，叶片还有清热利尿、散瘀血的功效。另外，叶片还可配制农药，用来防治蚜虫、菜青虫、猿叶虫等。

猕猴桃的藤蔓中含有大量的纤维素、半纤维素等，细长坚韧，可用作制造宣纸的原料；蔓中含有丰富的胶液，其中果胶 2%、脂肪及蜡质 1.5%，可用于修地坪、墙壁，使之坚固耐用，自古就有取其胶液用于建筑的胶合剂和制造宣纸和蜡纸时调浆用的胶料的记载。

猕猴桃的根可入药，性苦、寒、涩，具有清热利水、解毒、活血化瘀、祛风利湿的功能。在民间的药方中，治疗脱肛、高血压、黄疸、消化道肿瘤都以猕猴桃根为主药配合其他药物煎服。猕猴桃根也可用来煎煮制成杀虫剂，防治蚜虫、茶毛虫、菜青虫等而对人畜无害。

第五节　猕猴桃的栽培历史与现状

我国猕猴桃栽植的历史记载最早见于唐代，诗人岑参（公元714～770 年）在"太白东溪张老舍即事寄舍弟侄等"一诗中写道：

渭上秋雨过，北风何骚骚。天晴诸山出，太白峰最高。远近知百岁，子孙皆二毛。中庭井阑上，一架猕猴桃。诗中提到的渭、东溪、太白都是陕西的地名、山名。在我国以后的历代文献中都有关于猕猴桃的记载。宋《本草演义》（公元 1116 年）中称猕猴桃"今陕西永兴军南山甚多。枝条柔软，高二、三丈，多附木而生。其子十月烂熟，色淡绿，生则极酸。子繁细，其色如芥子。浅山傍道则有子者，深山则多为猴所食矣。"明《本草纲目》中称猕猴桃"其形如梨，其色如桃，而猕猴喜食，故有诸名。闽人呼为阳桃。"

上述情况表明，至少在 1200 多年以前我国已经在庭院中搭架栽植猕猴桃了。但从总体上讲，猕猴桃过去在我国基本上处于野生状态，未被开发利用。

19 世纪后期鸦片战争以后，西方国家纷纷派人到中国收集、引进植物资源，先后有英国、法国、美国、新西兰等国从我国引入了猕猴桃。1900 年 Wilson 将中华猕猴桃引进英国栽培，1904 年又被引进到美国和新西兰，之后相继又有 20 多个国家引种栽培。新西兰旺加努伊女子中学的校长伊莎贝尔·福瑞莎小姐从宜昌带回了一些猕猴桃种子，在当地生长结果后，引起了园艺者、苗圃商们的极大兴趣，猕猴桃很快在当地传播开来。1929 年前后新西兰旺加努伊地区建立了有 14 株嫁接苗的、世界上第一个面积较大的猕猴桃栽培园，后来这些园子大量结果，在当地市场上供不应求，由于售价高，栽培面积扩大很快，逐渐发展为新西兰的主要园艺产业之一。

猕猴桃英文名字叫中国醋梨（Chinese gooseberry），新西兰人 1959 年开始改用 Kiwifruit 这个名字，Kiwi 是新西兰当地的一种不会飞的珍稀鸟类，身上的绒毛与猕猴桃果实表面的颜色相似，常被作为新西兰的标志动物，所以新西兰人便把 Chinese gooseberry 改称为 Kiwifruit，这个名字现在已被世界各国普遍接受。

新西兰最初生产的猕猴桃果实主要供应国内市场，1952 年开始出口英国，1976 年出口量首次超过内销，此后猕猴桃果实的出口率逐渐上升到占总产量的 80% 以上，并一直大致维持在这个比例。

由于新西兰向世界许多国家出口猕猴桃果实，获得了很高的经济效益，激发了不少进口国作物栽培者的热情，从 20 世纪 60 年代后期开始其他许多国家纷纷从新西兰进口苗木或自己育苗建园，到80年代猕猴桃逐渐发展成为一个世界性的新兴果树产业。

目前世界上有30多个国家栽培猕猴桃，特别是近年来其面积和产量一直呈快速上升的趋势。据统计，2014年世界猕猴桃栽培面积20.8万公顷，年产量302万吨（表1-5），其中中国、意大利、新西兰和智利4国是猕猴桃栽培面积最大的国家，主导着世界猕猴桃产业。栽培面积最大的是中国，但产业水平最高的是新西兰。

表1-5　世界主要猕猴桃生产国栽培面积、产量（2014年）

国　　家	面积/公顷	产量/万吨
中国	128000	170.00
意大利	29000	50.86
新西兰	10600	37.90
智利	13000	16.47
法国	4600	6.94
希腊	4000	6.10
日本	2700	3.07
美国	1600	2.07
其他	14500	9.02
总计	208000	302.43

新西兰的猕猴桃以出口为主，出口量占该国总产量的83.8%，向世界上60多个国家（地区）出口，其中出口欧洲占56.5%、日本占25%、北美占13.9%、中东占3%、太平洋地区占1.9%。意大利的出口量占总产量的60.3%，主要销售市场在欧洲、北美洲。智利的出口主要是面向北美洲。中国正在向外尝试性出口，出口量很少。

我国是世界上人工栽培猕猴桃最早的国家，但因其土生土长，并未引起人们的重视，直到1978年才在全国范围内开展了大规模猕猴桃资源的调查和选种、育种和栽培工作。经过筛选培育出了全国第一批优良品种后，各地陆续开始猕猴桃生产栽培，有少量是从新西兰引进的品种。目前在我国的陕西、河南、湖南、湖北、安徽、江西、四川、广西、江苏、浙江、贵州、云南、上海、北京、重庆、山东、广东等省市区都有猕猴桃生产栽培（表1-6），到2014年底，其栽培面积已经超过12万公顷，年产量在170多万吨。猕猴桃已发展成为我国果产区农民脱贫致富，繁荣农村经济的支柱产业之一。陕西的秦岭北麓是我国猕猴桃栽培最集中的地区，栽培面积已经达到了6万多公顷，尤其在周至县和眉县的耕地几乎全部被种植了猕猴桃，是全国及全世界猕猴桃最大的产区。

表1-6　中国猕猴桃生产统计（2014年）

省　　份	栽培面积/公顷	产量/万吨
全国	128000	170.0
陕西	61000	130.0
四川	29700	13.0
河南	9300	17.6
湖南	9000	3.4
贵州	5600	1.3
浙江	4000	3.0
江西	2200	2.0
湖北	2200	1.2
重庆	2200	0.5
其他省区市	3100	1.6

我国猕猴桃产业从起步到现在的30多年时间取得了较大成绩，但与新西兰等国家相比，生产栽培管理水平还存在较大差距，单位面积产量也比较低，果实的品质还不够高，在我国的猕猴桃高端市场所销售的基本上全是进口猕猴桃。据联合国粮农组织统计，近年来中国的猕猴桃年进口量为4万吨，进口值近4千万美元，而年出口量不足3000吨，出口值350万美元，相当于世界猕猴桃出口值的0.1%，而进口数量却是出口数量的10倍还多，这种现象值得我们深思。

了解世界猕猴桃贸易统计数量，认真思考我国的猕猴桃产业发展现状，寻找差距，调整发展战略，重新定位该产业的发展方向，特别是高、中、低档果品布局，正是我国的猕猴桃生产者、科研及推广工作者和政府决策者们应该关注的工作重点。加入世界贸易组织以后，我国就进入了经济全球化的地球村，谁占领就是谁的市场。我们应该清醒地看到我国猕猴桃生产的问题，明确产业目标，共同努力，全面推进中国猕猴桃产业高水平、高起点地进入国际市场。

——第二章——
猕猴桃的生物学特性

第一节　形态特征

一　根系

猕猴桃种子发芽后初生的胚根为乳白色，含有大量淀粉和水分，近似肉质，外皮以后逐渐变为浅褐色。老根外皮常呈灰褐色或黑褐色，内皮层为肉红色，根的皮层极厚，根皮率为39%～59%，含水量高达84%。老皮易片状龟裂，呈剥落状，与老茎极相似。初生根主根明显，当幼苗长到2～3片真叶时，随着侧根发育伸长，主根逐渐衰弱并停止生长，侧根生长速度加快，逐渐替代主根的生长。侧根在幼苗期分生能力很强，常发生大量粗度近似的分歧，小根特别发达而稠密，形成类似簇生性的根群，呈现须根状的根系。侧根的加粗生长，呈水平分布，粗度基部与尖端几乎相等，比较粗大的侧根便成为猕猴桃的骨干根（图2-1），在骨干根上陆续发生一些新根，这些新根寿命不长。

根的导管发达，根压强大。在根的横切面上，可以见到许多小孔，这是木质部的导管，大龄的植株侧根比一般果树少，且导管大，输导作用显得很重要，如果切断一条重要的大根，整个植株都会萎蔫。植株开始萌动后，进入树液快速流动期，切断植株的任何一部分，都会发生大量的伤流，越近基部伤流越大。

【提示】　猕猴桃根系韧皮部较厚，呼吸作用旺盛，要注意保持土壤的通透性。

图 2-1 猕猴桃的根系

二 芽

猕猴桃的芽为复芽，每个芽眼中间有一个主芽，主芽两侧各有一个副芽，芽着生在叶腋间隆起的海绵状芽座中，芽外包裹有 3 ~ 5 片黄褐色鳞片。叶腋间通常有 3 个芽，位于中间的主芽芽体较大，两侧较小的是副芽。主芽分为叶芽和花芽两种，叶芽萌发生长为发育枝制造营养。花芽为混合芽，一般比较饱满，萌发后先抽生枝条，然后在新梢中下部的几个叶腋间形成花蕾，开花结果。开花、结果部位的叶腋间不再形成芽而变为盲节。付芽通常不萌发，成为潜伏芽，寿命可达数十年，当主芽受伤、枝条重短截或受到其他刺激后，萌发生长为发育枝或徒长枝，个别也能形成结果枝。

每个新芽内一般有 19 ~ 22 个叶结构。从芽轴基部起的叶结构依次是：3 ~ 4 个芽鳞、2 ~ 3 个过渡叶、大约 15 个正常叶。距梢端较近的芽内的芽鳞和过渡叶较少。芽鳞和过渡叶的生长期较短，通常萌发后不久就先后脱落。

三 枝

猕猴桃为藤本果树，枝蔓似葡萄，但不是以卷须而是以本身的蔓缠绕于其他物体上，其蔓为左旋缠绕茎（逆时针）。新梢为黄绿、褐绿、棕绿。新梢被茸毛，软毛株系的新梢被灰棕色茸毛，较短、软；硬毛株系新梢被褐色茸毛，长而粗硬，新梢顶端的茸毛为棕红

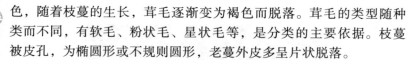

色，随着枝蔓的生长，茸毛逐渐变为褐色而脱落。茸毛的类型随种类而不同，有软毛、粉状毛、星状毛等，是分类的主要依据。枝蔓被皮孔，为椭圆形或不规则圆形，老蔓外皮多呈片状脱落。

枝蔓由表皮、皮层、中柱构成。表皮细胞排列紧密，具角质层。皮层由多层薄壁细胞构成，近表皮的 1～3 层细胞常发育成厚角组织；中部的皮层细胞中散生有含簇生针状结晶的异细胞；内皮层排列紧密。中柱由多个外韧维管束成环状排列，导管间有 1～2 列薄壁细胞。髓部组织中常含有单宁等内含物质。

猕猴桃的枝根据其性质和功能可分成以下 3 种：

（1）营养枝 只进行营养生长，不开花结果。此类枝条包括徒长枝、营养枝和短枝。徒长枝由枝条基部的潜伏芽萌发，长势较强，长为 3～6m，节间较长，芽较小，组织不充实，花芽一般分布在枝条的中上部；营养枝主要从幼龄枝和强壮枝中发生，长势居中，长 1～2m，此种枝条上花芽较多，质量好，常可成为次年的结果母枝；短枝从树冠内部或下部枝上萌发，长势弱，长约20cm，由于营养不良，生长 3～5 年后逐渐枯死，在土壤养分和光照条件比较好的果园，常常也能够开花结果。

（2）花枝 一般由雄株上中等长度的枝条萌发，多数较短或中等长度，有时可从多年生枝的隐芽萌发，受到重度修剪后，能够抽出比较健壮的长枝条来年开花。

（3）结果枝 雌株上能产生花芽的枝条。有长果枝、中果枝、短果枝和徒长性结果枝。长果枝是在 6～7 月以前抽生的基部直径在 1cm 以上、长度在 1m 以上的枝条。这类枝条长势强、储藏的营养丰富，芽眼发育良好，留作结果母枝后抽生的结果枝生长旺盛，结果量多，果实品质优，是最理想的结果母枝；中果枝长势中庸，长度在 30～100cm 之间，是较好的结果母枝选留对象，在强旺的发育枝、结果枝数量不足时可以适量选用；短果枝由结果母枝的下部或顶部下位芽萌发，生长势较弱，长度约 30cm 以下，节间短，生长停止早，结果能力差；徒长性结果枝下部直立部分的芽发育不充实，形成混合芽的可能性很小，从中部的弯曲部位起往上的枝条发育比较正常，芽眼质量较好，能够形成结果枝，在强旺发育枝、强旺结果枝数量不足时也可留作结果母枝。

　　猕猴桃枝条的自然更新能力很强，在阳光不足或营养不良时，通常3~4年就自行枯死，但在其开始衰弱之前，下方多已抽生一条生长旺盛的强势枝条。

【提示】　猕猴桃健壮的营养枝条到来年的结果能力最强，要多培养此类枝条。

四　叶

　　猕猴桃的叶由叶柄和叶片构成，无托叶。叶柄长，黄绿、微红或水红色，其上具有长短不一的绒毛。叶柄横切面呈扁圆形，表皮为单层细胞，其内为5~7层厚角组织，维管束排列成弧形。叶片大而薄，纸质或半革质，厚约1mm，叶片角质层较薄，有1~2层栅栏组织，海绵组织为薄壁细胞，细胞内充满细胞质，细胞间隙较小，在薄壁组织中含有簇生针状结晶。表皮细胞不规则，上表皮细胞明显大于下表皮细胞，且无气孔，下表皮具有小而不规则的气孔。叶脉成对，网脉长方格状，有些种类的叶脉在叶缘处结网。叶形有近圆形、扁圆形、卵圆形、倒卵形、心脏形等。先端呈渐尖、突尖、钝圆、平截或凹入等形状，基部呈圆形、心脏形、宽楔形等。叶面为黄绿色、绿色或深绿色，叶缘多有锯齿，大小不一。叶面上有的种类具有表皮毛，有的种类则是光滑的，有光泽，有的叶背有柔毛。背面浅绿色，主脉和侧脉上有刺状毛或柔毛，细脉、网脉上有星状毛。

　　叶片单生或互生，以螺旋状叶序着生在枝条上，叶片的大小从基部顺着枝条向上依次增大，到第8片叶时叶面积最大，从这个部位以上的枝条中部叶片成熟后大小与此叶相近，长15~20cm，宽15~18cm，枝条上部的叶面积较小。叶片的大小与雌雄、种类和品种、树龄、肥水等条件有关，一般长约5~20cm，宽6~8cm，同一枝蔓上基部和顶部叶小，中部叶大。

　　叶片形状随在枝条上着生的位置不同而有所差异，基部的过渡叶先端多微缺或凹陷，渐次过渡到第8叶的微凹或平截，大约从第

11 叶后叶片具有细尖，变为突尖，枝条顶部的叶片先端则变为渐尖。

五 花

猕猴桃为雌雄异株植物，它的雌花、雄花都是形态上的两性，生理上的单性花。雌花和雄花的形态分化在雌蕊群出现前极为相似，难以分辨。在雌蕊原基形成并发育后，二者出现明显的差异。雌株的雌蕊群发育极为迅速，子房膨大并明显地高于雄蕊群。雌花的雄蕊则发育极为缓慢，虽然最后也能形成花药并产生花粉粒，但花粉多数发育不良，无授粉能力。雄株的雄蕊发育迅速，雌蕊发育缓慢，花药遮盖了退化的雌蕊，药室中含有发育正常、有授粉能力的花粉粒。

在自然界偶然也会发现有形态上、生理上均为两性花的植株。四川省资源研究院在龙门山南段的美味猕猴桃变种彩色猕猴桃中筛选出了具有生产利用价值的两性花单株，并命名为"龙山红"，其果实平均单果重 65.6g，果实生长发育期为 150 天左右，成熟期在 10 月中下旬，整个物候期比同地区的海沃德品种早 7～9 天，抗逆性极强。

猕猴桃的花序是复合二歧聚伞花序，它包括顶花和依次排列的侧花，具有花柄、萼片、花瓣、雌蕊、雄蕊，在形态学上属于完全花。雌花和雄花有明显的区别（彩图 7、彩图 8）。

（1）雌花 有的为单花，有的为花序，花序上一般有 3 朵花，组成聚伞花序，侧花的数量受品种遗传性和营养条件的影响很大，多数品种在树体营养不良时两侧或某一侧的花常退化，留下明显的退化痕迹，只剩中心花或中心花和一个侧花，有的品种营养充足时会产生更多侧花。花初开时为白色、乳白色，后变为浅黄色至橙黄色，花谢后变为褐色，逐渐凋落，花有浓郁的芳香。花冠直径 5～6cm，花瓣 5～7 枚，萼片 5～6 枚，果实成熟后萼片宿存。子房大，呈扁球形，密生白色绒毛，21～24 枚白色柱头呈放射状排列，花柱基部联合。雄蕊花药黄色，花粉内含物少，干秕，无发芽能力，开花时产生微弱的香气。子房由 11～45 个心皮组成，心皮数目的变化与果实大小密切相关，为典型的中轴胎座。子房内部含多数发育正常的倒生胚珠，每心皮含胚珠数也不相同，变化幅度在 11～45 个，胚珠着生在中轴胎座上，一般形成 2 排，绝大多数发育正常。

（2）**雄花**　每节位上有 3 ~ 7 朵花，组成复聚伞花序，从花枝基部的无叶节开始着生，花蕾较小，扁圆形，开放时较雌花小。雄蕊花药内含有大量花粉。花粉发育正常，内含物丰富，具有萌发授粉能力。雌蕊退化，子房极小，几乎无花柱和柱头，子房内只有 20 多个心皮，但无胚珠。开花时有明显的香气，但与雌花同样无蜜腺，不产生花蜜。

六　果实

猕猴桃果实由多心皮上位子房发育而成，每果实有 26 ~ 41 枚心皮，每心皮中含有 11 ~ 45 个胚珠，分两排着生在中轴胎座上。果实上的萼片宿存，因单宁的积累变为褐色，果面被褐色多列毛，成熟时毛已枯死，在成熟和采收的过程中常因摩擦而脱落，而干缩、枯萎的雄蕊和花柱仍然保留在果实顶端。

果实属于浆果，全部基本组织都发育成肉质组织。形状有近圆形、椭圆形、圆柱形、卵圆形等。果肉多为黄色（彩图 9）或翠绿色（彩图 10），少数品种在内果皮区出现红色变异（彩图 11）。刚采收时，果实酸涩且硬，不能食用，经后熟软化后，酸甜可口、清香多汁。

从表皮层向内到柱状微管束的外圈是外果皮，由薄壁细胞组成，绿色或黄色。从微管束外圈向内到果心之外为内果皮，由内层伸长的隔膜细胞组成，绿色或偶有红色，从果顶到果实基部，心皮被包含其中。每个心皮内含有 20 ~ 40 粒种子。中轴胎座近白色，由大而结合紧密的薄壁细胞组成柱状体，末端有一个硬的圆锥形结构与果柄相连，在其顶端有一硬化的组织与枯萎的雄蕊和花柱相连。

在果实组织中可见到两个微管束组织，在外层有心皮微管束系统沿内果皮和外果皮之间扩展并分支进入外果皮，在内层心皮微管束系统沿每个子房室的基部构成一个微管束环，随着中柱外部组织纵向伸长，分支伸进每个子房室内，并一直伸到每个种子的种孔，但分支并不进入隔膜或深入到薄壁组织的果心中。

【**提示**】　猕猴桃果实在常温下与苹果、香蕉等水果密封保存在一起，可以促进完成后熟过程，稍微变软时口感风味最佳。

第二章　猕猴桃的生物学特性

七 种子

狝猴桃种子很小,千粒重 1.1~1.5g,每千克种子数量可达 64万~86 万粒。形状多为偏长圆形,种皮骨质,棕褐、红褐或黑褐色,表面有蜂巢状网纹。饱满新鲜的种子,种皮具有光泽(彩图 12)。从受精后不久种子开始发育,花后 80 天珠心发育达到最大体积,胚在花后 110 天时达到最大体积,并在果实的缓慢生长阶段进行内部充实,种皮逐渐硬化,由白色变为褐色。每单果中含种子 150~1300 粒。

第二节 生长发育特性

一 根系的生长

狝猴桃种子发芽后,当幼苗长到 2~3 片真叶时,随着侧根发育伸长,主根逐渐衰弱并停止生长。侧根生长速度加快,逐渐替代主根的生长。侧根在幼苗期分生能力很强,常发生大量粗度近似的分歧,小根特别发达而稠密,形成类似簇生性的根群。二三年生植株的侧根常出现间歇性替代生长,被替代的根端部分生长减弱,逐渐衰亡,随着树龄的增长,根群中只剩下少数几个侧根持续延伸、加粗生长成为骨干根,其上分歧较少,在接近先端处产生较多小根。

狝猴桃为浅根性果树,其水平延伸远比垂直延伸强,一般水平分布的范围为冠径的 3 倍左右。根系在土壤中的分布深度随土质、土层不同而异,土壤的疏松、肥沃程度是制约根系分布的主要因素。野生状态下,根系常顺山坡向下朝水、肥充足的集水线附近伸展。在栽培条件下,成年狝猴桃根系的垂直分布一般在地面下 20~60cm之间较为集中,在深厚、疏松的土壤中,深度可超过 4m 以上。在新西兰的提普凯地区的深厚火山灰土壤中,总根系的 46% 分布在深 2~4m 的土层间;而在土层浅的果园中,大部分根系分布在距地表面很近的区域,70% 的根分布深度不超过 30cm,1m 以下很少有根系分布。

根系分布的广度一般比地上部大,分布范围为树冠直径的 3 倍左右,但在成龄果园中,由于栽植密度的限制,根系会相互交织在一起，无法扩展得很广。据范崇辉等在陕西杨陵对黏壤土上的7年生美味猕猴桃秦美植株根系的观察，其根系分布最远达到距树干95~110cm，距树干20~70cm是根系分布的密集区，根量占到总根量的86.5%，而距树干80cm以外的根系分布较少（表2-1）。垂直分布可达100cm，0~60cm分布为密集区，占总根量的90.6%~92.0%，其中0~20cm分布密度最大，向下依次降低（表2-2）。另外，侧根由基部到顶部粗细变化不大，多呈水平分布，其上分生须根。须根发达而稠密，有丛生状缠绕生长现象。须根分为直径1~2mm的输导根和直径小于1mm的吸收根两种，输导根呈红褐色，由吸收根转变的过渡根发育形成。吸收根呈白色或灰白色，是尚未木栓化的新根，具有高度的生理活性。从根量看，须根占96.0%，侧根仅占4.0%，而须根中以吸收根为主，占87.0%，输导根占9.0%。

表2-1　秦美猕猴桃根系水平分布　（单位：条）

土层深度/cm	距树干距离/cm							合计	占比（%）
	20	35	50	70	80	95	110~300		
0~20	45	51	94	69	41	19	0	319	45.2
20~40	29	46	66	47	35	0	0	223	31.6
40~60	24	25	52	6	0	0	0	107	15.2
60~80	13	16	22	0	0	0	0	51	7.2
80~100	0	0	6	0	0	0	0	6	0.8
100~120	0	0	0	0	0	0	0	0	0
合计	111	138	240	122	76	19	0	706	
占比（%）	15.7	19.5	34.0	17.3	10.8	2.7			100.0

表2-2　秦美猕猴桃根系垂直分布　（单位：条）

土层深度/cm	根粗/cm				合计	占比（%）
	<1	1~2	2~5	>5		
0~20	85	6	1	0	92	41.3
20~40	53	7	2	1	63	28.2

土层深度/cm	根粗/cm				合计	占比（%）
	<1	1~2	2~5	>5		
40~60	40	4	1	2	47	21.1
60~80	13	2	1	1	17	7.6
80~100	3	1	0	0	4	1.8
100~120	0	0	0	0	0	0
合计	194	20	5	4	223	
占比（%）	87.0	9.0	2.2	1.8		100

根系在土壤温度8℃时开始活动，25℃时进入生长高峰期，若温度继续升高，生长速率开始下降，30℃时新根生长基本停止。在温暖地区，只要温度适宜，根系可常年生长而无明显的休眠期。猕猴桃在春季根开始活动到展叶期会出现伤流，伤流中绝大部分是水分，同时含有一些与钙、钾、镁、磷等矿质元素结合的氨态氮、硝态氮及多种氨基酸等。树体旺盛、根系发达、土壤中湿度高时伤流较多，成年植株的伤流可多达10kg以上，而较弱的植株伤流很少或不产生伤流。

根系的生长常与新梢生长交替进行，第一次生长高峰期出现在新梢迅速生长后的6月份，第二个高峰期在果实发育后期的9月份。在遭受高温干旱影响时，根系生长缓慢或停止活动。

【提示】 在猕猴桃生长期进行施肥、除草等土壤耕作时，尽量在表层，不要使根系受到损伤，特别是稍粗的根，否则叶片上会有快速的不良反应。

猕猴桃的根能够产生不定芽，形成不定根，当地上部受到伤害（如冻害）后，不定芽可以长出根蘗苗（图2-2）。在野生状态下，可以看到猕猴桃根呈簇状或片状分布。

图2-2　植株受冻后产生的根蘖苗

二　枝蔓生长

新梢全年的生长期为170～190天。在北方地区，一般有两个生长阶段，从4月中旬展叶到6月中旬大部分新梢停止生长为第一个生长期，从4月末到5月中旬形成第一个生长高峰。从7月初大部分停止生长的枝条重新开始生长直到9月初枝条生长逐渐停止为第二个生长期，在8月上、中旬形成第二个生长高峰。在南方地区，9月上旬～10月中旬还会出现第3个生长期，并在9月中下旬形成第三个生长高峰，但强度比前二个高峰要小得多。

在第一次新梢迅速生长期，光合产物主要供应幼果和新梢伸长生长，极少向地下运输。在新梢缓慢生长期，光合产物主要运向果实、种子和地下部，少向新梢顶端运输。第二次新梢生长高峰期，光合产物主要运向新梢顶端，以及芽和根系，向果实和种子的运输较前减少。采果后，光合产物主要向芽和新梢运输，其次向根系运输，促进花芽分化和为越冬做准备。

一般从结果母枝先端部位发出的新梢势力较强，生长量大，到7月中旬前后会发出较多的二次枝或三次枝；从结果母枝的中部往下到基部一般发出的枝条长势缓和，6月中旬左右停止伸长；而由下部的休眠芽发出的新梢一般长势强旺，常可达到2m以上。对一个生长结果良好的果园来说，长度在0.5～1.5m之间的中庸偏旺枝应占较大比例，而0.5m以下的细弱枝和2m以上的强旺枝应占比例较小；

而管理不良的果园，常出现较多的长度 0.5m 以下的细弱枝和 2m 以上的徒长枝。

狝猴桃的芽有早熟性，当年生新梢上的腋芽会因各种因素的影响，提前发育成熟萌发抽枝，形成二次枝、三次枝。二次枝多在 6 月中旬后出现，干旱生长受阻后遇雨尤其容易发生，不适当的夏剪也会促发二次枝。二次枝发生过多，会使下年应形成优良结果枝的芽提前萌发而形成发育枝，减少下年的花芽量。二次枝如果发出较早，位置适宜，也可形成下年良好的结果母枝。幼树或枝条较少的植株，利用二次枝扩大树冠，有利于提早成形。

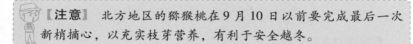

【注意】 北方地区的狝猴桃在 9 月 10 日以前要完成最后一次新梢摘心，以充实枝芽营养，有利于安全越冬。

三 叶片和芽的生长发育

正常叶从展叶生长到最终叶面需要 35~40 天。展叶后的第 10~25 天是叶片面积扩大最迅速的时期，此期的叶面积可达到最终的 90% 左右。芽鳞和过渡叶通常在芽开绽后很快脱落。

狝猴桃生长、结果需要的有机营养都是叶片通过光合作用制造的，光合作用产物的多少在很大程度上决定了产量的高低和果实质量的优劣，在适宜条件下，狝猴桃的净光合率可达到 15~20mgCO$_2$/(dm^2·h)，光合速率随光照强度的上升而增加，在光强度 700~900lx 时达到饱和点，光强度继续上升，则对光合作用产生抑制。而当光强度下降到 20~90lx 时，达到光补偿点，光合作用产生的碳水化合物和与此同时呼吸消耗掉的碳水化合物互相抵消，净光合效率为零。狝猴桃叶片大，树冠下层的叶片常会因光照不足处于光补偿点之下。除了遗传、树势、营养、叶龄、二氧化碳浓度等因素外，温度、水分等环境因素对狝猴桃的光合作用都有很大影响。

当叶温在 10~30℃之间时，光合速率随温度而上升，并在 25~30℃之间时光合速率达到峰值，但叶片的耐热性较差，当温度从适温最高点继续上升时光合效率呈迅速下降趋势，在叶温达到 40~

43℃时，光合效率为零。

土壤中的水分含量对光合速率的影响极大：土壤相对含水量（土壤实际含水量占该土壤田间最大持水量的百分数）为70%时光合效率最高；相对含水量上升到90%时，光合速率约相当于最高值的88%；相对含水量下降到65%时，光合效率约相当于最高值的96%；相对含水量下降到60%时，光合速率不到最高值的60%。可见土壤相对含水量保持在65%～85%之间较适宜于光合作用，低于65%不利于光合作用的进行。

光合速率的日变化由于外界影响条件的不同有所变化，当光照、气温、土壤水分条件比较适宜时，光合速率的日变化大致与光照强度的变化相似，呈单峰曲线，或虽有强光、高温，但土壤水分充足时，光合速率仍呈单峰曲线变化；当光照过强、气温过高而土壤水分供应不足时，光合速率呈现双峰曲线，在上午12：00前达到峰值，午后14：00前后出现较大低谷，以后随着光照强度、气温的降低，水分供应渐趋充足，16：00前后又有一定回升，出现一小高峰。

叶龄12～16天时，叶片的光合产物输入和输出达到平衡，叶片光合作用已能满足本身需要。此前叶片制造的光合产物不能满足本身生长的需要，其生长扩大主要依靠吸取树体内储藏的营养或不断从成龄叶输入碳素营养物质；从展叶后12～16天起，叶片制造的光合产物除满足本身需要外已有剩余，开始输出光合产物，这时叶片约达到其最大面积的1/3左右。叶片在叶龄35～40天时增长到最大，形态发育完全，光合能力最强。

休眠的越冬芽由一肥大的叶柄痕包被着，未萌动前顶芽平齐，3月开始萌动，芽体上端由平齐变为突起，在叶腋间出现一微小突起物。休眠芽萌发后大都能发育成为良好的结果枝。当年新梢上的芽具有早熟性，受到刺激后（如摘心、短截等）可以提早萌发，特别是中华猕猴桃比美味猕猴桃更容易萌发。生产上常常利用这个特性在夏季进行嫁接，当年即可抽出新梢。而休眠芽需要一定的低温量才能很好地萌发，在我国南部较温暖的地方，常用一种化学物质氨基氰来打破休眠，提高萌芽率。

第三节　开花结果特性

一　花芽分化

一般落叶果树在新梢停止生长后开始进入花芽生理分化期，然后进行形态分化，并于冬季形成花器，来年春季开花。而猕猴桃则在当年夏秋季完成生理分化形成花芽原基后，直到来年春季形态分化开始前，花器原基只是数量增加，体积变肥大，形态上并不进行分化，从外观上无法与叶芽相区别。猕猴桃的花芽为混合芽，着生在一年生母枝当年抽生出的新梢叶腋间。休眠的越冬芽由一肥大的叶柄痕包被着，未萌动前顶芽平齐，芽外密被棕褐色茸毛。直到盛花前70天左右才进入形态分化期，而形态分化期时间很短，速度很快，从芽萌动前10天左右开始，到开花前1~2天结束。

（1）越冬芽的发育进程　春季3月上旬猕猴桃的越冬芽开始萌动，芽体上端由平顶变为突起，在叶腋间出现一微小突起物。新梢上萌发的混合芽在萌发后可以分化成花枝和营养枝。花芽发生在离冬芽基部较远的叶原基腋间，花芽原基膨大隆起，逐渐发育成包片。花序开始发育的最早标志是腋芽原基的伸长和两侧生包片的显现，产生明显的三裂片结构。花芽萌发4~7天后，苞片腋部出现聚伞状花序原基，两侧产生萼片原基。萼片原基所形成的突起物成环状排列在分生组织顶部的侧面。在轮生的萼片原基内侧，出现花瓣原基的突起物。这时候花芽从半透明的白色转变成为不透明的浅绿色，外被浓密的棕红色绒毛，稍后在花瓣原基内侧迅速出现两轮雄蕊原基，由外向内分化。雄蕊原基形成数天后，雌蕊原基开始形成并分化，在雌蕊原基顶部表面出现的一圈月牙状突起，为雌蕊分化的最初标志。该突起物进一步分化形成大复合花柱，花柱有中空的通道，延伸至子房室，每个花柱的顶端膨大形成展开的放射状柱头。

（2）形态分化

1）一般先从结果母枝下部节位的腋芽原基开始，先分化出花序原基，再分化出顶花及侧花原基。花原基形成后，又按照向心顺序，先外后内依次分化花的各部分，到距离开花前1~2天，完成全部分化。侧花的分化发育过程与顶花相同，但时间延迟2~3天，大多数雌株的退化侧花在花瓣发育之前就停止分化。侧花的发育速度比顶花快，但总是在顶花之后开放。

2）在较低部位的叶腋内，由于顶花分生组织在发育过程中受到抑制，侧生花与顶花融合，使这些花发生畸变，开花授粉后产生畸形果。有些畸变甚至是 3 朵花融合而成的，在结果枝基部的第 1、2 个果上出现的概率较高。这种现象在开花坐果前从花蕾的形态就大致可以辨别出来，凡呈扁平状或畸形而非近圆形的花蕾将来很可能形成畸形果实（彩图 13）。

3）在结果母枝上，几乎所有休眠芽的叶原基腋间都存在着花原基，进入冬季后这些原基都能够保持下来，具有发芽和成花的能力，如果用外力迫使这些芽全部萌发，全部冬芽都有成为花芽的潜力，但事实上到春季时许多芽的成花能力降低或丧失。据 Grant 等研究发现，枝条上一个芽的成花潜力与其发芽的迟早密切相关，如果比顶芽萌发迟，则不形成花。当顶端新梢长到 4cm 长以后，下部发出的新梢总是营养枝，说明顶芽抑制了晚发的芽的成花潜力，使晚发的芽花败育率增加。在强旺结果母枝上，当顶芽发出时，去掉顶芽或者只剪去顶芽前面结果母枝上的一截枝条而不去芽，可提高成花数 20% 以上。

4）在结果枝上，基部的 1～3 节的芽常为潜伏芽，第 4 节常为不正常结果部位，第 5～12 节为可能的结果部位，每个新梢可产生 7～9 个花原基，每个原基都可产生 3 朵花。雄株常可在这 8 节上都产生花，但雌株的花节数一般在 8 个以下，一些花原基在叶腋内未形成花瓣时就停止发育，开花时仍能看到这些宿存的、未完成分化的原基。

（3）影响花芽原基败育的原因　这方面的因素较多，主要有：

1）在新西兰，冬季低温不足是败育的原因之一。海沃德品种只有在冬季经过 50 天以上的 4℃ 低温之后才能分化出有效花，冬季低温不足时，枝条越冬后再施加 10 天 4℃ 的低温处理可提高成花率。

2）休眠时的气温变暖及发芽后温度的剧烈波动都会增加花败育。据试验，在 1 月下旬～2 月初（叶片出现前 30～45 天）喷布 3% 的单氰胺，可使猕猴桃提早萌芽和开花 2 周，开花质量高，侧花减少，开花集中，果实发育均匀。

3）发芽后的营养竞争也可造成花败育。有人通过试验发现，在萌芽期不断地摘掉果枝的叶片，能降低花芽败育，可能是因为正在扩大的叶片会夺走花芽发育需要的同化物质而导致花芽败育。树体的营养状况对花芽的分化影响极大，生产中发现营养充足、发育正常的结果枝上可以着生 5~7 朵雌花，而管理不良、缺乏营养的果园中结果枝上只有 1~2 朵雌花，不少花在形成过程中因营养不足停止发育，形成细小的花蕾，现蕾后自行枯萎脱落。

连续摘叶研究表明，猕猴桃花的发端开始于花芽分化前不久。在一年中，叶是花发端的起点。只要芽发育处于某一阶段或达到某一大小，所有的枝芽都可能开始花的发端。在一定数量叶片形成后，某些叶片的腋原基将成为花的发端。一旦芽完成了某个特殊的发育阶段，这个芽便具有发育成花的能力。

此外，猕猴桃花发端的产生，还受气候和光照的影响。在同一地理区域内，因气候及光照的变化使芽发端出现的时间，在年与年及每一植株的不同受光面之间也有一定的差异。如果遇到春季长时间大风，气温非常低的年份，猕猴桃花芽甚至全年不分化。

春季花芽的分化需要大量的养分供应，这主要靠前一年秋季的积累。因此，应重视猕猴桃夏末、秋初的水肥管理，增加越冬芽的养分储备量。

【提示】 猕猴桃各类枝（长枝、短枝、一年生枝、二年生枝）皆能形成花芽。着生结果枝的一年生或二年生枝中部所抽生的新梢较短，一般多为结果枝。基部芽及多年生潜伏芽常有徒长梢萌发，这是枝蔓更新的基础，也是形成新结果母蔓的重要来源之一。猕猴桃的结果母枝分布范围较广，是其果实丰产的生物学基础。

二 开花特性

猕猴桃植株的花量与品种、树龄、生态环境及管理水平有关，生长正常的雌性品种海沃德的成龄植株平均花量有 3000 朵左右，而秦美、金魁、布鲁诺的花量较海沃德品种高。成龄雄株的花量显著高于雌株，可达 5000 ~ 10000 朵。

猕猴桃的雌花从现蕾到花瓣开裂需要 35 ~ 40 天，雄花则需要 30 ~ 35 天。雌株花期多为 5 ~ 7 天，雄株则达 7 ~ 12 天，长的可到 15 天。花初开放时呈白色，后逐渐变为浅黄色至橙黄色。雌花开放后 3 ~ 6 天落瓣，雄花为 2 ~ 4 天落瓣。

花期因种类、品种而差异较大，同时受环境的影响也很大。美味猕猴桃品种在陕西关中地区一般于 5 月上中旬开花，中华猕猴桃品种一般较美味猕猴桃早 7 ~ 10 天。

一朵早、中熟雄株系雄花含有 200 万 ~ 300 万花粉粒，而晚熟株系的花粉粒约相当于早、中熟雄株系的一半。当花瓣开始展开时花粉开始散落，到花瓣完全展开时超过一半的花粉已经散落，花开放后花粉散落可持续 1 ~ 2 天，花后 3 ~ 4 天花枯萎衰老。

在 22℃下用 10% 蔗糖加 0.01% 硼酸的培养基上摇床培养 3.5h 后，测定花粉的生活力，一般早熟雄株系的花粉发芽率超过 80%，中晚熟株系的在 65% ~ 70%。但在管理不良的园如架面郁闭严重、营养不良等时，花粉会萌发产生大量不正常扭曲、盘绕或叉状的花粉管。

每朵雌花有 1400 ~ 1500 个胚珠，在理想的条件下，80% 的花粉具有生命力，要使雌花上的每一个胚珠授粉受精，需要 1750 ~ 1875 粒花粉。但在田间条件下，只有当大量花粉授到柱头上后才能达到最大的种子数。据新西兰 Hopping 研究，要使每个心皮达到 28 ~ 37 粒种子，需要有 58 ~ 77 个花粉管进入花柱，这要在柱头上授 290 ~ 390 粒花粉才能达到，这是因为一些发芽的花粉管不能从乳突状细胞之间穿过到达花柱管。因此，选择生命力强、能够产生更多种子的雄株系达到良好授粉需要的花粉量相对较少。

绝大部分花集中在清晨 4：00 ~ 5：00 开放，7：00 后雌花开放得较少，少量雄花也有下午开放的，但在晴天转为多云的天气，全天都可有少量的雌、雄花开放。花粉囊在天气晴朗的上午 8：00 左右开裂，如果遇雨则在 8：00 后开裂。开花顺序常为先内后外，先下后上；同一果枝或花枝上，枝条中部花先开；同一花序中，中心花先开，两侧花后开。

三 授粉受精

自然状态下，昆虫及风均可为猕猴桃传花授粉。雌蕊的柱头为辐射状，表面有许多乳头状突起，分泌汁液。授过粉的柱头为黄色，未授粉的为白色。花粉管的适宜伸长温度为 20～25℃，15℃时伸长较差，而在 30℃时初期伸长良好，2h 后极端衰弱，4h 后伸长停止。赤井昭雄在实验室用显微镜观察发现，10℃下授粉后 11h 花粉开始发芽，57h 后花粉管抵达花柱基部，84h 后进入子房。而 15℃下授粉后 4h 花粉开始发芽，花粉管 36h 后通过花柱中部，60h 后进入子房。在 20℃下授粉后 2h 花粉开始发芽，24h 后花粉管抵达花柱基部，36h 后进入子房。在 25℃下授粉后 1h 花粉开始发芽，2h 后进入花柱，花粉管 4h 通过花柱中部，24h 后进入子房。雌花受精后的形态表现为：柱头受粉后第 3 天变色，第 4 天枯萎，花瓣萎蔫脱落，子房逐渐膨大。

但在田间植株上，人工授粉后 10min 花粉开始发芽，60min 后已有相当多的花粉发芽，4h 后花粉管已越过花柱的一半，6h 后抵达花柱基部，24h 后进入子房。较多花粉管进入胚囊时放出精子进行受精作用是在 30～73h。30～48h 多数胚囊的精子靠在卵核上，少数正接近卵核，52h 精子紧贴卵核发生精子核与卵核膜融合，72h 精细染色质在卵核中松散，开始出现雄核仁。

在同一朵花上，以干花粉隔一天或隔几天重复授粉会导致果实中的种子数比只授粉一次的还少，长成的果实较小。其原因可能是连续的授粉后产生的花粉管与已经进入花柱的花粉管产生竞争，使后者的一些花粉管生长受到抑制，重复授粉产生的花粉管不能够补偿对原有花粉管造成的抑制，因而形成的种子较少。

人工授粉时，如果将花粉直接放在水里制成悬浮液，会使花粉由于渗透压的剧烈改变而丧失生命力，Hopping 等经过一系列试验发现由硝酸钙、硼酸、纤维素胶（各 0.01% 重量/体积）与阿拉贝树胶（0.005% 重量/体积）组成的悬浮基效果好，但同时还要求水中没有金属离子、花粉的含水量超过 10%。花粉在这种悬浮液中可保持生命力 3h，同时可保护落在柱头上的花粉在悬浮液滴干燥过程中免受脱水危害。

【提示】 猕猴桃充分授粉是产量保证的前提，花期遇到连阴雨时要特别加强人工辅助授粉环节。

猕猴桃雄株之间花粉的生活力存在很大差别，有的萌发率高达90%以上，有的单株的雄性不育，花粉既不能萌发，也不能使雌花结实。干燥、避光、低温有利于延长花粉的寿命，在 0~8℃（放入干燥器，冰箱中层）、-20~-10℃（冰箱蒸发器）下储藏花粉，萌发率可达80%以上，尤其是后者更佳。室温下（15~31.5℃）储藏一个月和低温下（0~8℃、-20~-10℃）储藏一年的花粉均能使雌花授粉，坐果率达到100%。

猕猴桃受精过程发生以后，精子与卵细胞结合形成的受精卵并不立即发育，精子与次生极核结合后形成的初生胚乳核则迅速发育，在授粉后52h即可观察到初生胚乳核已经分裂成两个胚乳细胞；胚乳的发育为细胞型。多数种类猕猴桃的初生胚乳核第一次横分裂形成两个大小不等的细胞，靠近珠孔端的细胞较小，合点端的细胞较大。有些种类（如葛枣猕猴桃）初生胚乳核分裂成大小相等的两个胚乳细胞。合点端的胚乳细胞进行第二次分裂，然后经过多次分裂形成数目众多的小薄壁胚乳细胞。此时胚乳细胞内含有较大的液泡，它们占据了细胞的部分体积。当胚发育到子叶胚阶段时，胚乳细胞内已经积累了大量储藏物质。

猕猴桃的胚发育为茄型。传粉后 2~3 周受精卵进行横分裂，形成顶细胞和大的基细胞。当胚乳和珠心迅速生长时，胚仍停留在双细胞阶段。受精后约 60 天，珠心发育到最大程度，此时双细胞胚开始分裂，顶细胞横分裂几次，形成 6~7 个细胞的线性原胚，然后基细胞分裂形成球形胚，进一步发育成珠心胚并迅速发育到子叶胚阶段。

从授粉后 60 天双细胞胚开始分裂，到发育成具有两片完整子叶的子叶胚，约需 50 天。即从开花到胚发育完成需 110 天左右。在胚发育完成时，种子内仍有部分胚乳细胞存在。

第二章 猕猴桃的生物学特性

四 结果习性

猕猴桃容易早结果。实生苗一般是在 2～4 年开始开花结果，5～7 年进入盛果期。嫁接苗第 2 年就可开花结果，特别是中华猕猴桃品种，在苗圃即可见到开花植株（彩图 14），一般 4～5 年后进入盛果期，株产 15～20kg，亩产可达 1500～2 000kg（1 亩 ≈ 667m^2）。如能提高管理技术水平，有的嫁接苗亩栽 110 株，便创下了栽后第 2 年亩产 500kg，第 6 年亩产 3277kg 的良好成绩。猕猴桃的更新能力强、结果寿命长，浙江黄岩县大巍头村一株 120 多年生的猕猴桃仍可年产 100kg 以上的果实。

【注意】 为了不影响猕猴桃的发育，前三年最好不要让其挂果。

猕猴桃成花容易，坐果率高，一般无落果现象。在山东潍坊地区，实生苗定植后 2 年开花株率为 6.5%，第 3 年开花株率为 52.8%，第 4 年获得亩产 431kg 的果实。可溶性固形物含量为 13%～21%。如果选用良种嫁接苗，结果年龄会更早，一般 2～3 年结果，4～6 年进入盛果期，株产可达 10～20kg，高的可达 50kg 以上。

结果枝（花枝）从基部起第 2～9 节的叶腋可生长出花蕾开花结果，一般每个结果枝上可有 5～7 个节位结果，但营养不良时形成的有效花很少，只有 2～3 朵。结果枝一般发出较早，生长期较长，结果部位之上的芽眼常发育很好，下年可抽生优良结果枝，结过果的叶腋间不形成芽眼，不能抽生新梢。

结果枝在结果母枝上抽生的部位，多数在靠近母枝的基部 2～7 节之间，一个结果枝通常能坐 2～5 个果，结果数量因品种株系的不同而有差异，有的一个结果枝只结 1～2 个果，而丰产性能好的株系能结 5～6 个果，尤其短果枝和短缩果枝因节间短，坐果多，常呈球状结果。结果枝抽生节位的高低随短截的程度而变化。生长中庸的结果枝，可在结果的当年形成花芽，又转化为结果母枝，第 2 年继续抽生结果枝开花结果。若结果枝很弱，则不能转化为结果母枝，当年的果实也比较小。对生长充实的徒长枝或生长旺盛的徒长枝进行摘心或短截，均可形成徒长性的结果母枝，来年抽生结果枝开花结果。经摘心或短截后的徒长枝上抽生的二次枝也能形成结果母枝。

据调查，在一株4年生的植株上抽的徒长枝长3m多，在2m处短截，第2年在基部以上73cm处开始抽生结果枝共16个，共有花90多朵。另外1个徒长枝长近3m，从2m处短截，其上抽生二次枝2个，第2年徒长母枝和其上的二次枝，均是结果母枝，共抽生结果枝21个，开花90多朵。第3个徒长枝在2.6m处短截，第2年抽生结果枝14个，开花109朵。该植株总花量为289朵，其中3个徒长性结果母枝的花量共289朵，占总花量的29%。由此可见，充分利用徒长性枝结果，是高产、稳产中值得注意的措施，这种在徒长枝上结果的特性，其他果树上是很少见的。由于猕猴桃在结果枝条上的着果节位低，又可在各类枝上开花结果，这为整形修剪、更新复壮提供了有利条件。

从落花后果实生长开始到成熟，果实的生长发育期为120~160天。在这期间，果实经过迅速生长期、缓慢生长期、果实成熟期的不同生长发育时期。果实生长发育的完整曲线呈S形。

第一阶段为迅速生长期，从开花到花后需50~60天。果心、内果皮、外果皮细胞迅速分裂，同时细胞体积加速扩大，尤以内果皮细胞体积增加最大，细胞长度约增加5倍。外果皮细胞分裂在花后20天左右终止，内果皮细胞分裂在花后30天左右结束，果心细胞的分裂则缓慢地持续到花后110天左右。这个时期的生长特征是果实体积和鲜重都迅速增加，可达到总量的70%~80%。

【提示】 猕猴桃果实在这一时期体积增长最快，一定要保证充分的水肥供给。

第二阶段为缓慢生长期，时间为迅速生长期后40~50天。外果皮细胞的扩大基本停滞，内果皮细胞继续扩大，果心细胞继续分裂和扩大，但速度大大降低，果实增大速率显著减缓。果皮颜色由浅黄转变为浅褐色，种子由白色变为褐色。

第三阶段为生长后期，时间为缓慢生长期后40~50天。内果皮和果心细胞继续增大，果实增大明显出现一小高峰。到果实采收之前几周，果实体积增大变缓慢，以内部充实为主，果皮转变为褐色。

上述的生长发育节奏是以果实的体积和鲜重为依据的，果实的干重则基本上呈直线缓慢、稳定上升。

果实发育前期，细胞膨大迅速，但内含物积累较少，发育后期，膨大减缓而营养积累增加。在果实发育的不同阶段，果肉的内含物出现相应的变化。在生长初期碳水化合物、有机酸迅速增加，到 7～8 月时，仍以淀粉、柠檬酸积累为主，含糖量处于较低的水平。采收之前一个多月，淀粉被水解为糖而含量下降，糖的含量则由于光合作用积累及淀粉的水解而迅速上升，有机酸含量也逐渐降低。维生素 C 的含量在果实生长前期一直呈增加趋势，接近成熟时缓慢降低。果实硬度以生长的中后期最大，从成熟前开始随着淀粉水解逐渐降低。

第四节　猕猴桃的物候期及对栽培环境条件的要求

一　猕猴桃的物候期

物候期是指果树在一年中随着四季气候变化，有节奏地进行各种生命活动的现象，是在长期进化过程中形成的与周围环境相适应的特性。了解猕猴桃的物候期，有助于认识环境条件对猕猴桃的影响，为在生产中采取适宜的栽培管理措施提供依据。

温度是影响猕猴桃物候期的主要因素，所以海拔高度、湿度、光照、坡向等凡能影响温度变化的因素都能间接地影响物候期的变化。由于猕猴桃分布的地区很广，各地的自然条件也不一致，因而在不同地区和不同年份猕猴桃的物候期也有差异。猕猴桃的种类不同，物候期差异很大，中华猕猴桃品种的物候期一般比美味猕猴桃早 7～10 天；在同一种类中，品种之间的物候期差异也很大，美味猕猴桃中，海沃德品种的物候期明显比其他品种晚；同一品种在不同的栽培区域物候期也显著不同，这里主要以在陕西关中地区栽培的秦美品种为例进行说明。

在陕西关中地区，秦美品种一般于 2 月上旬前后根系开始活动，出现伤流，2 月下旬芽眼膨大进入萌芽期；3 月中旬芽萌发，4 月上旬展叶、花蕾出现，展叶后新梢迅速伸长，4月中旬伤流停止，5月上旬进入初花期，花期一般持续一周左右，5月中旬幼果形成，6月上旬果实进入快速生长期，新梢出现第一次停止生长；进入8月后果实生长减缓，新梢出现第二个生长高峰，大量二次枝发出，强旺枝条的生长一直持续到9月下旬；9月中下旬果实中的可溶性固形物从大致稳定在5%左右开始上升，10月上旬果实成熟，可溶性固形物含量达到6.5%以上；11月中旬落叶，逐渐进入休眠期。整个生育期为240天。

不同地区中华猕猴桃的物候期情况见表2-3。

表2-3　不同地区中华猕猴桃的物候期情况

地区	萌芽期	展叶期	开花期	成熟期	落叶期
河南西峡	3月上中旬	3月下旬	4月上旬	9月下旬	11月中下旬
陕西武功	3月中旬	3月下旬	4月中下旬	9月下旬~10月上旬	11月中下旬
北京植物园	3月下旬	4月上中旬	5月上中旬	9月下旬~10月上旬	11月上旬

二　猕猴桃对栽培环境条件的要求

猕猴桃在其系统发育过程中，形成了与环境条件相互联系、相互制约的统一体，即环境条件满足它需要时，才能正常生长发育。如果环境中某一种或几种条件不能满足其需求时，它必须有一种适应环境的能力去完成生长发育的过程；如果环境条件的变化超过它的适应能力范围，其生长发育就要受到伤害。根据多年人工栽培的实践，影响猕猴桃生长结果的主要生态因子有温度、光照、水分、土壤、风等环境条件。

1. 温度

温度的高低表现了热量的多少。温度通过影响酶及细胞器、细胞膜的活性来控制猕猴桃的生理功能，光合、呼吸、蒸腾、吸收等生理过程只能在一定的温度范围内进行。

美味猕猴桃较喜冷凉，而中华猕猴桃则略喜温热。生长季的温度直接影响生长发育的速度、各生命周期的长短及出现的早晚，尤其是有效积温不仅决定栽培的界限，还对果实能否成熟及产量和品质高低等有很大影响。高于生物学最低温度的日平均温度与生物学最低温度之差为有效温度，一年中的全部有效温度之和为有效积温，它表达了猕猴桃一年中的总需热量。据 Bruchon 在法国杜鲁斯的研究发现，美味猕猴桃在 3 月初开始萌动，3 月上旬的平均气温为 8.5℃，表明猕猴桃的生物学零度（又称生物学最低温度），即开始萌动时的温度在 8℃以上。表 2-4 为中华猕猴桃和美味猕猴桃正常生长发育所需的温度。

表 2-4 中华猕猴桃和美味猕猴桃正常生长发育所需的温度

种类	年平均气温/℃	≥10℃积温/℃	1 月份平均气温/℃	极端低温/℃
中华猕猴桃	11	4500～6000	-3.9～4.0	-12.0
美味猕猴桃	10	4000～5200	-4.5～5.0	-20.3

在陕西关中地区，大于 8℃的有效积温约为 2668℃，总计 234 天。海沃德品种一般在 3 月中旬进入芽萌动期，3 月下旬芽萌发，4 月中旬展叶，5 月中旬开花，从萌芽到开花的有效积温约为 397℃。10 月下旬果实成熟，果实发育期约 160 天，从坐果到果实成熟的有效积温 2268℃，11 月上旬总有效积温达到 2668℃，11 月中旬落叶，整个生育期为 240 天。

猕猴桃在冬季充分休眠后的耐寒力较强，能在 -20℃下越冬，但温度在 -10℃以下随着温度的降低萌芽率逐渐降低。如果秋季枝叶贪青旺长不能充分成熟，枝条内储藏养分不足，或者寒冷到来之前气温较高或波动较大，使植株不能进入深度休眠，其耐寒力会大大降低，即使出现 -10℃左右的寒流，植株也会受冻害。

发生在早春季节的晚霜对猕猴桃威胁很大，低温伤害会影响芽苞萌发、展叶及新梢的生长发育，严重时造成芽苞受冻死亡，抽生结果枝少，尤其在自然分布北缘地区，以及分布中心区的较高海拔地区，容易发生早春季节的晚霜危害（彩图 15）。春季新梢受害的温度范围很窄，在 -1℃以下 4h 无伤害，但在 -1.5℃以下 4h 36%的芽会受伤害，特别是越近地面，冻害越严重，－2℃以下1h 60% 芽受害。而猕猴桃的花在－1.5℃以下持续30min就会受冻害，在－2℃以下2h会被冻死。1998年4月陕西关中地区出现的倒春寒，日平均气温下降10℃多，最低温度达到－4℃，刚膨大伸长的芽很多冻死，使花量大为减少。

发生在秋季的早霜危害，会导致猕猴桃果实在成熟过程中出现异常，品质下降，果皮皱缩，不耐储藏，果实不易后熟，甚至出现变质腐败，丧失商品价值。避免早霜、晚霜的危害是猕猴桃正常生长结果的必需条件，猕猴桃从芽膨大到果实成熟，整个生长过程需210～240天，栽培区域必须选在无霜期能达到这个要求的地区。

猕猴桃必须在冬季经历一定的低温阶段，才能解除自然休眠，保证下年正常发芽、生长和开花。低温不足会引起发芽延迟，花量降低，败育花的数量增加。我国南方一些地方存在冬季低温不够、花芽发育不良的问题，成为猕猴桃栽培的限制因素。研究表明，刚进入休眠的猕猴桃植株需经过950～1000h的4℃低温，才能在最短期间内重新开始营养生长。不同品种对冬季休眠的低温需要量不同：海沃德品种的低温需要量较高，在新西兰存在萌芽率不高的问题，需要喷施化学药剂提高萌芽率；在陕西关中地区，由于冬季低温量较高，萌芽率可达到60%以上。

【注意】 由于气候的变化有不确定性，猕猴桃果园在春季要注意晚霜危害，发芽至花期前后随时关注天气预报，采用放烟雾等办法加以防范。

猕猴桃自然分布区的极端温度虽然达到42～44℃，但猕猴桃本身是在深山野林的湿润凉爽气候环境中发展进化而来的，不耐高温酷暑。我国的大部分猕猴桃生产区都存在夏季高温的威胁，常出现高于35℃以上的温度，大大超出了光合作用的适宜温度范围，妨碍了猕猴桃的光合作用，加大呼吸消耗，减少了营养物质的积累。同时，高温常伴随干旱，使猕猴桃受害加剧，叶边缘和叶尖失水变褐、焦枯坏死甚至大量落叶，果实表面则出现日灼（彩图16），直接暴露在阳光下的果实的西南面尤为严重，受伤害的果实凹陷皱缩，严

重时果肉坏死，造成落果。留在树上的日灼果采收后易腐烂变质，丧失经济价值。生长期的昼夜温差是影响果实质量的一个重要因素，昼夜温差大的地区有利于猕猴桃白天进行光合作用制造营养，夜间的低温可以减少养分的呼吸消耗，有利于营养积累储藏。

【提示】 猕猴桃果实出现大量日灼现象是土壤严重缺水的重要标志。

2. 光照

猕猴桃在幼苗期耐阴凉、忌强光直射，正阳坡山地因为日照强烈，温度高，蒸发量大，幼苗难以生存，野生分布很少。但猕猴桃必须有良好的光照才能正常结果，野生条件下，为了得到充足的阳光，猕猴桃不断向高处攀缘扩展，有时可高达数十米。生长在光照充足部位的叶片浓绿、肥厚，功能强，枝条粗壮，果个大，养分含量高，而荫蔽处的枝条纤细不充实，叶片薄、大而色黄，结果性能受到严重影响。田间测定表明，在荫蔽处的叶片因接收到的入射光量过低，光合效率很低，白天将近3h都处于光补偿点以下，水分的利用效率也很低。由于得不到足够的营养，常发生落叶、落果和枝条枯死的现象，果实软腐病发生的概率也较高。

【提示】 经济栽培猕猴桃时，园地应选在年日照1900h以上、生长期日照时数在1300～1400h的地区，避免在阴坡、狭窄的谷地等光照不足的地方建园。植株的叶幕层不应过厚，枝条要分布均匀，使各处的叶片都能得到较好光照。

3. 水分

植物通过根系从土壤中吸收水分，并经过茎的传导运往植物的各个部分参与生命代谢活动，但只有少量水用于植物的结构生长，绝大部分经由叶片表面的气孔蒸发掉。在这源源不断的过程中，水分的蒸腾消耗了热量，使叶片表面的温度降低，不致被太阳的热辐射灼伤。

猕猴桃叶片的蒸腾能力很强，远远超过其他温带果树。在陕西关中地区，猕猴桃的日平均蒸腾速率达到 $5.3g/(dm^2 \cdot h)$，最高时超过 $10g/(dm^2 \cdot h)$，相似条件下的苹果的平均蒸腾速率和最高蒸腾速率分别为 $3.4g/(dm^2 \cdot h)$ 和 $5.0g/(dm^2 \cdot h)$。猕猴桃的水分利用率远远低于其他温带果树，如苹果制造每克干物质约需消耗水分 263.9g，猕猴桃则需要 437.8g，是目前落叶果树中需水量最大的果树之一。

桃、柿等一般树种的叶片通过调节气孔开张度来降低水分向外蒸散的能力，在日落后会迅速上升，水分蒸腾量大大降低，而猕猴桃只比正午时略有上升，即使在夜间，猕猴桃的蒸腾量也很大，约占全日蒸腾量的 19%，有时达到 20%~25%。控制灌水量的干燥处理与适量灌水之间的叶面蒸腾差异很小，干燥处理的叶片即使直到出现日灼症状，抗气孔扩散上升也较小，甚至失水萎蔫接近枯死时，叶片的蒸腾速度仍然很大。

在野生条件下，猕猴桃多生长在山间溪谷两旁比较潮湿、容易获得水分供应的地方，在距谷底流水线较远的高处，分布越来越少，是否有可靠的水源供应是猕猴桃能否生存的条件。在我国南方多数地区，年降雨量接近或超过 1000mm，但分布并不均匀，干旱不时出现。在北方降雨量则明显偏少，且多集中在秋季，夏季猕猴桃需水的临界时期常出现持续干旱，伴之以酷热，蒸腾量极大，这时若不及时灌溉，猕猴桃的生命活动就会受到严重阻碍。

猕猴桃受旱伤害时，最先受害的是根系，根毛首先停止生长，根系的吸收能力大大下降，若干旱持续加重，根尖部位便会出现坏死，而这时在地上部无明显的受害症状。地上部比较明显的受害表现是新梢生长缓慢或停止，甚至出现枯梢，叶面则出现不显著的茶褐色，叶缘出现褐色斑点或焦枯或水烫状坏死，严重者会引起落叶。当树体的叶片开始萎蔫时，表明植株受害已相当严重。

干旱缺水对果实的危害也很大，受害的果实轻则停止生长，重则会因失水过多而萎蔫，日灼现象也会相伴出现。由于植株的保护性自身调节，日灼严重时果实常会脱落。

干旱缺水对新建猕猴桃园的影响更大。由于新栽树的根系刚开始发育，吸收能力很弱，而地上部枝条的伸长很快，叶片数量和面

第二章 猕猴桃的生物学特性

积增加迅速，根系吸收的水分远远满足不了地上部分蒸腾的需要。如果不能及时灌水，持续的干旱极易造成幼苗失水枯死。

但猕猴桃又是果树中最不耐水淹的树种之一，一年生植株在生长旺季水淹一天后会在1个月内相继死亡，水淹6h的虽不造成死树，但对生长的危害程度很大，成年猕猴桃树水淹3天左右后，枝叶枯萎，继而整株死亡。福井等曾对猕猴桃一年生嫁接苗在旺盛生长期进行淹水试验，水淹4天的有40%死亡，水淹1周左右的在1个月内相继全部死亡，比过去认为耐涝性最差的桃树还差。

涝害对猕猴桃的影响主要是限制了氧向根系生长空间的扩散，造成通气不良，导致根系生长和吸收活力下降以至死亡，最终限制了地上部分的生长，延续了果实品质和产量。

4. 土壤

猕猴桃生长发育所必需的矿质营养、水分绝大部分是通过根系从土壤中吸收的。在野生条件下，猕猴桃主要生长在疏松、肥沃的腐殖质土中；在栽培条件下，不同质地的土壤对猕猴桃的影响不同。砂土地通气性、透水性虽好，但保水、保肥能力差，营养成分含量低，猕猴桃幼树期生长旺盛，但进入盛果期后，常使生长、结果受到限制，如果管理不善，产量较难提高，易出现早衰。黏土地的通气性、排水性差，易发生涝害，但土壤中养分含量高，保肥能力强，肥效持续时间长，栽植猕猴桃不易全苗，根系不易向下层伸展，但如果耕作管理措施良好，获得优质、丰产的潜力较大。壤土兼有砂土和黏土的特性，既能满足猕猴桃根系旺盛生命活动的需氧量高的特性，利于根系向下深入扩大吸收范围，获得较多的矿质营养和水分，又具有较优良的保水、保肥能力，是最适宜栽培猕猴桃的土壤。

猕猴桃性喜土层深厚，但根系穿透能力弱，根系分布受土壤质地的影响很大，在较黏的土壤中，由于机械碾轧、畜力践踏等原因，耕层下常出现坚硬的犁底层，猕猴桃的根系难以穿透，根系多集中在地下20～40cm的范围内；但在疏松的土壤中，根系向下深入至少可达到4m，但大部分根系集中在30～60cm，吸收营养的范围显著扩大。

土壤pH（酸碱度）对猕猴桃能否成功栽培影响很大。土壤pH

的改变可以引起土壤内植物需要的矿物质溶解或沉淀：当 pH 值较高时，铁（Fe）、磷（P）、钙（Ca）、镁（Mg）、铜（Cu）、锌（Zn）等逐渐形成不溶解状态，植物能吸收利用的含量减少；当 pH 较低时，磷、钾、镁等则溶解过快，植物来不及吸收，易被雨水冲洗掉。

猕猴桃的自然分布主要是在酸性、微酸性土壤的地区，pH 值多在 5.5～6.5 之间。我国南方土壤多偏酸，而北方的石灰性土壤的 pH 值一般较高，近年来猕猴桃生产栽培园的土壤 pH 值范围向高、向低两方面均有较大扩展。目前，尽管已有美味猕猴桃在 pH 8.1 的土壤上正常结果的报道，但也有不少果园因土壤 pH 值过高导致缺素症状的发生（彩图 17）。综合各地的生长结果表现，猕猴桃一般在 pH 5.5～7.5 的土壤中栽培比较适宜。

植物吸收养分和水分的能源来自根系呼吸作用释放的能量，猕猴桃的根系生命活动旺盛，氧气的需求量很大，对土壤中氧气不足时的反应特别敏感。根区氧浓度低会严重降低根系的水分吸收，导致树体叶片萎蔫与坏死。盛夏时土壤微生物随土温升高耗氧量增多，土壤氧气含量很低，由缺氧导致的树体伤害随温度升高而加重。通气正常土壤的氧气含量在 18%～19%，二氧化碳在 0.15%～0.65% 之间，猕猴桃根系广，颜色深，根毛多，有氧呼吸旺盛，植株吸收营养可利用的能量多，生长结果良好。但在通气性不良的土壤中，土壤空气不能顺利地与大气交换，二氧化碳及其他一些有害气体含量因植物、微生物的呼吸而上升，土壤呈现严重缺氧状态，根系短而粗，颜色暗，根毛大大减少，根系的生命活动受到妨碍，严重影响其营养吸收，尤其对钾和氮的吸收影响较大，在排水不良、滞水、板结的土壤中，常易出现根部受害现象，小根死亡，地上部叶片黄化，营养生长衰弱，严重的甚至造成植株死亡。

【注意】 陕西关中地区多数猕猴桃果园的土壤稍微偏碱性，要通过大量施用有机肥及生草制从根本上解决这一问题。

5. 风

猕猴桃的叶片大而薄，脆而缺乏弹性，易遭风害，轻则叶片边缘呈撕裂破碎，重则整个叶片几乎全被吹掉，新梢上部枯萎，甚至新梢从基部劈裂，枝上的花蕾或花朵也会受损伤。夏季的强风会使果实与叶片、枝条或铁丝摩擦，在果面造成伤疤，使之不能正常发育，或使果实失去商品价值（彩图18）。

风害不仅影响当年树体的正常发育，减少果实产量，降低果实品质，还会因树体营养不足，储藏养分少，影响花芽分化，使下年的结果受到影响。

6. 其他环境条件

在自然条件下，猕猴桃在海拔 50~2000m 的沟谷山坡中都有分布，但以海拔1000m以下的区域分布较多。海拔高度每增加100m，气温降低 0.5~0.6℃，紫外线增加 3%~4%。在高海拔地区，春季升温迟，秋季降温早，冬季低温时间长，无霜期短，不能满足猕猴桃生长的热量需要。自然分布区域的低海拔处，人口居住稠密区附近由于人畜的毁坏，没有野生猕猴桃生长，而在边远山区人烟稀少的地方，海拔80m的山坡上也可见到猕猴桃生长。但低海拔地区昼夜温差小，不利于营养物质积累，对猕猴桃果实品质的提高有一定影响。

---第三章---
猕猴桃的栽培品种

　　品种是猕猴桃生产者在建园时首先要考虑的问题。生产中有了优良品种，在相同的条件下，就可获得高产优质的产品，实现效益的最大化，提高产品在市场上的竞争力。中华猕猴桃和美味猕猴桃是栽培的两个主要种类，下面介绍的品种绝大多数属于这两个种类。

第一节　美味猕猴桃品种

一　雌性品种

　　在我国南方和北方地区均可栽培，主要雌性品种如下：

　　（1）海沃德（Hayward）　由新西兰人 Hayward 在 20 世纪 20 年代从实生苗中选育出。果实长圆形，平均单果重 89.6g，最大单果重 120g，果皮绿褐色，密被褐色硬毛。果肉翠绿色，含总糖 7.4%、总酸 1.5%、维生素 C 93.6mg/100g，软熟后含可溶性固形物 14.6%，酸甜适口，有香气。货架期长，是目前猕猴桃品种中最耐储藏的品种。陕西关中地区 5 月上中旬开花，10 月下旬成熟。树势中庸，要求管理水平较高，抗风能力较差，但品质优良，果形美观，尤其储藏性能好，在国际猕猴桃市场中占统治地位，是目前除中国之外的世界绝大部分猕猴桃栽培国的主栽品种（彩图 19）。

　　（2）秦美　由西北农林科技大学原陕西省果树研究所与周至县

猕猴桃试验站育成。果实椭圆形，单果重 100～160g，果皮褐色，密被黄褐色硬毛。果肉翠绿色，含总糖 8.7%、总酸 1.6%、维生素 C 140.5mg/100g，软熟后含可溶性固形物 14.4%，味酸甜多汁，有香气，货架期长，耐储藏。陕西关中地区 5 月初开花，10 月上旬成熟。适应性强，易管理，丰产性和连续结果性能好，是目前我国栽培面积最大的品种（彩图20）。

（3）徐香　由江苏省徐州市果园育成。果实长圆柱形，单果重 75～137g，果皮黄绿色。果肉绿色，100g 鲜果含维生素 C 99.4～123.0mg，软熟后含可溶性固形物 15.3%～19.8%，风味酸甜适口，香气浓，货架期、储藏性较长。陕西关中地区 4 月底 5 月初开花，10 月中旬成熟（彩图21）。

（4）米良 1 号　由湖南吉首大学生物系育成。果实长圆柱形，平均单果重 95g，果皮棕褐色，密被黄褐色硬毛。果肉黄绿色，含总糖 7.4%、总酸 1.3%、维生素 C 207mg/100g，软熟后含可溶性固形物 15%，风味酸甜多汁，有香气，货架期较长，较耐储藏。陕西关中地区 5 月上旬开花，10 月上旬成熟。极丰产、稳产，抗逆性较强，是鲜食、加工兼用的优良品种（彩图22）。

（5）金魁　由湖北果茶所育成。果实扁椭圆形，单果重 103～172g，果皮黄褐色，密被棕褐色茸毛，果侧面微凹。果肉翠绿色，含总糖 13.2%、总酸 1.6%、维生素 C 120～243mg/100g，软熟后含可溶性固形物 18.5%～21.5%，风味酸甜多汁，具清香，货架期长，耐储藏。陕西关中地区 5 月上旬开花，10 月上旬成熟。丰产、稳产，适合于长江流域栽培（彩图23）。

（6）哑特　由西北农林科技大学原西北植物研究所等育成。果实短圆柱形，单果重 87～127g，果皮褐色，密被棕褐色糙毛。果肉翠绿色，100g 鲜果含维生素 C 150～290mg，软熟后含可溶性固形物 15%～18%，风味酸甜适口，具浓香，货架期较长，储藏性较好。陕西关中地区 5 月上旬开花，10 月上旬成熟。生长势健旺，适应性、抗逆性强（彩图24）。

（7）农大猕香　由西北农林科技大学选育，2015 年通过陕西省果树品种审定委员会审定。树势生长旺，抗逆性强。单生花为主，坐果率92%。果实为长圆柱形，平均纵径7.35cm，横径4.49cm，平均单果重95.8g，最大单果重为156g，果皮褐色，果面被有茸毛，较短（彩图25）。软熟后果肉为黄绿色，果心较小，质细，风味香甜爽口。含可溶性固形物13.9%～18.9%、总糖12.5%、总酸1.67%、维生素C 243.92mg/100g。在陕西关中地区4月25日左右为盛花期，开花期比徐香早5天，比海沃德早10天。10月20日左右采收，果实发育期为175天。室内常温下存放40天左右，在1℃±0.5℃储藏条件下，可存放150天左右。

（8）金香 由西北农林科技大学果树研究所与眉县园艺站等共同育成。果实近圆柱形，单果重87～116g，果顶洼陷，果面有黄褐色短绒毛。果肉绿色，细腻多汁，含总糖9.3%、总酸1.3%、维生素C 71.3mg/100g，果实软熟时可溶性固形物含量为14.3%～14.6%，风味酸甜，爽口。货架期较长，储藏性较好。陕西关中地区5月上旬开花，9月中下旬成熟，树势强健（彩图26）。

（9）翠香 由西安市猕猴桃研究所选育，2008年经陕西省果树品种审定委员会审定通过，具有早熟、丰产、口感浓香、果肉翠绿、抗寒、抗风、抗病等优点。翠香是从陕西周至山区野生猕猴桃实生变异的优良单株上取芽嫁接并繁殖子代苗选育而成的。果实长纺锤形，平均单果重92g，最大单果重130g。果皮黄褐色，果面稀生黄褐色茸毛（易脱落）。果肉翠绿色，质细而多汁，香甜爽口，味浓香。成熟采收的果实在常温条件下后熟期12～15天，0℃条件下储藏保鲜3～4个月（彩图27）。

（10）布鲁诺 由新西兰人Bruno在20世纪20年代从实生苗中选育出，1930年开始推广。果实长圆形，单果重90～100g，果皮绿色，密被褐色硬毛，容易脱落。果肉翠绿色，维生素C含量为166mg/100g，软熟后含可溶性固形物14.5%～19%，味甜酸，果实耐储藏，货架期长。该品种适于做切片。武汉地区4月底～5月上旬开花，10月下旬成熟。树势旺，丰产性强，适应性广，栽培容易（彩图28）。

二 雄性品种

（1）秦雄401 由周至猕猴桃试验站选出，是秦美品种的授粉雄株，花期较早，可作为早、中期开花雌性品种的授粉品种，花期长，花量大，树势较旺。

（2）马图阿（Matua） 从新西兰引入，花期中等，可作为大多数中等花期雌性品种的授粉品种，花期 15 ~ 20 天，花量大，树势较弱。

（3）陶木里（Tomuri） 从新西兰引入，花期较晚，可作为晚开花型雌性品种的授粉品种，花粉量大，花期 5 ~ 10 天。

（4）湘峰 83-06 花期较晚，花粉量大，花期 9 ~ 12 天，授粉范围同陶木里。

（5）郑雄 3 号 由中国农科院郑州果树所等育成，花期晚，花粉量大，花期长，授粉范围同陶木里。

（6）磨山 4 号 由中科院武汉植物园选育。株型紧凑，节间短，花期长，在陕西关中地区可以持续 20 天，花粉量大，发芽率高，可育花粉多，为四倍体。

第二节　中华猕猴桃品种

一　雌性品种

主要在我国南方地区栽培，北方地区有少量栽培，主要雌性品种有：

（1）红阳 由四川资源研究所等育成。果实短圆柱形，果顶下凹，单果重 68.8 ~ 87g。果肉黄绿色，果心周围有放射状红色图案，肉质细，多汁，含总糖 13.5%、总酸 0.49%、维生素 C 135.8mg/100g，软熟后含可溶性固形物 16%，香甜爽口。陕西关中地区 9 月中旬成熟（彩图 29）。

（2）脐红 由西北农林科技大学、宝鸡市陈仓区桑果工作站、眉县园艺站、岐山猕猴桃中心联合选育。该品种长势旺，树势强健，丰产，抗逆性较红阳更强。果实长椭圆形，萼洼处有一明显的肚脐状突起，果型美观，果个均匀、整齐，平均单果重 90g 左右，最大单果重 120g。果面绿褐色、皮厚，熟后果肉黄绿色、红心，质细多汁，味甜爽口，风味浓香，鲜果维生素 C 含量达 97.2mg/100g。果实在 10 月上旬成熟（彩图 30）。果实耐贮藏，货架期长，常温下可存放 50 天。

（3）晚红　由陕西省宝鸡市陈仓区桑果工作站选育。该品种长势旺，树势强健，易丰产，抗逆性较强，果实耐储藏，货架期长，常温下可储放 40 天，果实长椭圆形，果型美观，果个均匀、整齐，平均单果重 91g，最大单果重 132g。果顶平，梗洼浅。果面绿褐色、皮厚，被褐色软毛；熟后果肉黄绿色、红心，质细多汁，味甜爽口，风味浓香，维生素 C 含量达 97.2mg/100g。果实在 10 月中旬成熟（彩图 31）。该品种的果实在冷藏过程中红心有褪色现象。

（4）楚红　由湖南省农科院园艺所育成。果实扁椭圆形，一般单果重 70 ~ 80g，最大单果重 121g，果皮深绿色，果面光滑无毛。果实近中央部分中轴周围呈艳丽的红色，果实横切面呈放射状彩色图案，极为美观诱人。果肉细嫩，汁多，风味浓甜可口，含可溶性固形物 16.5% ~ 21%、总酸 1.5%；香气浓郁，品质上等。果实储藏性一般，常温下储藏 10 ~ 14 天即开始软熟，在冷藏条件下可储藏 3 个月左右。树势强健，新梢生长量大，在高、低海拔地区均能正常生长与结果，抗高温干旱能力强。在低海拔地区栽培，果肉红色变淡，以海拔 1000m 以上的地区栽培最能体现其果实红心的特性，更适宜于在海拔 1000 ~ 1500m 的地区种植。长沙地区，3 月中旬萌芽，4 月下旬开花，9 月上旬果实成熟（彩图 32）。

（5）湘吉红　是湖南吉首大学从中华猕猴桃中选育的无籽猕猴桃株系。当年生枝青绿色，光滑无毛，皮孔白色，长椭圆形。叶心脏形，叶缘锯齿明显，叶面深绿色，叶背被灰白色茸毛。叶柄长 6.4cm，叶长 11 ~ 12cm，叶宽 13 ~ 14cm。花单生或每花序 1 ~ 3 朵花，雌花花冠直径 3.4 ~ 4.2cm，萼片 6 枚，花瓣 6 枚，子房横切中轴附近深红色，柱头 30 ~ 34 枚，雄蕊退化，花粉无授粉能力。果实圆柱形，纵径 5.7cm，横径 4.5cm，单果重 60 ~ 80g，果壁薄，绿褐色，果毛稀少，柔软易脱。横切面内侧果肉为鲜红色，呈放射状排列，外侧果肉为黄绿色，清香味甜，可溶性固形物含量为 17% ~ 19%。果实在 8 月下旬 ~ 9 月上旬成熟，常温下可储藏 15 天左右。果实具有无籽、红心、香甜特性，不需要配雄株花粉授粉，以短果枝结果为主，短果枝占结果枝总数的 80% 以上。该品种抗病虫害能力较强。

（6）**早金（Hort16A）** 由新西兰园艺研究所育成，是 Zespri 公司专利品种。果实倒圆锥形，整齐美观，单果重 80～140g，果皮细嫩，易受伤。果肉金黄色，维生素 C 含量为 120～150mg/100g，软熟后含可溶性固形物 15%～17%，风味甜，香气浓。10 月中、下旬成熟，货架期长，较耐储藏。树势强旺，极丰产（彩图 33）。

（7）**翠玉** 由湖南省选育，2001 年通过省级鉴定，是一个综合性状优良的早中熟品种。果实圆锥形，果突起，果皮绿褐色，果面光滑无毛；果肉绿色或翠绿色，肉质致密、细嫩、多汁，风味浓甜，含可溶性固形物 17.3%～19.5%、维生素 C 143mg/100g、总酸 1.4%、总糖 16%～22%，成熟期在 9 月中旬，平均单果重 80g 左右，枝条质地硬，抗逆性强（彩图 34）。

（8）**金桃** 由中国科学院武汉植物园选育，2005 年通过国家林业局林木品种审定。叶片中等大，叶色浓绿。芽萌发力强，成枝率高。果实长圆柱形，果形端正、均匀美观。平均单果重 82g，最大 120g。果皮黄褐色，果面光洁，果顶稍凸。果肉金黄色，软熟后肉质细嫩、脆，汁液多，有清香味，风味酸甜适中，种子少，含可溶性固形物 18.0%～21.5%、维生素 C 147～152mg/100g。雌花可着生在 1～7 节上，除 1 年生枝坐果率高外，多年生枝也能结果，具有高产结果习性。以中、短果枝结果为主，单花结果占 80% 以上。果实在武汉 9 月下旬成熟，极耐储藏（彩图 35）。

（9）**金农** 由湖北省农科院果茶蚕桑研究所育成，2004 年通过湖北省审定。果实广椭圆形，平均单果重 80g，最大单果重 135g；果面绿褐色，无毛，果肉金黄色，品质上等，含维生素 C 93.9mg/100g、总酸 1.7%、可溶性固形物 15.2%、总糖 8.9%，风味浓，品质优良。在武汉地区芽萌动期为 2 月 28 日～3 月 5 日，展叶期为 3 月 5 日～3 月 20 日，现蕾期为 3 月 10 日～3 月 20 日，开花期为 4 月 5 日～4 月 14 日，果实在 8 月中下旬成熟，冷藏条件下可储藏 30 天。生长势较强，枝条粗壮充实。萌芽率为 63.6%。该品种以中、短枝结果为主，平均每个结果枝着生花序的节数 4 节以上，成花 4.33 朵，坐果 2.67

个。抗病虫能力较强，且具有较强的抗旱、抗热、抗风能力。在武汉地区栽培，在高温干旱、干热风等恶劣环境下，只要管理正常，仍能正常生长结果。果实、叶片抗高温日灼能力较强，在陕西关中产区适应性强，耐寒抗冻（彩图36）。

（10）**华优** 由陕西省农业科技开发中心与周至县猕猴桃试验站等单位联合审定。果肉呈黄色、浅黄色、缘黄色，果面、果枝光滑，无毛，果味甜香，香气浓郁，口感浓甜，极为适口。3月萌芽，4月下旬~5月上旬开花，9月下旬~10月初成熟。短、中、长枝均可结果，以中、长结果枝为主。果实椭圆形，较整齐，商品性好，单果重为80~120g，果面棕褐色或绿褐色，绒毛稀少，细小易脱落，果皮厚而难剥离。未成熟果果肉绿色，成熟后果肉黄色或绿黄色，果肉质细汁多，香气浓郁，风味香甜，质佳爽口，含可溶性固形物7.4%、总酸1.1%、总糖3.2%、维生素C 161.8mg/100g，常温下后熟期15~20天，货架期30天，较耐储藏（彩图37）。

（11）**桂海4号** 由中国科学院广西植物研究所从野生猕猴桃中选出。果实近长圆柱形，果皮黄褐色，果皮较厚，较光滑。平均单果重70g，最大单果重106g；果肉绿黄色，质细多汁，有香味，风味佳，含可溶性固形物15%~19%、维生素C 53~58mg/100g。该品种适应性和抗性均较强，产量高而稳定，是我国西南部地区适合发展的鲜食和加工品种（彩图38）。

（12）**庐山香** 由庐山植物园等育成。果实近圆柱形，整齐均匀，外形美观，单果重87.5g~140g，果皮棕黄色，被有较稀疏、较易脱落的短柔毛。果肉浅黄色，质细多汁，含总糖12.6%、总酸1.5%、维生素C 159.4~170.6mg/100g，软熟后含可溶性固形物13.5%~16.8%，风味酸甜，香味浓郁。果实在10月中旬成熟，适于加工果汁，货架期较短（彩图39）。

（13）**魁蜜** 由江西园艺研究所育成。果实扁圆形，单果重92~155g，果皮绿褐色或棕褐色，绒毛短，易脱落。果肉黄色或黄绿色，质细多汁，含总糖6.1%~12.08%、总酸0.8%~1.5%、维生素C 119.5~147.8mg/100g，软熟后可溶性固形物12.4%~16.7%，味酸甜或甜，有香气，货架期较短。5月上旬开花，9月上中旬成熟。

结果早、丰产、稳产，抗逆性较强（彩图40）。

（14）通山5号 由武汉植物所等育成。果实长圆柱形，单果重90～137g，果皮较光滑，灰褐色，果面密被灰褐色短绒毛，成熟时易脱落。果肉黄绿色，多汁，含总糖16.2%、总酸1.2%、维生素C 59.6～175.7mg/100g，软熟后含可溶性固形物15%，酸味适度，具清香。9月中下旬成熟。较耐储藏，室温下可存放40～50天。丰产性能好，连续结果能力强，耐干旱。

（15）贵露 由贵州省果树所等育成。果实短椭圆形，单果重78～116g，较均匀，果皮黄褐色，被有棕黄色的短、密柔毛。果肉黄绿色，质细多汁，含总酸1.8%、维生素C 149mg/100g，软熟后含可溶性固形物18.0%，酸甜适度，味浓具微香。10月下旬成熟，鲜食、加工兼用，树势较强，较耐旱，丰产性能好，为短枝紧凑型品种。

（16）秋魁 由浙江园艺研究所等育成。果实短圆柱形，果形端正，单果重100～195.2g。果肉黄绿色，质细多汁，含总糖7.1%～10.0%、总酸0.9%～1.1%、维生素C 100～154mg/100g，软熟后含可溶性固形物11%～15%，酸甜适口，微有清香。9月下旬～10月上中旬成熟。树势较强，适于密植。

（17）金丰 由江西园艺研究所育成。果实椭圆形，单果重81～163g，果形端正，整齐一致。果肉黄色，质细多汁，含总糖10.6%、总酸1.1%～1.7%、维生素C 50.6～89.5mg/100g，软熟后含可溶性固形物10.5%～15%，味酸甜适口，微有香气，货架期较长。5月上旬开花，9月下旬成熟。丰产、稳产，是储藏性较好的鲜食、加工兼用品种。

（18）早鲜 由江西省园艺研究所等育成。果实圆柱形，单果重75～82g，果皮绿褐或灰褐色，绒毛较密，不易脱落。果肉绿黄或黄色，果心小，多汁，含总糖7.0%～10.8%、总酸0.9%～1.3%、维生素C 73.5～97.8mg/100g，软熟后含可溶性固形物12%～16.5%，味甜，风味浓，微有清香，货架期较长。8月下旬～9月初成熟，树势较强，抗风力弱，有采前落果现象。

（19）素香 由江西园艺研究所育成。果实长椭圆形，整齐美观，单果重 98～180g。果肉深绿黄色，含总糖 13.5%、总酸 0.5%、维生素 C 206.5～298.4mg/100g，软熟后含可溶性固形物 14%～17%，味酸甜，风味浓，具香气。9 月上中旬成熟，较耐储藏，树势强健，丰产稳产。

（20）怡香 由江西省园艺研究所等育成。果实短圆柱形，单果重 83～161g，果皮绿褐色。果肉绿黄色或黄绿色，质细多汁，含总糖 6.6%～11.8%、总酸 0.9%～1.4%、维生素 C 62.1～81.5mg/100g，软熟后含可溶性固形物 13.5%～17%，酸甜适口，风味浓，香气浓郁，货架期较长。9 月上中旬成熟。连续结果能力强，较丰产稳产，对高温干旱及短时间水淹等抗性较强，新梢半木质化时易遭风害。

（21）武植 3 号 由武汉植物园等育成。果实椭圆形，单果重 80～150g，果皮暗绿色，果面绒毛稀少。果肉绿色，质细多汁，含总糖 6.4%、总酸 0.9%、维生素 C 250～300mg/100g，软熟后含可溶性固形物 12%～15%，味酸甜，香味浓。9 月底成熟，树势强，树冠成形快，丰产稳产，较耐高温干旱。

二 雄性品种

（1）磨山 1 号 花期早，花量大，花粉量大，花期为 20 天，可作为早、中乃至晚期开花的雌性品种的授粉品种，是目前国内选出的最好雄性品种之一。

（2）郑雄 1 号 花期早，花量大，花粉量大，花期为 10～12 天，可作为早、中期开花的雌性品种的授粉品种。

（3）岳—3 花期中等，花量大，花粉量大，可作为中、晚期开花的雌性品种的授粉品种。

（4）厦亚 18 花期早，花量大，花期为 20 天，可作为早、中、晚期开花的雌性品种的授粉品种。

第三节　其他种类的猕猴桃品种

（1）金艳 由中科院武汉植物园培育，是以毛花猕猴桃为母本、中华猕猴桃为父本进行杂交，从杂交后代中选育而成。从外观上看，金艳猕猴桃树势强壮，枝梢粗壮，果长圆柱形，平均单果重101g，最大果重141g，丰产性突出，美观整齐，果皮黄褐色，果子光滑、茸毛少；从内在看，果肉金黄，维生素C含量高，肉质细嫩多汁，风味香甜可口，营养丰富。硬度大，特耐储藏，货架期长（彩图41）。

（2）**华特** 是浙江省农业科学院园艺研究所从野生毛花猕猴桃中选育出的新品种，单果重82～94g，是一般野生种的2～4倍，最大132.2g，含可溶性固形物含量14.7%、总酸1.24%、维生素C 628mg/100g（彩图42）。

（3）**沙农18号** 由福建省沙县农业局茶果站从野生毛花猕猴桃中选出。平均单果重61g，最大果重87g，果实圆柱形，果皮棕褐色。果肉绿色，肉质细，甜酸微香，含可溶性固形物13%、总糖5.6%、总酸1.88%、维生素C 813mg/100g。树势强健，适应性强，易栽培，果实成熟期为10月中旬，是目前毛花猕猴桃中果个最大的株系（毛花果实一般单果重为10g左右）。

（4）**江山娇** 原名月月红，是中国科学院武汉植物研究所从以中华猕猴桃武植3号为母本、毛花猕猴桃为父本的杂交后代中选出，果实平均单果重30g，鲜果维生素C含量为814mg/100g。花呈玫瑰红色，倾向父本毛花猕猴桃，花冠大，花瓣58片，像母本中华猕猴桃。每年开花约6次，5月开始～10月不断开花，花果同存，有的年份还出现开雄花的枝条。

（5）**天源红** 由中国农业科学院郑州果树研究所等单位选出，属于软枣猕猴桃。该品种树势较强，适应性中等。果实柱形或近椭圆形。平均单果重17g，最大果重27g。果皮棕红色，无毛光滑。充分成熟后果肉全面为玫瑰红色，汁液中等，味酸甜，有微香，含可溶性固形物15.6%～17%、维生素C 183mg/100g。8月中旬成熟，鲜食加工皆宜。该品种已申请了新品种保护。

（6）**龙山红** 是四川省自然资源科学研究院从美味猕猴桃变种彩色猕猴桃中选育出的两性花品种。果实为长椭圆形，单果重50～80g，平均单果重65.59g。种子外侧的果肉为浅红色，最外层果肉为绿色，果肉香气浓，鲜果含可溶性固形物14.6%、总糖10.2%、总酸1.8%、维生素C 65.1mg/100g，果实较耐储藏。树体长势强，产量高。开花期为5月中下旬，成熟期为10月中下旬，落叶期为12月上中旬。果实的生长发育期为150天左右，营养生长期为270～280天。整个物候期特别是开花期比同地的海沃德早7～9天，抗逆性能极强。

（7）**魁绿**   由中国农业科学院特产研究所从野生软枣猕猴桃中选出。平均单果重18.1g，最大果重32g，卵圆形，果皮绿色光滑。果肉绿色，多汁，细腻，味酸甜，含可溶性固形物15%、总糖8.8%、总酸1.5%、维生素C 430mg/100g。在吉林伤流期为4月上中旬，8月中下旬成熟。树势生长旺盛，坐果率可高达95%以上。抗逆性强，在绝对低温-38℃的地区栽培，多年无冻害和严重病虫害，为适于寒带地区栽培的鲜食加工两用品种。加工的果酱，色泽翠绿，含丰富的营养成分，保持了果实独特的浓香风味。该品种已申请了新品种保护。

【提示】 我国猕猴桃栽培的范围较广，品种较多，各地应该根据当地的气候特点选择品种。北方应以美味系列的品种为主，谨慎选择中华系列的品种。

——第四章——
育　苗

猕猴桃在野生条件下，主要通过鸟兽传播繁殖，也有少数植株由自然压条或根蘗产生。在人工栽培时，主要采用嫁接、扦插、组织培养等方法繁殖种苗，也有少量使用压条和分株的方法繁殖。

第一节　实生苗的培育

一　苗圃地的准备

猕猴桃的苗圃地应选择疏松肥沃、灌溉方便、排水良好、土壤pH 为 5.5~7.5 的沙壤土或壤土。黏重的土壤下雨时易涝，天旱时易板结，不利于猕猴桃幼苗生长，如果用作苗圃地，应混入适量的河砂。据调查，在潍坊地区猕猴桃根系生长的强弱与根量的多少与其生长的土壤条件有关，轻黏壤土和细沙壤土条件下一年生猕猴桃苗的生长情况分别见表 4-1、表 4-2。一年生猕猴桃幼苗在轻黏壤土条件下，根的总长度为 1538.1cm，根重 9.47g，而在细沙壤土条件下，根的总长度为 2617.8cm，根重 27.5g，所以，苗圃地以细沙土地为好。在病虫危害严重的地块或连作的苗圃地不宜育苗。

表 4-1　轻黏壤土条件下一年生猕猴桃苗的生长情况

| 根　级　次 | 根数/条 | 根长/cm | 占总根（%） | | 备　　注 |
			根数	根长	
1 级	52	190.1	6.81	12.36	
2 级	133	712.5	17.41	46.32	
3 级	410	483.2	53.66	31.42	株高 14cm，地上部重 3.45g，地下部重 9.47g
4 级	155	146.7	20.29	9.54	
5 级	14	5.6	1.83	0.36	
总计	764	1538.1	100	100	

表 4-2　细沙壤土条件下一年生猕猴桃苗的生长情况

| 根　级　次 | 根数/条 | 根长/cm | 占总根（%） | | 备　　注 |
			根数	根长	
1 级	43	197	2.70	7.52	
2 级	329	1124	20.68	42.94	
3 级	693	932.4	43.56	35.62	株高 14cm，地上部重 2.83g，地下部重 27.5g
4 级	507	353.2	31.87	13.49	
5 级	15	9.4	0.94	0.36	
6 级	4	1.8	0.25	0.07	
总计	1591	2617.8	100	100	

　　猕猴桃的种子很小，精细整地对确保种子有较高的发芽率和苗木的健壮生长十分重要。苗圃地先要施足基肥，深翻、整平，捡净石块、草根等杂物。基肥应使用经过堆沤腐熟的牛粪、猪粪等农家肥，施肥量每亩 4000～5000kg，还应加入适量的磷钾肥。播种前 2 周用五氯酚钠、菌毒清、菌必净等进行土壤消毒，喷洒消毒药剂在地面后深翻耙细。根据圃地的宽度，做成宽 100cm、畦梁宽 30cm 的畦子，畦子的长度在 10m 以内较好，过长则易出现地面不平整。

　　在多雨、土壤透水性较差的地区，宜改做高畦，即下种的苗床比周围的地平面高，以利于雨涝时水分向外排出。床底宽 80cm，畦面宽 60cm，床高 20cm，床间沟宽 25～30cm，灌溉时水从床侧面渗透进入苗床，畦面湿润而不发生板结，也不会冲走种子。

二 种子采集与处理

采集种子的母树要选生长健壮、无病虫危害的植株，待果实充分成熟后采收，如果采收过早，种子内部营养不充足，幼胚发育不完全，生命力较弱，发芽率、成苗率和苗木质量都会受到影响。

果实采收后放在室温下，使之后熟变软，但注意不能发霉腐烂，以免产生的有害物质伤害种胚。脱种果实较少时，可将软熟果实的果肉用手挤出，包在纱网袋中充分揉碎挤压，在水中搓洗，使果汁和碎果肉通过纱网眼挤出。经过几次冲洗揉搓，果肉与种子分离后再倒入水中充分搅动，将上部混有果肉杂质和秕种子的清液倒掉，饱满种子沉在下部（彩图43）。有时有些饱满的种子由于外皮部组织膜较大而浮力增大，会漂浮在水面上，经揉搓破坏其组织膜后会自动沉入水底。

脱种果实数量较大时，也可将软化的果实放入缸内，用竹扫帚把将果实充分戳烂，再加入清水后搅动漂洗，捞出果皮、果肉残渣。有条件的地方可用粉碎机将果实慢速搅烂，再按照上面的方法清洗出种子。

将清洗出的种子摊在平坦、吸水的木板上，捡出其中的较大果皮残渣、中柱的残骸等后在室内阴干。注意不要在阳光下暴晒，否则会使种子丧失发芽力。阴干后的种子装入布袋内，储于通风干燥、无鼠害的地方。

储藏的猕猴桃种子处于休眠状态，即使在适宜的温度、湿度等条件下，也基本上不发芽或极少发芽，这是由于猕猴桃的胚虽然在形态上已经成熟，但在生理上并未完全成熟，需要在适宜的低温条件下，经过一定时间的内部转化才能完成生理后熟。经过后熟的种子吸水力增大，各种酶的活性加强，呼吸作用增高，发生许多物质的转化，抑制发芽的物质如脱落酸、氢氰酸、酚类、各种有机酸及植物碱等浓度降低，促进萌芽的物质如赤霉素含量增加，如此才能正常发芽生长。

打破休眠的方法很多，沙藏是最常用的一种。沙藏应在播种前的 2 个月左右开始，先把储藏的种子用水浸泡 1~2 天。将种子捞出后用 5~10 倍的干净湿润细沙充分混合，沙的湿度应掌握在"手握成团，放开即散"的程度。选大小适宜、底部有排水孔的容器，如花盆、木箱等，先在底部铺一层 3~5cm 的湿沙，再放入与河沙混合的种子，上面盖一层 3~5cm 厚的湿沙，容器上部应留出 3cm 左右的空隙以利于空气交换。沙藏的种子可以储放在冷凉的室内，也可在房屋背阴处挖坑将容器放入坑内，用砖等盖严以防鼠害，同时注意防止雨水流入引起种子发霉腐烂。以后每隔 2~3 周检查一次沙子的湿度，湿度不足时酌情喷水，并上下翻动使湿度均匀，水分过大有发霉现象时，应将种子和湿沙取出摊晾，减少其中的水分。

由于种子的质量不同，沙藏处理的技术差异及所在地区的气候区别，各地试验的沙藏种子的发芽率、沙藏时期也不尽一致，但一般以沙藏 60 天左右为好，发芽率可达 80% 以上。

沙藏结合变温处理效果更好，将种子与沙混合后装入适宜容器中，白天置于室温下，晚上放入冰箱内，经过这样变温处理的种子萌芽率高而集中，长势较旺，有少量种子萌芽后便可以开始播种。

用赤霉素等激素处理也可打破猕猴桃种子的休眠，这种办法适用于来不及沙藏的种子。首先用两开一凉的温水（温度 50~70℃）浸种搅拌，变凉后换成用 2.5~5.0mg/kg 赤霉素溶液浸润猕猴桃种子，24h 后直接播种，发芽率也较好。由于赤霉素有促进细胞分裂和组织增生的作用，经处理的种子发芽后幼苗期生长发育良好，生长速度较快。

三 播种

播种的时期因地区气候条件的不同而异，南方地区一般可在 3 月下旬开始播种，北方气温回升较慢，一般可在 4 月中旬开始播种。

播种前先开好播种沟，沟宽 10cm，深 2~3cm，行中心距保持在 25~30cm，先将苗圃地灌足透水，使土壤能在较长时间内保持充足的湿度，待水分下渗后就可播种。播种时先将种子与沙子充分混合后均匀地撒在沟内，再把用细筛筛过的营养土均匀地覆盖在床面，厚度为 3~5mm，即种子横径的 3~5 倍。猕猴桃种子的千粒重平均在 1.2~1.3g，可以参照这个来确定播种量。

[注意] ①猕猴桃种子幼芽的顶土能力很弱，注意覆土不可过厚，以免影响种子出土。②种子播种不能太深，播种后忌大水漫灌。

播种后用麦草、稻草或草帘等覆盖畦面（图4-1），厚度为3cm左右，再搭设弓形薄膜小棚覆盖苗床，以保持温度、湿度。条件适宜时大约一周时间种子的胚根就可伸出，2周左右下胚轴向上伸长，将子叶和包裹着子叶的种皮顶出地面，25天左右子叶展开，子叶展开后15～20天第一片真叶出现。

图4-1 播种后用稻草覆盖畦面

四 苗期管理

猕猴桃因种子微小而幼苗细弱，极易受到外界不良条件的危害，所以苗期的管理十分重要。

1. 揭草遮阴

当种子发芽出土达到30%～50%时，在下午天凉时去掉覆盖的麦草、稻草，这时幼苗特别细小幼嫩，根系很浅，揭盖草时要避免碰伤幼苗。揭草后立即在弓形薄膜小棚架上搭设遮阳网，既能避免幼苗被强光暴晒，又能接受一定的阳光。

2. 洒水追肥

根初生时很浅、很弱，适应能力较差，地面板结、干燥都会影响幼苗的生长，甚至造成死苗。苗期要每天检查，早晚用洒壶喷水，使土壤保持湿润的状态。切忌喷水过猛，以防将幼苗冲倒或将根系冲出，更不要大水漫灌。幼苗出现2～3片真叶后，洒水时加入0.2%的尿素和磷酸二氢钾。

3. 间苗

当大多数幼苗长出3～5片真叶后，剔除弱苗、病虫危害和畸形苗。过密处要间苗，苗距可掌握在 5～10cm，以促进幼苗健康生长、根系发达。杂草要尽早拔除，以免长大后再拔除时损伤幼苗根系。

五 移栽

当幼苗长出 5～6 片真叶后，要将多余幼苗移出。幼苗越大，根系越发达，越容易成活，但苗子过大时易在圃内过密拥挤，造成细高苗。移栽最好在多云天、阴天、晴天的下午天凉时进行。移栽的株行距以 30cm×40cm 为宜，移栽时尽量做到边起苗、边栽植、边浇水，及时封窝，尽早搭设遮阳网（图4-2）。

图 4-2　搭设遮阳网

六 移栽后的管理

幼苗移栽后要根据墒情及时浇水，移栽后 3～4 周后幼苗开始发出新叶，可结合浇水追施尿素，每亩每次可施 0.5kg 左右，以后根据苗木生长状况每 3～4 周追施一次，并及时松土保墒，防止土壤板结影响根系生长，同时也要除去田间杂草。立秋后逐步去

图 4-3　管理良好的幼苗

掉遮阳网。当幼苗长到 30～40cm 时，及时摘心促使苗木加粗生长，剪除苗子基部 10cm 左右发出的萌蘖，保证嫁接部位光滑，互相缠绕的枝条要及时剪短分开，改善光照、通风条件。一般管理良好的苗子到秋季落叶时大部分植株的基部直径可达到 0.6～1.0cm，第二年春季就可嫁接（图4-3）。

有条件的地方可采用温室集约育苗，能大大缩短育苗期。将采种沙藏后的种子于 12 月底左右在温室的穴盘内播种（图 4-4），待长出真叶后移植到营养钵内。营养钵用聚乙烯薄膜制成，基部打有漏水孔，规格为直径 5~6cm、高 8~10cm。播种穴盘所用的基质多采用蛭石、珍珠岩、河沙等透气性好的材料，营养钵宜用园土、粪肥、河沙等的混合物作为基质。当幼苗有 4~5 片真叶时就可移栽到大田。在加强肥水管理的条件下，7 月份就可嫁接。也可以将有 4~5 片真叶的幼苗移栽到比较大的营养钵中（图 4-5），后期在营养钵中直接嫁接。

图 4-4　穴盘播种

图 4-5　移栽到营养钵中

营养钵育苗的优点是移栽时缓苗期短或基本上没有缓苗期，不伤根，成活率高。温室容器育苗是在保护设施下进行的，温度、湿度条件容易控制，容器内的小苗生长在有限的基质中，容易发生水分失调，应根据苗龄、空气湿度和幼苗生长情况适时浇水。幼苗期水分消耗少，要勤浇少浇。苗木迅速生长期浇水次数减少，每次浇水必须浇透。此法育苗费用较高，但培育出的苗子质量较好（图 4-6）。

图 4-6　温室育苗

第二节　嫁接苗的培育

种子繁殖的实生苗不能保持原有品种的全部优良性状，且结果比较晚，一般需要 3～5 年。猕猴桃实生苗还有雌雄株的差异，在未开花之前很难从外观上加以区分。因此，除了进行育种之外，一般培育的实生苗都是作为嫁接用的砧木。用种子培育实生苗或先繁殖砧木，然后在上面嫁接栽培品种，是目前果树繁殖时采用最广泛的方法。它是选用现有的优良品种的一个芽或一段有芽的枝段（接穗），嫁接到一株苗子（砧木）上，使接穗生长发育成地上部器官，利用砧木的根系吸收、供应养料和水分，二者结合形成一个完整的植株。

一　嫁接原理

植物的再生能力最旺盛的地方是形成层，它位于植物的木质部和韧皮部之间。形成层可从外侧的韧皮部和内侧的木质部吸收水分和矿物质，使自身不断分裂，向内产生木质部，向外产生韧皮部，使植株的枝干不断增粗。嫁接就是使接穗和砧木各自的削伤面形成层相互密接，因创伤刺激，产生了一种刺激细胞分裂的创伤激素，在创伤激素的影响下，双方形成层细胞、髓射线、未成熟的木质部细胞和韧皮部细胞，都恢复了分裂能力，形成了愈伤组织，随着愈伤组织不断增大，相互交错抱合，充填在接穗和砧木之间的缝隙中，沟通疏导组织，使营养物质能够相互传导，最后形成一个新的植株。

二　砧木选择

嫁接繁殖除要选择优良品种外，还要选择合适的砧木，即适应当地的栽培条件、根系发达、与栽培品种亲和性好及生产性能优良。

我国猕猴桃栽培的品种主要是美味猕猴桃和中华猕猴桃。美味猕猴桃对北方炎热、干燥的气候和土壤适应性较强，所以在北方地区，一般使用美味猕猴桃作为砧木；而在南方，中华猕猴桃适应性较好，用作砧木的较多，但也有用美味猕猴桃作为砧木的。

其他种类的猕猴桃也可用作栽培的砧木，但不同砧木与栽培品种的亲和性有所不同。据福建果茶所试验，中华猕猴桃、毛花猕猴

第
育　四
苗　章

63

桃和阔叶猕猴桃上嫁接中华猕猴桃亲和性均较好，在阔叶猕猴桃上嫁接美味猕猴桃时亲和性较差，萌芽率和新梢生长量均较低。

不同种类的猕猴桃作为砧木对植株的生长结果有很大的影响。王中炎等用长叶猕猴桃、毛花猕猴桃、山梨猕猴桃、美味猕猴桃和中华猕猴桃作为美味猕猴桃海沃德品种砧木的研究表明，这几种砧木与海沃德品种的营养生长势相似，但成花能力差别很大，上述砧木每个新梢上形成的花数平均依次为 6.2、5.5、3.8、3.5 和 2.7 朵，以长叶猕猴桃和毛花猕猴桃较好，而美味猕猴桃和中华猕猴桃较差。

由于实生苗是由种子播种后生长形成的苗木，果树种子繁殖的后代出现性状明显的变异和广泛的分离，实生苗个体之间在特性方面有较大差异，因而对嫁接品种的生长结果会产生不同影响，比较先进的方法应是选用亲和性、适应性及生产性能等优良的砧木，用无性方法繁殖，形成猕猴桃砧木营养系。但我国目前尚未选育出能够作为猕猴桃砧木的优系，生产上一般用种子播种后得到的实生苗作为砧木。不同品种果实的种子育苗的质量有一定差异，如秦美、布鲁诺品种的种子播种后萌芽率高、长势旺；海沃德品种的种子萌芽率低，苗子长势也相对较弱。

嫁接用的砧木应是生长健壮、无病虫危害的植株，砧木基部的嫁接部位应光滑、平整，直径应达到 0.8cm 以上。

三 接穗采集与储存

接穗的采集分为休眠期接穗采集和生长期接穗采集。无论什么时间采集接穗，都要选择采集健壮的枝条，即在母树上生长充实、芽体饱满、无病虫危害的枝条。不用细枝、弱枝，徒长枝上的芽眼质量不高，应尽量不用。边采集，边按品种绑成小捆并加上标记。

（1）**休眠期接穗的采集** 最好是在 3 月初"惊蛰"前，这一时期猕猴桃还在休眠中，且距嫁接时间较近，储存时间较短，也可在 1~2 月结合冬季修剪采集接穗。较早采集的接穗要注意妥善储存，储存接穗的关键是温度和湿度的控制，储藏温度要低于 5℃，湿度基本饱和。不能使其受冻、失水、损伤、霉变或芽子萌动，要使接穗一直处于休眠状态，并保持接穗新鲜、内皮仍然鲜绿。

休眠期接穗的储存办法为：选一处阴凉的地方挖沟，一般要在

64

土壤冻结之前挖，沟宽约1m、深1m，长度可按接穗的数量而定，数量多时则挖长些。将冬季剪下的接穗捆成小捆，用标签注明品种，埋在沟内，上面用湿沙或疏松潮湿的土埋起来。要注意，不能在埋完接穗后灌水，以免湿度过大，不通气而霉烂。在埋沙或土时，尽量使沙（土）与接穗充分接触，每放1排接穗要覆盖1层沙（土）。也可以用报纸包严直接放入较深、有一定湿度的地窖里，或将接穗堆放在地窖里，用塑料膜将上面盖住即可。如果窖内湿度小，则需把接穗全部埋起来。冬季储藏接穗，常出现的问题是后期高温。温度高时，接穗即从休眠状态进入活动状态，呼吸作用增强，就会消耗养分，引起发芽，严重时皮色变黄变褐，甚至霉烂，所以必须一直保持低温，嫁接前使接穗仍处于休眠状态。从冬季剪下到春季嫁接时间很长，要注意经常检查，保持合适的储存湿度和温度。远距离邮寄接穗以冬季为好。

（2）生长期接穗的采集　一般是在嫁接前随用随采，要选择已经木质化的枝条部分的饱满芽。由于生长期的温度较高，枝条采下后要立即把它的叶子剪掉，只留下一小段叶柄。如果接穗当天用不完，储存时可将其放在阴凉的地窖中，或把它放在篮子里，吊在井中的水面上。生长期的接穗不能放入低温冰箱中，因为大气温度都在20℃以上，一旦接穗的温度下降到5℃以下时，就可能发生冷害。如果要利用空调房间存放，必须将温度调到 10 ~ 15℃为宜。远距离引种，则要求把接穗放入低温保温瓶中，可以保存约1周的时间。

四　嫁接时期

猕猴桃在春、夏、秋季都可以进行嫁接，最适合的嫁接时期是早春、初夏和初秋。

春季嫁接使用储藏的一年生枝条作为接穗。猕猴桃的枝条髓部大，伤口容易失水干枯，而且有伤流，一般在萌芽前（即伤流发生前）或叶子长出后（即伤流停止后）嫁接。在伤流期嫁接，由于伤流大，会影响嫁接成活率（彩图44）。春季嫁接的具体时间为春季伤流前，即萌发前20天。根据编者的经验，只要最低气温高于5℃即可以，宜早不宜迟。早春嫁接砧木和接穗组织充实，储藏的营养较多，温湿度有利于形成层旺盛分裂，容易愈合，成活率高，成活后生长期长，优质苗出圃率高。

夏季应在接穗木质化后进行，以5月下旬~6月底前为好，此时段温度最适宜猕猴桃生长，伤口愈合快，一般来说，在嫁接后7~10天即可萌芽抽梢。夏季高温、干燥时最好不要嫁接。

> **【注意】** 当夏季气温持续几天在30℃以上时，猕猴桃嫁接成活率较差，不适宜大量嫁接。嫁接后应及时灌水。

秋季嫁接以8月中旬~9月中旬为好。初秋嫁接，形成层细胞仍很活跃，当年嫁接愈合，次年春萌发早，生长健旺，枝条充实，芽饱满。秋季嫁接后不宜剪砧平茬，不能让接芽萌发，过迟接芽虽能愈合，到了冬季却容易冻死。

五 嫁接方法

嫁接使用的材料包括修枝剪、芽接刀或切接刀、1.5cm宽的塑料薄膜条，枝接时还应有接蜡。常采用的方法主要包括以下5种。

(1) 劈接法 接头粗度在1cm左右可采用劈接法。劈接首先用嫁接刀将接穗的下端削成斜面长2~3cm的楔形削面，楔形一侧的厚度较另一侧略大，接穗上剪留1~2个饱满芽，削面要一刀削成，平整光滑。用刀在接头正中间切开，深度为4~5cm，将削好的接穗从接口中间插入（图4-7），两边形成层对齐。如果粗度不符，应尽量保证一边形成层对齐。

(2) 插皮接法 砧木粗度在2cm以上可采用皮下插接法。此法多在接穗粗度小于砧木时采用。先将砧木在离地面5~10cm左右的端正光滑处平剪断，在端正平滑一侧的皮层纵向切3cm长的切口，将接穗的下端削成长3cm的斜面，并将顶端的背面两侧轻削成小斜面，接穗上留2个饱满芽，将接穗插入砧木的切口中，接穗的斜面朝里、斜面切口顶端与砧木截面持平，接穗切口上端"露白"（图4-8），将接口部位用塑料薄膜条包扎严密，接穗顶端用蜡封或用薄膜条包严。皮下接不管接穗大小，只在接穗基部削一个光滑切面，然后将接穗背面的粗皮刮除，露出形成层，在接口正上方竖切一刀，切断皮层，切口长5～6cm，把削好的接穗从切口插入，最后用塑料扎条将接口、接穗包好扎紧，只露出芽眼待发。

图 4-7　劈接

图 4-8　插皮接

（3）**舌接法**　接穗与砧木粗度相近的可采用舌接法。先将砧木在基部距地面5～10cm处选择端正光滑面斜削成一舌形，斜面长3cm左右，在斜面上方1/3处顺枝条往下切约1cm深的切口，然后选接穗留1～2个芽，在接穗枝的下端削同样大小一个斜面和切口，使接穗和砧木的两斜面相对，各自分别插入对方的切口，使形成层对齐（图4-9）。如果接穗与砧木的粗度不完全一致，可使一侧的形成层对齐，嫁接后用塑料扎条包好扎紧（图4-10）。

图 4-9　舌接

图 4-10　舌接成活发芽

第四章

育苗

67

（4）带木质芽接 先在接穗上选取一个芽，在接芽的下方 1 ~ 2cm 处呈 45°斜削至接穗周径的 2/5 处，然后从芽上方 1cm 左右处下刀，斜往下纵削，与第一切口底部相交，取下的接芽全长 3 ~ 4cm。在砧木离地面 5 ~ 10cm 处选择端正光

图 4-11　带木质芽接

滑面，按削芽片的方法削一大小相同或略大的切面，将芽片嵌入，使二者的形成层对齐或至少使一侧的形成层对齐，用塑料薄膜条包扎严密，春季嫁接露出芽眼，夏、秋嫁接露出芽眼和叶柄（图 4-11）。

（5）单芽枝腹接 在砧木离地面 5 ~ 10cm 处选一端正光滑面，向下斜削一刀，长 2 ~ 3cm，深达砧木直径的 1/3。在接穗上选取一个芽，从芽的背面或侧面选择一平直面，从芽上 1.5cm 处顺枝条向下削 4 ~ 5cm 长，深度以露出木质部为宜。接穗在接芽下 1.5cm 处呈 50°左右切成短斜面，与上一个削面成对应面，将芽眼上 1.5cm 处的接穗顶端平剪，整个接穗长 3.5 ~ 4cm。将削好的接芽插入砧木削出的斜面内，注意一边的形成层要对好。用塑料条从下到上包扎紧。春季嫁接露出芽眼，夏、秋嫁接露出芽眼和叶柄（图 4-12）。

嫁接后 2 ~ 3 周检查成活情况，凡是芽体和芽片呈现新鲜状态，带有的叶柄一触即落时表明已经成活。未成活的芽片由于失水变干，不能产生离层，而叶柄不易脱落。对于未成活的植株要及时进行补接。

无论采用哪种方法，嫁接时都应当注意：

① 砧木与接穗结合部位的形成层要对齐，二者的接触面大，结合紧密，成活的可能性就大，因此削砧木和接穗时切面要适当长一些，以增加形成层接触的面积。

② 削面平滑才能结合紧密，使用的刀子一定要锋利，切削砧木和接穗时切面要尽可能一刀成形，形成一个平整的光滑面。

③ 结合部位的包扎一定要严密，绑缚时应做到不松不紧，过紧则影响营养和水分的输送，且易使组织受伤，过松则砧木和接穗结合不紧密，削面容易失水变干。

图4-12　单芽枝腹接

④ 嫁接前后要保证苗圃地水分供应充足，植株保持较高的新陈代谢能力，促进接口愈合，提高成活率。

⑤ 在田间嫁接时，要将接穗放在阴凉处或用湿布包住，不能在太阳下面暴晒，接穗若当天接不完，必须插在水桶底部有3cm深的水中，以便继续使用。

⑥ 枝接时要用蜡、油漆或塑料薄膜封顶。

【提示】　猕猴桃品种接穗与砧木粗度相近时尽量采用舌接法。

六　嫁接苗的管理

猕猴桃嫁接后的管理对嫁接是否成活、萌发和生长发育状况都有直接的影响，除了加强日常肥水管理工作外，还应做好以下工作。

（1）**剪砧**　主要针对采用带木质芽接和单芽枝腹接的砧木。春季在嫁接后立即剪砧，以促使接芽发芽生长，剪砧如果过迟，接口下萌发的徒长枝条会争夺营养，抑制接芽的萌发，甚至导致接芽枯死。夏季接芽成活后可先折砧，即只将砧木枝条在接芽上6～7cm处折劈，但不折断，仍保留韧皮部的1/2左右，使根系能够继续从地上部得到营养，待接芽萌发长出3～5个叶片后再剪砧，秋季嫁接的接芽成活后不剪砧，冬末春初时再剪砧。否则当年萌发抽生的新梢由于生长期短，组织不充实，冬季容易受冻致死。

由于猕猴桃枝条组织疏松，髓部大而空，剪口下总是要干枯一段，剪砧时应在接芽上部保留1cm长的枝段，以免影响接芽的萌发和生长。

（2）**除萌**　嫁接后砧苗接口下会发出大量不定芽，消耗体内营养，影响嫁接成活率，妨碍嫁接苗的生长，必须及时剪除。除萌一般1周左右全面剪除1次。如果接芽未成活，应选留1个枝条，以备补接。

（3）**设立支柱**　猕猴桃嫁接成活后新梢生长很快，与基枝结合处不牢固，加之叶片很大，极易被风从基部吹劈裂，致使嫁接前功尽弃。当嫁接苗长到20cm左右时，在嫁接苗的旁边插一竹棍作为支柱（图4-13）。由于新梢幼嫩特别容易受伤，绑缚时应先将绳子固定在竹棍上，再把绑绳作一个较松的套，固定住新梢，不要直接用绳子紧绑新梢。

图4-13　设立支柱固定新梢

（4）**解绑**　嫁接成活后，为了不妨碍苗木的加粗生长，在嫁接后1～2个月应解绑。由于猕猴桃嫁接的芽体较大，全面愈合良好需要的时间较长，过早解绑会使已成活的芽体因风吹日晒而翘裂枯死。在不妨碍苗木生长的前提下解绑宜晚不宜早，但注意要防止愈伤组织将塑料条包裹住而影响营养运输。

（5）**摘心**　嫁接苗的第一次生长高峰后，枝条先端弯曲出现缠绕性，互相纠缠在一起，给田间管理和将来起苗造成困难。当新梢长到50～60cm时摘心，剪掉新梢顶端的3～5cm，促进组织充实和枝干加粗生长。

（6）**施肥灌水**　猕猴桃嫁接苗生长期特别怕旱，要注意适时适量灌溉。施肥结合灌水可每月施入一次腐熟的人粪尿、猪栏稀粪等，或在水中加入尿素，每亩施5～7kg。7月施肥时应加入过磷酸钙和钾肥，使幼苗早老化，芽眼饱满，提高苗木枝梢组织的充实度。8月以后应停止施肥，否则易发嫩梢，冬季会被冻死。

（7）中耕除草 苗子的生长季节也是各种杂草的旺盛生长期，杂草与苗子会争夺水分、养分及生长空间，因此要适时进行中耕除草，保持苗圃内土壤疏松和无杂草。

（8）病虫害防治 猕猴桃苗期的害虫主要有蝼蛄、金龟子、叶蝉等，发现后要及时用杀虫剂进行喷杀。病害有根腐病、茎腐病、立枯病等，后期连阴雨较多时叶片上有时也会出现灰斑病等，要根据病情采用杀菌剂进行灌根或叶面喷施来进行防治。

第三节　扦插繁殖育苗

扦插苗是一种自根苗，根系由插条上产生的不定根发育而来。自根苗没有主根，也没有真正的根颈。其特点是变异小，能保持母株的优良性状和特性，进入结果期较早。可当年扦插，当年成苗、出圃，缩短了育苗年限，降低了育苗成本。技术容易掌握，一次繁殖的数量多，在设施条件好的情况下，一年四季都可大量繁殖苗木。利用扦插的自根苗建立采穗圃一般不需抹芽，可确保品种的纯正，万一地上部死亡，其根部萌生的根蘖苗仍是原品种。但这种苗一般根系较浅，抗性较差。

一　苗床准备

选择土壤质地疏松、排水良好的沙壤土作为苗床，最好在避风向阳处，若条件允许，可以在温室或塑料大棚内扦插。插床的大小应根据场地和生产能力等情况确定，一般以宽 80 ~ 100cm、长 3 ~ 5m、高 20 ~ 30cm 为宜。通常所用插壤颗粒细而均匀，粒级以 0.15 ~ 0.5mm 的颗粒占 65% 左右为宜，或用蛭石，尤以蛭石加沙比较理想，既保水保温，又疏松通气。

扦插前，插壤要经过严格的消毒，一般用 0.1% ~ 0.3% 的高锰酸钾溶液或 1% ~ 2% 的福尔马林溶液消毒灭菌，用喷雾器边喷边翻动插壤，以全部喷湿为度，然后堆好，用薄膜密闭 1 周左右，揭去薄膜并翻动插壤，放置 2 ~ 3 天即可填入插床使用。

有条件时，也可设置铺埋地热线的插床，其床高约 35 ~ 40cm。

铺埋方法是：先在插床底层铺一层厚约 15cm 左右的隔热绝缘材料，一般用松针叶等作为隔热层，在隔热层上填 3cm 厚的插壤，再将地热线全部平铺在插壤上。在铺埋地热线时两边宜稍密，因为两边热量易散失，中间宜稀。一般两边的线距 10cm 左右，中间 20cm 左右。地热线铺好后，再填入 12~15cm 厚的插壤。

使用地热线时应注意：要整线使用，不能剪断；铺埋后多余的线不能缠绕成团，不宜露线，要全部埋在插壤里；要保持发热体周围的湿度；铺埋好后不能踩踏；起苗时要小心，不能用铁器工具，以免碰伤胶皮，防止再用时断路。将地热线、导电温度表和电子继电器连接，接通电源，便可使插壤升温。达到所需要的温度时可自动断电，这样就可按要求的温度自行控制。

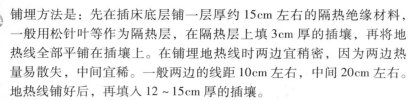

1. 硬枝扦插

硬枝扦插就是利用冬季修剪的休眠期枝条扦插，宜在早春进行。扦插时间随地区的气候条件而不同，南方早些，北方晚些。如福建、湖南、安徽、浙江、四川等地多在 12 月中旬~第二年 2 月底，陕西、河南以 2 月底~3 月中旬为宜。

(1) 插条选择与处理 选择生长健壮、腋芽饱满的一年生枝条，长度 10~14cm，具有 2 个芽，直径 0.5~1.0cm，插条大都切口紧靠节下平剪，上部剪口距芽的上方约 0.5cm，剪口要平滑，用蜡密封。

扦插前首先要用激素对插条进行处理。生长激素以吲哚丁酸（IBA）最好，萘乙酸（钠）（NAA）次之。将插穗放到溶液中，激素溶液深度为 3~5cm，成活率与溶液浓度高低和插穗浸泡的时间长短有关。试验证明，采用高浓度快速浸蘸的办法效果最好。如用 5000mg/kg 的吲哚丁酸溶液浸蘸 3~5s，生根成活率可达 90% 以上。用 4000~5000mg/kg 的萘乙酸处理 2s，发根率可达 80%~100%。猕猴桃的枝条内含有较多的胶体物质，如果插条切口长时间浸泡在生长调节剂溶液中，会有大量胶体黏液流出，黏糊在切口处，这样不仅引起营养物质流失，也不利于切口形成愈伤组织。采用高浓度生长调节剂快速处理，不但可以避免枝条的胶液大量流失，而且可使外源激素立即发挥效能，促进枝条生根。

（2）扦插技术　经生长调节剂处理的插穗按 10cm×15cm 株行距，扦插在插床上。在扦插过程中要防止风吹日晒，轻拿轻放，一般都垂直插入土中，若插穗较长也可斜插，扦插的深度为插穗长度的 2/3 左右，以顶部芽稍露出土面为宜。若土壤疏松，可将插穗直接插入土中；若土壤较黏重，先用小铲铲开后插入土中，以免擦伤皮层及根原始体而影响愈合生根。插后用手按实床土，使插穗与插壤密接，随后喷透水。

2. 绿枝扦插

绿枝扦插是在猕猴桃当年生枝半木质化时用带叶的枝条作为插条进行的扦插，又称软枝扦插。在生长季节，由于气温较高，空气干燥，蒸发量大，扦插不易成活。较适宜的扦插时间是南方宜早，北方较晚，一般多在 4～6 月和 9～10 月前后进行。采剪插条应在阴天、空气凉爽的时候进行，最好随采随插。

（1）插条选择与处理　选用当年生半木质化的枝条作为插穗，插穗长度一般为 2～3 节。距上端节 1～2cm 处剪平，下端紧靠芽的下部剪成平面或斜面，剪口平滑，上留 1～2 片叶，以利于光合作用的进行，促进生根。为了减少蒸腾量可剪去叶片的 1/3～1/2。

用生长调节剂浸润插穗基部能促进生根，提高扦插成活率。据中国科学院北京植物园试验，用 200～500mg/kg 的吲哚丁酸或萘乙酸浸泡插穗基部 3～4h，能显著促进生根，生根率达到了 80% 以上。有些化学药剂可促进细胞呼吸，形成愈伤组织，增强细胞分裂，从而有促进生根的效果。如用高锰酸钾、硼酸等 0.1%～0.5% 溶液浸插条基部数小时至 24h，能提高细胞活动力，补充养分，促进生根。此外，利用蔗糖、维生素 B 等水溶液浸插条基部也可以促进生根。

（2）扦插技术　经过消毒后的插壤，插前先浇透水，待水渗下风干后再进行扦插。株行距以 10cm×15cm 为宜，可直插或斜插，但要将顶端保留的叶片留在插床面之上，要使插穗与插壤密接，扦插后及时灌水。

3. 扦插后的管理

扦插以后的管理措施是提高插穗生根成活的关键。如果管理不当会影响生根成活或全部失败。而管理的中心工作，是调整好水分、空气、温度、湿度和光照等因子的相互关系，以满足插穗生根的需要，其中对水分的调整尤为重要。

（1）搭设荫棚 扦插后要及时搭好荫棚，以防日光暴晒和干燥，在高温、高湿和遮阴的条件下更有利于生根成活。尤其对绿枝扦插，遮阴更为重要。荫棚的透光度以 40% 左右为宜。一般用遮阴网作为遮阴材料，也可以就地取材，如竹帘、草帘、枝条、秸秆等均可。

（2）温湿度与通气性控制 为了使插壤透气性良好，插后初期不宜灌水太多，一般要看插床的干湿情况，以 7～10 天浇 1 次透水即可，萌芽抽梢后，需水量增加，可 2～3 天浇水 1 次，要保持畦面沙不发白，插穗基部切口呈浸润状态为宜。绿枝扦插是在生长季节，应该严格注意管理措施，除遮阴外，还要每天早、晚各喷水 1 次，使其相对湿度保持在 90% 左右，苗床温度约 25℃，切忌 30℃ 以上的高温。硬枝扦插在有条件的地方最好采用地热线，在不同的时期可调控适宜的温度，对促使愈合生根极为有利。条件许可时，也可在插床底层施用一些热性肥料，如马粪、牛羊粪等，以提高插壤的温度。在插穗愈合前，应以提高地温、降低气温为主，一般插壤温度调控在 19～20℃，愈合后调控在 20～25℃，在插穗大部分生根后，可断电停止土壤增温，在自然温度下"炼苗"。

扦插苗成活后，每隔数天将覆盖在其上的棚膜揭开一部分，使苗木通风降温，之后逐渐增加揭开棚膜的次数，并延长揭开时间，使幼苗得到锻炼。当年秋末将扦插苗移植到营养钵中，注意保持温度和湿度，待第二年春季即可移栽定植。

（3）调节光照 硬枝扦插时，在插穗未展叶前应加盖帘子使插穗的环境处于黑暗状态，如此有利于促使愈伤组织的形成；在中后期和绿枝扦插的整个时期，插穗已有绿叶，除晴天日光较强时（9：00～16：00）需要遮光外，其余时间均应除去遮阴材料，插穗愈合生根后，更需要充足的光源。

（4）及时摘心控长 硬枝扦插一般先萌芽抽梢后生根。前期萌芽抽梢所需的养分，都是插条内的储藏营养，如果不及时控制地上部分的生长，养分消耗过多，就会影响生根，在没有新根的情况下，新梢大量的水分蒸腾，造成缺水萎蔫，甚至插穗枯死，所以及时摘心是促进生根、保成活的一个重要措施。一般在新梢长到 5 cm 左右时摘心，保留 3 ~ 4 片叶为宜。如果发现抽梢中有花蕾，应随时将蕾摘除，以节约养分，利于生根成活。

（5）幼苗移栽 生根成苗后应及时移栽，以利于培育壮苗。一般在扦插后 40 天左右，生根的幼苗根系有一定老化，根长 10 cm 左右时即可移栽，每年在同一插床可以反复进行多次扦插。移栽最好选在阴天进行。移栽前先将苗畦地施足充分腐熟的有机肥料，按株行距 20 cm × 30 cm 挖好移栽穴，移栽后立即浇透水。移栽后 10 ~ 15 天内的晴天，必须注意遮阴。移栽缓苗期过后，生长很快，除应经常浇水外，可每隔 7 ~ 10 天对叶面喷速效性肥料，如 0.3% ~ 0.5% 的尿素、磷酸二氢钾等，结合浇水也可施入少量复合化肥。当扦插苗长到一定高度时，为了防止倒伏和相互缠绕影响生长，应当设立临时支柱（或拉绳），引蔓固定。多雨季节要及时清除杂草。

三　影响扦插成活的因素

1. 种和品种

毛花猕猴桃、狗枣猕猴桃、软枣猕猴桃、葛枣猕猴桃、对萼猕猴桃等品种，硬枝扦插生根容易，生根率一般可达 90% 以上。中华猕猴桃和美味猕猴桃扦插生根困难，若无特殊生根措施，生根率一般只有 20% ~ 30%。中华猕猴桃形成愈伤组织的能力很强，一般形成的愈伤组织过多，容易在愈伤组织的表面形成木栓层，而不易生根。

2. 树龄、枝龄和枝的部位

同一树种、品种的幼龄树比老龄树容易发根，一年生枝比多年生枝容易生根。中部枝粗细适中，生根成活率稳定；梢部组织幼嫩，生根虽快，但成活率低；基部枝愈合生根慢，成活率也低。枝条节部比节间积累养分多，易愈合生根，故插条应在其节部下附近剪截为宜。

3. 植物激素

扦插前对枝条用吲哚丁酸、吲哚乙酸、2,4-D、萘乙酸等外源激素处理可以明显促进生根。有些化学药剂，如高锰酸钾、硼酸等溶液浸泡插条基部，也可以促进插条生根。

4. 空气、温度、湿度、光照

（1）空气　插条愈伤组织的形成与空气有密切关系，在充足的空气供应下，插条的伤口呼吸旺盛，生命活跃，有利于伤口愈合，容易发生新根。如果土壤板结、透气不良，伤口不易愈合，则更难于生根。

（2）温度　扦插最适宜的土温为 20～25℃。如果温度在 10℃ 以下，所需生根时间拖长，在 30℃ 以上易引起落叶。一般要求插壤的温度应比气温高 3～5℃。同时还必须保持温度的相对恒定，防止气温剧变。

（3）湿度　土壤湿度以土壤最大持水量的 60% 左右为宜。空气相对湿度以 80%～90% 为宜。插条生根后浇水量过大、过频繁容易烂根。

（4）光照　在扦插的初期光照要少，愈合生根阶段适当增加，生根发芽之后要逐渐加多，并要做到高温时遮阴降温，阴雨天注意透光。

四　其他繁殖方式

猕猴桃还可以用压条或分株繁殖的方法进行繁殖。

（1）压条繁殖　是在枝条不与母体分离的状态下将枝条压入土中，使压入部生根，然后剪离母体成为独立的新植株。压条有直立压条、曲枝压条、水平压条等方法，一般多用直立和曲枝压条法。

1）直立压条又称培土压条，即在冬季或早春萌芽前，将母株基部或基部附近的枝条离地面 15～20cm 处剪断，促发多抽新梢。待新梢长到 20cm 以上时，将基部环剥或刻伤后培土，秋后将已生根的新梢剪离成独立的新株。

2）曲枝压条是在生长季节，在新梢第一次生长高峰之后，约在 5 月下旬，选母株近基部的旺枝，将其弯曲，在其有可能生根的部位进行环剥或刻伤后埋入 10～15cm 深的土中，注意保持土壤湿度并抹掉压条基部（即培土部位的后部）的所有芽和萌蘖。

（2）分株繁殖　是利用母株的根蘖等营养器官，在根蘖基部环剥或刻伤并培土，保持土壤的湿润，促其生根后再分离开母体移栽，生长成新的植株。

第四节　组织培养育苗

组织培养育苗是利用高等植物部分器官组织具有再生能力及细胞具有遗传的全能性的原理，在一定条件下，促进组织细胞强烈分化产生新的个体，再经过一定的培养过程，使之成为一个独立的植株。组织培养具有繁殖快、遗传性均一和苗木无毒的优点，但它需要较高的技术和设备条件。

一　外植体接种

取当年生新梢或一年生枝蔓，去掉叶片、叶柄，用肥皂水将表面刷洗干净，并用自来水充分冲洗，然后将其剪成一芽一段，放入干净烧杯，摆进超净工作台。先用 70% 酒精过一下，再用无菌水（用高压锅在 120℃ 下灭菌 30min 的水）冲洗 3 ~ 5 遍；继而用 0.1% 升汞液消毒 5 ~ 10min，再用无菌水冲洗 3 ~ 5 遍；用酒精灯火焰消毒过的工具，即镊子、剪刀、拨针和解剖刀等剥去鳞片和叶柄，取出带数个叶原基的幼芽接入培养基，半包埋即可。

如果外植体所在的环境污染比较严重，外植体接入无菌室这一关比较难以通过，经常出现外植体的接种全部污染的问题时，可以采用接种茎段法。其操作方法为：取枝条用上述方法消毒后，在无菌条件下剥去外皮层，露出白色内皮层，注意不要使所有消毒枝条正在用的工具接触白色内皮层部分；换用消毒剪剪掉剥段一头约半厘米长，并扔掉；换干净镊子夹住刚剪过的一端，再剪掉另一端约半厘米长，将余下最干净的剥段接种于培养基中，半包埋，待愈伤组织产生后长出不定芽，则容易成功；如果接种枝条太粗，可以纵劈成两半或三瓣、四瓣后接种，有内皮层的一面朝下，半嵌入培养基中，有髓的一面朝上，以利于组织吸收营养，长出新组织和不定芽。这个方法的缺点是，不定芽在保持种性方面不太保险，容易发生变异。

二　诱导产生愈伤组织

诱导培养基是以 MS 培养基（表 4-3）为基本培养基，附加

0.1～0.5mg/kg 的 2, 4-D、0.5～1mg/kg 萘乙酸（NAA）、0.5～1mg/kg 的玉米素（ZT）、0.5mg/kg 的激动素（KT）。蔗糖为 2%～3%，培养基用琼脂固化，pH 调到 5.8 左右，配好后，将培养基装入广口罐头瓶、三角瓶或试管中，装入量为 1～2cm 高，经 120℃ 灭菌 20～30min 后备用。

表 4-3　MS 培养基配方　　　　　（单位：mg/L）

成　　分	含量	成　　分	含量	成　　分	含量
硝酸铵	1650	硼酸	6.2	盐酸硫胺素	0.1
硝酸钾	1900	四水硫酸锰	22.3	甘氨酸	2
二水氯化钙	440	七水硫酸锌	8.6	蔗糖	30000
七水硫酸镁	370	肌醇	100	琼脂	8000
磷酸二氢钾	170	维生素 B₃（烟酸）	0.5	pH	5.8
碘化钾	0.83	盐酸吡哆醇	0.5		

接种后置于 26～28℃ 的培养室内培养，在诱导愈伤组织期间，不进行光照。经过 10～15 天的培养，可看出是否消毒彻底，有无感染。要及时检查，将未感染的外植体转接到新的培养瓶内，丢弃已感染的外植体。如果没有感染，则可以见到离体茎段木质部和形成层之间有浅黄色或黄白色的愈伤组织形成。

三　愈伤组织分化成苗

由茎段诱导产生的愈伤组织，待其直径长到约 0.5cm 时，把愈伤组织转移到分化培养基上。分化培养基以 MS 培养基为基本培养基，附加 1～2mg/kg 的激动素（KT）、水解酪蛋白物 100～400mg/kg。蔗糖浓度及培养基 pH 与诱导培养基相同。培养室每天光照 10～12h，光照强度为 1500～2000lx。待愈伤组织在培养基上长大，逐渐变绿，表面呈菜花状，有很多绿色的小突起，进一步分化成芽后，切除小苗，原来的愈伤组织可以继续扩大，不断分化出新的小苗。此后，大约每 25 天进行一次继代培养。每次的茎段增殖量为 3～4 倍。反复进行继代培养，直至达到所需的小苗数量。一块愈伤组织可分化出几十株，甚至几百株小苗。

愈伤组织分化出的小苗没有根，必须将小苗从愈伤组织上切下，转移到生根培养基上，待小苗长出根后，才能获得完整的试管幼苗。

生根培养基是以 N6 培养基（表 4-4）或 1/2MS 培养基为基本培养基，附加 0.5mg/L 吲哚丁酸、0.5% 活性炭、10% 蔗糖。将小苗转到生根培养基上时，要剪除其基部的叶，以防叶片接触培养基，影响根的诱导。

表 4-4　N6 培养基成分　　　　（单位：mg/L）

成　　分	含量	成　　分	含量	成　　分	含量
硫酸铵	463	硼酸	1.6	甘氨酸	2
硝酸钾	2830	四水硫酸锰	4.4	蔗糖	50000
二水氯化钙	166	七水硫酸锌	1.5	琼脂	8000
七水硫酸镁	185	盐酸硫胺素	1.0	pH	5.8
磷酸二氢钾	400	维生素 B₃	0.5		
碘化钾	0.8	盐酸吡哆醇	0.5		

经过 20～25 天的培养，茎的下端就可诱导出 3～5 条根。猕猴桃试管苗的生根率一般都在 90% 以上。

五 试管苗的移栽

在利用组织培养技术快速繁殖猕猴桃苗的过程中，试管苗的移栽是一个非常重要的环节。如果环境条件控制得好，试管苗的移栽成活率可达 80%～90%，即便是无根的试管苗，经过适当处理后，移栽成活率也可达 50% 以上。为了提高试管苗的成活率，应注意以下几个问题。

1. 培养健壮的试管苗

因为猕猴桃试管苗的叶片较大，可将试管苗转移到较大的容器中进行培养，使小苗有一定的生长空间，使叶色浓绿、平展。茎的木质化程度要高，否则易出现叶小茎细的弱苗，弱苗不易诱导生根，即使生根也不易移栽成活。

2. 炼苗

试管苗在人工培养条件下长期生长，对自然生长环境的适应性就会减弱，移栽前需要经历一个过渡阶段，即炼苗。炼苗的方法为：将培养瓶移至自然光照下2~3天，打开瓶口2~3天，然后再移栽。

> 【提示】　炼苗过程是试管苗最关键的一步，要根据苗情及自然光条件确定，在保证不污染的前提下时间可以尽量长一点。

3. 过渡移栽

由于试管苗长期处在恒定的温度、湿度与光照条件下，营养物质也较丰富，在移到土壤中时，一切条件都失去了平衡，为使试管苗适应新的环境，过渡移栽是提高试管苗成活率的重要措施。过渡移栽因季节而不同，应选择与培养室条件相接近的环境进行，待移栽苗成活后再定植于大田。冬季可在温室中将试管苗移入营养钵中，夏季可在培养室中将苗移入营养钵置于树林遮阴处。

过渡移栽用的土壤最好是腐殖土。无此条件的可人工配制，方法是将菜园土、堆肥土、细河沙或锯末按1:1:1的比例混匀即可。过渡移栽的温度、湿度、光照等条件，应尽量接近培养室的条件。

第五节　苗木出圃

苗木出圃前应对苗圃进行一次普查，统计成活率、出圃量并核对品种，在每块圃地里插上品种标牌，以防止起苗时品种混杂。要出圃的苗木还需经过检疫机构的检疫，以免危险性病虫向外传播，检疫合格后方能出圃。

出圃的苗木要符合农业部颁布的猕猴桃苗木标准（表4-5）。

起苗前要将苗木的分枝进行适当修剪，剪去细弱枝，剪短过长枝，以免起苗时撞伤枝条，同时将包装材料等准备齐全。苗木起出后先进行分级，同时对过长的根系进行适当修剪，然后按20~50株一捆进行捆扎。为了防止品种或授粉株系发生混杂，每包内外应各挂一个标签，上面写明品种或品系、砧木、等级、数量、产地等。最好起苗后及时运走，如果来不及运出，应当进行假植。尽量在背

表 4-5 猕猴桃苗木标准

项　目	一　级	二　级	三　级
品种砧木	纯正	纯正	纯正
侧根数量	4 条以上	4 条以上	4 条以上
侧根基部粗度	0.5cm 以上	0.4cm 以上	0.3cm 以上
侧根长度	20cm 以上	20cm 以上	20cm 以上
侧根分布	均匀分布，舒展，不弯曲盘绕		
苗高度	40cm 以上	30cm 以上	30cm 以上
嫁接口上 5cm 处粗度	0.8cm 以上	0.7cm 以上	0.6cm 以上
饱满芽数	5 个以上	4 个以上	3 个以上
根皮与茎皮	无干缩皱皮	无新损伤处	老损伤面积小于 1.0cm^2
嫁接口愈合及木质化程度	均良好		

风处开挖深 50cm、宽 100～200cm 的假植沟，沟底铺 10cm 湿沙，将苗木按照品种、砧木、等级类别分别假植，做好明显标志。在苗捆之间填入湿沙，湿沙的高度埋没茎段 15～20cm，假植沟周围要防止雨、雪水流入。

运输的苗木，要用草帘、麻袋、稻草和草绳等包裹牢靠，包内苗根与苗茎之间要填充保湿材料，包装前根部填充湿锯末，然后用草袋、麻袋或塑料薄膜包裹，以防运输途中失水干燥，影响成活率。

运输的每包苗木应有两个标签，注明苗木的品种、砧木、等级、数量、产地、生产单位、包装日期和联系人等内容。

苗木运输应迅速、及时，尽快转运，操作时尽量避免损伤。运输途中应有帆布覆盖，防冻、防失水、防日晒，到达目的地时茎干和根部应保持新鲜完好，无失水、发霉或受冻现象，并尽快定植或假植。

第五章
建　园

第一节　园地的选择与规划

猕猴桃是多年生藤木果树，需要棚架才能更好地生长发育。建园时的前期投资费用比较大，对生产环境的要求较高，栽植5~6年后才能进入大量结果期。因此，建园前必须经过充分论证，以免半途而废。

一　园地选择

园地的选择要根据猕猴桃生长结果对外界环境的要求，将猕猴桃栽培在最适宜的区域。园地年平均气温应在12~16℃，从萌芽到进入休眠的生长期内≥8℃的有效积温2500~3000℃，无霜期≥210天。容易发生冻害的地区或容易发生霜害的低洼地域不宜建园。土壤以轻壤土、中壤土和沙壤土为好，重壤土建园时必须进行土壤改良。土壤pH 5.5~7.5，有机质含量1.5%以上，地下水位在1m以下。年降雨量1000mm左右，分布均匀，能够满足猕猴桃各个生长季节的水分需要，否则，必须有可靠的灌溉水源和有效的灌溉设施。地势低洼的地区建园时要有良好的排水设施。年日照时数要在1900h以上，但光照过强的正阳向山坡地、光照不足的阴坡地和狭窄的沟道不宜建园。园地以平坦地为宜，坡度在15°以下的坡地次之。山坡地宜在早阳坡、晚阳坡处建园，低洼谷地、山头、风口处不宜建园。

建园时要进行规划，园地面积较大时根据地形划分作业小区，一般一个小区长不超过150m，宽100m左右。栽植的行向尽量采用南北行，以充分利用太阳光能。果园面积较大时，园内应设置主干道路与园外道路相连接，主干道路宽度应根据将来果实出运的需要来确定，一般可在3m左右，能够满足普通载重汽车通行即可。同时配置田间作业道路，在园地两端还应留出田间工作机械的操作通道等。

根据果园灌溉水的来源，设计好灌溉系统，低洼地方还应建设排水渠道，排灌系统的建设应和园内道路系统配合，照顾到小区的分布。灌溉渠道分干渠和支渠，一般干渠比降在1/1000，支渠比降在1/500。使用滴灌或喷灌设施的果园应请专业人员规划设计和安装。

猕猴桃是目前各类果树中最易受风危害的树种，尽管我国的风害相对较小，但为了进行有效生产，对防风问题必须予以充分注意。面积较大的果园周围要设置防风林（图5-1），防风林距猕猴桃栽植行5～6m，可以栽植几排侧柏等，行距1.0～1.5m，株距1.0m，以对角线方式栽植，树高10m。建造的

图5-1 果园周围设置防风林

防风林成龄后会对附近的作物的生长有较大妨碍，应在每年的冬季通过修剪将防风林的体积控制在其本身占有的范围内。

在猕猴桃园面积比较小时，如果不想设立防风林，则应该选择在风害比较小的地方建园，以减少或避免风害的威胁。园内要根据需要配置田间工作房屋，如农机具房、农药房、农家肥堆放场及果品分级包装场等，大型果园还应建设果品储藏库。

三 品种选择

栽培时应当根据市场需求和产地条件选择适宜的优良品种。从猕猴桃产业的总体情况来看，品种的构成应以发展优质、丰产、耐

第五章　建园

储、晚熟品种为主，早、中熟品种少量栽培作为搭配。但对一个局部地方来讲，可以选择栽培早、中熟品种，也可栽培晚熟品种。在南方地区以栽培中华猕猴桃品种为主，可同时栽培美味猕猴桃品种；在北方地区主要栽培美味猕猴桃品种，中华猕猴桃品种宜少量栽培。

猕猴桃是雌雄异株的树种，建园时要同时栽植雌性品种和配套授粉雄株，雌株和雄株合理配置才能保证正常授粉结果。授粉充分，果实中的种子多，果个大，品质优。完全依靠蜜蜂授粉的果园，雌株和雄株的配置比例以（6~8）：1为好（图5-2），雄株的比例高，授粉效果好，果实等级高。

♀ 代表雌株，　♂ 代表雄株

```
♀ ♀ ♀ ♀ ♀ ♀ ♀ ♀          ♀ ♀ ♀ ♀ ♀ ♀ ♀ ♀
♀ ♂ ♀ ♀ ♂ ♀ ♂ ♀          ♀ ♂ ♀ ♀ ♀ ♂ ♀ ♀
♀ ♀ ♀ ♀ ♀ ♀ ♀ ♀          ♀ ♀ ♀ ♀ ♀ ♀ ♀ ♀
♀ ♀ ♀ ♀ ♀ ♀ ♀ ♀          ♀ ♀ ♀ ♂ ♀ ♀ ♀ ♀
♀ ♂ ♀ ♀ ♂ ♀ ♂ ♀          ♀ ♀ ♀ ♀ ♀ ♀ ♀ ♀
♀ ♀ ♀ ♀ ♀ ♀ ♀ ♀          ♀ ♀ ♀ ♀ ♀ ♂ ♀ ♀
```

雌雄比例为8：1　　　　　　　　**雌雄比例为6：1**

图 5-2　猕猴桃不同雌雄比例定植图

由于我国猕猴桃园绝大部分面积比较小，单家独户很难专门使用蜜蜂授粉，在集中产区可以联合租用蜜蜂授粉。目前，大部分猕猴桃园主要依靠人工授粉，依靠人工授粉的猕猴桃园雌雄株搭配比例可改变为15：1栽植，只要园内雄株能够提供足够数量的花粉即可。

猕猴桃虽然是风媒花，但由于花粉粒较大，在空气中飘浮的距离较小，风力授粉的效果很差，因此主要还是靠昆虫授粉。由于雌花和雄花的蜜腺都不发达，对以蜜蜂为主的昆虫吸引力不大，花期附近有其他吸引力更强的植物时，蜜蜂会舍弃猕猴桃而飞向这些植物，对猕猴桃的授粉不利。所以，猕猴桃园附近最好不要种植花期与猕猴桃相同的植物，避免其他蜜源植物与猕猴桃竞争。

四 架型选择

猕猴桃本身不能直立生长，需要搭架支撑才能正常生长结果，其结果量每亩可以超过 2500kg，加上生长季节枝叶的重量，如果遇上大风，会产生很强的摆动力量，因此使用的架材一定要结实耐用。我国目前多使用钢筋混凝土制作架材，日本用不锈钢管作为架材的较多，新西兰、美国则用经过防腐处理的木材作为架材。目前，栽培猕猴桃采用的架型主要有 "T" 型架和大棚架两种。

1. "T" 型架

该架型优点是投资少，易架设，田间管理操作方便，园内通风透光好（图5-3），有利于蜜蜂授粉。"T" 型架是在支柱上设置一横梁，形成 "T" 字样的支架，顺树行每隔6m设置一个支架。立柱全长 2.5m，地面上一般高 1.8m 左右，地下埋入 0.7m；横梁全长 2m，上面顺行设置 5 条 8 号铅丝，中心一条架设在支柱顶端。支柱和横梁可用直径 15cm 的圆木，也可使用

图 5-3 "T" 型架结果状

钢筋混凝土制作。钢筋混凝土支柱的横断面为 12cm×12cm，内有 4 根 6 号钢筋；横梁横截面为 15cm×10cm，内有 4 根 6 号钢筋。每行末端在支柱外的顺行延长线 2m 处埋设一地锚拉线，地锚可用钢筋混凝土制作，长、宽、高分别不小于 50cm、40cm、30cm，埋置深度超过 1m。支柱用圆木时，埋置前要进行防腐处理。边行和每行两端的支柱直径应加大 2~3cm，钢筋增加 2 根，长度增加 20cm，埋置深度也要增加 20cm，以增加支架的牢固性。也可以不使用横梁而改用钢绞线将各行立柱横向联结起来，在边行的外侧也埋设地锚，在钢绞线上按上述距离设置铅丝，与大棚架的构造相似，这种架材建设方法的优点是抗风能力明显增强。

2. 大棚架

大棚架的优点是抗风能力强，产量高，果实品质好，缺点是造

价较高。新西兰原来以使用"T"型架为主，从20世纪90年代中期起大棚架的数量逐渐增加，不少果园将"T"型架改造为大棚架。大棚架所用支柱的规格、栽植距离、地锚拉线的埋设同"T"型架，但支柱上不使用横梁，而是用三角铁或钢绞线等将全园的支柱横拉在一起，三角铁上每隔50~60cm顺行架设1条8号铅丝，除每竖行两端支柱外埋设地锚拉线外，每横行两端支柱外2m处也应埋设一地锚拉线（图5-4）。大棚架的结果枝在主干两侧的主蔓上呈羽状分布（图5-5），受光比较均匀。

图5-4 大棚架   图5-5 大棚架结果枝呈羽状分布

【提示】 猕猴桃果园开始用"T"型架的也可以改良成大棚架，只要用木棍棒将原来的行间架接通即可。

第二节 栽植

一、栽植密度和时期

栽植密度受品种的特性、土地条件、管理水平、采用的架型等因素的影响，建园时可根据具体情况确定栽植密度。我国果园目前多采用的株行距为3m×4m，每亩地栽植55株，如果品种生长势较弱、土壤肥力差时可以略密一些，相反则可略稀一些，但目前普遍存在的问题是栽植密度过大，造成树冠郁闭，果品质量下降，应引起足够注意。

猕猴桃栽植可分为秋栽和春栽。秋季栽植从落叶前到封冻前都可进行，这时苗木正在进入或已经进入休眠状态，体内储藏的营养较多，蒸腾量很小，根系在地下恢复的时间较长，来年苗木生长较旺盛，但秋季栽植苗木在冬季易受寒流冻害威胁，造成抽干死亡，所以栽植后最好堆土防寒。春季栽植在土壤解冻后直到芽萌动前进行，越早越好。春栽有利于苗木免受冬季寒流冻害的威胁，减少苗木损失的概率，但根系恢复时间较短，当年长势不如秋栽好，所以最好选择秋栽。无论秋栽还是春栽，都要注意防止根系受冻。

【提示】 中华猕猴桃品种在陕西关中地区的栽培行距最好选择为 3～3.5m，美味猕猴桃品种为 3.5～4m。

二 定植方法

定植前，按照确定的株行距，先测行线，再测株线，株、行线的交叉点即为定植点，用石灰标出定植点，再按 60～80cm 见方挖定植穴（图5-6）。如果不是机械挖穴，而是人工挖穴时，最好将表土和下层土分开堆放。每穴施入腐熟的农家厩肥 10kg，并拌入 1.5～2.5kg 过磷酸钙（图5-7），与表土混合均匀后填入穴内，上部再填入表土，使定植穴略低于地平面，然后给定植穴灌透水一次，使之充分沉实。待穴内墒情下降到可栽植时，按照根系的大小在定植穴内挖大小适宜的坑。

图5-6 挖定植穴

图5-7 在定植穴内施入腐熟厩肥和过磷酸钙

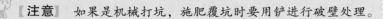

[注意] 如果是机械打坑，施肥覆坑时要用铲进行破壁处理。

栽植前要检查苗木的根系，剪去受伤较重的部分，以利于根系伤口的愈合。发现根系有根瘤状物即携带根瘤线虫的苗子不能使用。将苗木按质量分级栽植，以利于栽后管理和园貌整齐。为了提高栽植成活率，可以先用泥浆浸根，泥浆中同时加入生根粉等能促进发根的激素。

为了不发生错乱，应先栽完雄株后再栽雌株。栽植时要提苗，以便将根系在坑内半球型土堆上舒展开，较长的根沿土堆斜向下伸展，不要在坑内盘绕。苗木要放置在定植穴的中央，使嫁接口面向迎风面以免风吹劈裂，前后左右互相照应对齐，上下保持端正。

填土时取用周围地表土，注意使根际填土均匀，并轻提苗使根系保持舒展。栽植的深度以保持在苗圃时的根茎处略高于地面，待穴内土壤下沉后大致与地面持平为宜。填土至地面平后轻踏一遍，再填少许土壤并做成树盘。栽植后灌一次透水，使土壤与根系密接，待水完全下渗后在树盘上覆盖一层较干细土以减少水分蒸发。栽植的苗木修剪时在嫁接部位以上保留 3~4 个饱满芽。

[提示] 猕猴桃苗定植时间最好是在秋末冬初，宜早不宜迟，即使在最冷的冬季定植也要优于春季。为便于管理，大型果园苗木应分级后再定植。

三 定植后的管理

1. 浇水

秋季定植的苗木在春季萌芽前要浇一次透水；春季定植的苗木在栽植并浇透水后，生长季前期根据墒情决定是否浇水。春季地温低，过多灌水会导致地温下降而不利于新根发生。

2. 枝蔓管理

春季萌芽后、枝条开始伸长时，在每个植株旁边插一细竹竿，将生长最强壮的新梢固定在竹竿上，让新梢沿着竹竿向上伸长

（图5-8），以防止风吹而使新梢劈裂。

图5-8　引蔓

【注意】　不要让新梢缠绕竹竿，其他发出的新梢也可牵引固定在竹竿上。

【提示】　如果是猕猴桃实生苗建园，选择培养一个最强壮的新梢引蔓，生长到1.2m时摘心加粗，抽出的其余枝条保留几片好叶便摘心养根，待落叶后从基部剪除。

　　猕猴桃幼树根系较浅，抗旱和耐热性较差，在陕西关中等地，夏季容易出现高温干旱，建园初期最好在定植行两边50～80cm处种植高秆作物，如玉米（图5-9），以便起到遮阴的作用。

　　3. 树盘覆盖

　　为了减少树盘内的水分蒸发，可用地膜或秸秆等覆盖树盘（图5-10）。秸秆覆盖应有10cm厚，以保持土壤湿润，既有利于新根的生长，也有助于控制杂草。

　　4. 冻害预防

　　在我国的猕猴桃产区，常常会有晚秋的低温和霜冻而使枝条受冻，春季的倒春寒会使猕猴桃园不同程度地发生冻花、冻芽现象。

图 5-9　玉米遮阴

图 5-10　地膜覆盖

为了预防冻害，在栽培管理上要注意通过及时摘心、捏尖等措施使越冬枝条组织更加充实，秋季少灌水，少施氮肥，多施有机肥，以增强树势，控制旺长和徒长。冬季提早给树干涂白，根颈培土，在晚霜危害频繁的地区，春季也可以使用云大"120"生长调节剂推迟春季萌芽期，以减轻危害。在陕西关中地区，为了有效预防冻害，采取了用实生苗坐地建园，高位（距离地面1.2m左右）嫁接法，取得了比较好的效果。因为冻害发生时，距离地面50cm以内受害最重（彩图45），嫁接口对冷冻也比较敏感，传统的嫁接育苗办法都是低位嫁接，嫁接口常常遭遇冻害，所以建园比较困难，稍一疏忽，就会建成"四世同堂"的猕猴桃园。植株地上部受到严重冻害后，来年春季容易产生根蘖苗，要注意保护。

图 5-11　用稻草保护树干

　　猕猴桃在幼树期，抗寒性较差，特别是徐香、红阳、黄金果等品种，更容易受冻，为了确保安全越冬，在冻害发生频繁的地区，最好用稻草等进行树干保护（图5-11）。

【提示】　冻害是陕西关中等地区猕猴桃栽培中最突出的问题，幼树尤为严重，一定要注意越冬保护，特别是树干保护。生长后期要控制水肥，使枝条充实，不能徒长。

开春后一旦发现树干受冻，出现流胶症状，要及时检查受冻部位，并对其进行枝接搭桥，或利用根部萌发的根蘖苗木质化后再桥接（图5-12）。

图5-12　桥接

—— 第六章 ——
土肥水综合管理

　　猕猴桃从野生于湿润环境和结构疏松、富含有机质的土壤中转变为人工栽培时，其生态条件发生了很大变化，除了本能地适应变化了的环境条件外，人们还应该创造条件以满足其生长发育的要求，使树体生长发育健壮。土壤是最重要的条件之一，是猕猴桃生长的基础。根系从土壤中不断吸收养分和水分，供给地上部生长发育的需要，它的好坏直接影响猕猴桃的生长发育和寿命。土壤管理的目的就是要创造一个土层深厚肥沃、疏松湿润、透气性好的微酸性或中性土壤环境，使猕猴桃的根系能够充分扩大，吸收较多的水分和养分，满足其树体生长发育的要求。我国的猕猴桃园普遍存在土壤贫瘠、通气不良、有机质含量低等问题，只有加强果园的土壤管理、培肥地力，才能为猕猴桃实现高效栽培奠定坚实基础。

第一节　猕猴桃必需的营养元素

　　植物的组成十分复杂，一般新鲜植株中含有75%～95%的水分和5%～25%的干物质。在干物质中，组成植物有机体的主要元素是碳（C）、氢（H）、氧（O）、氮（N），这四种元素占干物质的95%以上，其他的磷（P）、钾（K）、钙（Ca）、镁（Mg）、硫（S）等几十种元素只占1%～5%。其中有16种元素是必需的（表6-1）。在必需的元素中，除碳、氢、氧来自空气和水以外，其他的营养元素都来自土壤的供应。土壤中的矿质土粒风化、有机物分解、土壤微生物及大气降水均能提供一定养分，但农业土壤的养分主要来源于施肥。猕猴桃是多年生果树，经济寿命可以长达 50 年以上，长期固定生长在同一个地方，每年吸收消耗大量的土壤营养，如果不能及时、充足、全面地补充土壤消耗的养分，就无法实现优质丰产和高效栽培。

表 6-1　高等植物必需的营养元素及可利用的状态

营 养 元 素		可利用状态	在干物质中的含量	
			（%）	/（mg/kg）
大量元素	碳（C）	CO_2	45	450000
	氧（O）	O_2、H_2O	45	450000
	氢（H）	H_2O	6.0	60000
	氮（N）	NO_3^-、NH_4^+	1.5	15000
	钾（K）	K^+	1.0	10000
	钙（Ca）	Ca^{2+}	0.5	5000
	镁（Mg）	Mg^{2+}	0.2	2000
	磷（P）	$H_2PO_4^-$、HPO_4^{2-}	0.2	2000
	硫（S）	SO_4^{2-}	0.1	1000
微量元素	氯（Cl）	Cl^-	0.01	100
	铁（Fe）	Fe^{2+}	0.01	100
	锰（Mn）	Mn^{2+}	0.005	20
	硼（B）	BO_3^{3-}	0.002	20
	锌（Zn）	Zn^{2+}	0.002	20
	铜（Cu）	Cu^{2+}、Cu^+	0.0006	6
	钼（Mo）	MoO_4^{2-}	0.00001	0.1

一　必需元素在猕猴桃内的含量

（1）**大量元素**　又称常量元素，包括碳、氢、氧、氮、磷、钾、钙、镁和硫 9 种元素。每种元素的含量占干物质的 0.1% 以上。其中氮、磷、钾 3 种元素，由于植物生长发育需要的量较大，而土壤中可提供的有效含量又较小，常常需要通过施肥才能满足植物生命周期的要求，因此又被称为"植物营养三要素"或"肥料三要素"。

（2）微量元素　有铁、硼、锰、铜、锌、钼和氯 7 种元素，每种元素的含量占干物质的 0.1% 以下。

二　各种元素的生理功能及失调症状与矫治

（1）氮　氮是构成植物蛋白质的主要元素，蛋白质中氮含量约占 16%~18%，而蛋白质又是细胞原生质组成中的基本物质。氮也是叶绿素、维生素、核酸、酶和辅酶系统、激素、生物碱及许多重要代谢有机化合物的组成成分，因此，氮是植物生命的物质基础。

氮素营养条件对植物生长发育有明显影响。氮素充足时，猕猴桃的叶片为深绿色，有光泽（彩图 46）。缺氮时地上部和根系生长都显著受到抑制，尤其对叶片发育的影响最大，叶片细小而直立，叶色浅绿色（彩图 47），严重时呈浅黄色，会使生长受到抑制。失绿的叶片色泽均一，一般不出现斑点和花斑，因为植物体内的氮素化合物有高度的移动性，能从老叶转移到幼叶，所以缺氮症状通常从老叶开始，逐渐扩展到上部幼叶。缺氮植物的根系最初比正常的色白而细长、根量少，而后期根停止生长，呈现褐色。一般缺氮植株的果实会变小。

氮素过多时容易促进植物体内蛋白质和叶绿素的大量形成，使营养体徒长，叶面积增大，叶色浓绿，多汁而柔软，对病虫害及冷害的抵抗能力减弱。根的伸长虽然旺盛，但细胞少、枝及果实成熟度差，影响果品质量及抗逆性。

氮对植物生长的作用，除取决于植物体内的氮素水平外，也受环境因子和植物体内部分因子影响。地壳本身不含氮，土壤中的氮主要来自人工施肥、天然的枯枝落叶、生物固氮作用，以及大气层雷电现象使大气中的氮氧化成 NO_2 及 NO 等，与空气中其他来源的氨态氮通过降水的溶解随雨水带入土中。

叶片氮含量低于 1.5% 为缺氮，正常值为 2.2%~2.8%。一般认为，土壤的有效氮低于 50mg/kg 为较低，50~100mg/kg 为中等，高于 100mg/kg 为供应较高。但不同地区的分级指标也有些差异。表 6-2 是我国北方省区提出的旱地土壤有效氮的分级指标。

表6-2　土壤有效氮肥力指标　　（单位：mg/kg）

地　　区	土壤类型	有效氮肥力指标				
		极　　低	低	中　　等	高	很　　高
北京	潮土	< 60	60~80	80~130	130~160	>160
河北	盐化潮土	—	< 32	32~47	47~69	>69
山东	褐土、棕壤	< 30	30~55	55~90	90~102	>102

土壤有机质含量低，施氮不足是造成植株缺氮的主要原因。

缺氮的矫治方法有：

1）要维持成年猕猴桃植株的健康生长，必须追施适量的氮肥（0.017kg/m²）。在7~9月果实膨大期追施2次，第一次施用0.011kg/m²，第二次施用0.006kg/m²。

2）在树冠下播种三叶草等豆科植物，通过其固氮作用，对氮的供应起到较大的辅助作用。

3）增施有机肥，提高有机质含量。

（2）磷　磷是核酸及核苷酸的主要组成元素，也是组成原生质和细胞核的主要成分。核苷酸及其衍生物是植物体内有机物质转变与能量转变的参与者，植物体内很多磷脂类化合物和许多酶分子中都含有磷，它对植物的代谢过程有着重要影响。磷能加强光合作用和碳水化合物的合成与运转，促进氮素代谢。同时，磷还能加强有氧呼吸作用中糖类的转化，有利于各种有机酸和三磷酸腺苷（ATP）的形成，也有利于植物体内硝态氮的转化与利用。磷可以促进开花结果、成熟，增进果实的品质，提高抗旱性、抗寒性。如果没有磷，植物的全部代谢活动都不能正常进行。

磷主要是以 $H_2PO_4^-$ 和 HPO_4^{2-} 的形态被植物吸收，进入根系后以高度氧化态和有机物结合，形成糖磷脂、核苷酸、核酸、磷脂和一些辅酶。

磷在植物体内的分布是不均匀的，根、茎的生长点中较多，幼叶比老叶多，果实中的种子含磷量最多。生长季中期健康植株上充

第六章　土肥水综合管理

分扩大的叶片含磷量为0.18%~0.22%（干重）。

缺磷症状在形态表现上没有缺氮那样明显。缺磷时各种代谢过程受到抑制，植株生长迟缓、矮小，根系不发达，成熟延迟，果实较小。缺磷的外观症状直到新近充分扩大的叶片含磷量低于0.12%时才会出现。缺磷能使狝猴桃的生长减少，受害植株的枝条变细，叶面变小变窄，叶色呈暗绿或灰绿、赤绿、青绿或紫色，老叶脉间浅绿色失绿，该失绿从叶顶之下向叶柄处扩展，老叶背面的主、侧脉也可变红，缺乏光泽，越向叶片基部越强烈。这主要是由于细胞发育不良，致使叶绿素密度相对提高。当缺磷较严重时，植物体内的碳水化合物相对积累，形成较多的花菁苷，茎叶上出现紫红色斑点或条纹，甚至叶片枯死脱落。而在健康植株上，叶片下表面的中脉和主脉仍保持浅绿色，受害叶片的上表皮可能会产生类似葡萄酒的颜色，特别是在叶的边缘部。

磷在植物体内也能重复利用，并具有高度的移动性，缺磷时老叶中的磷大部分转移到幼叶，所以症状常出现在老叶上。

磷素过多能增强植物的呼吸作用，消耗大量的碳水化合物，叶片厚而密集，系统生殖器官过早发育，茎叶生长受到抑制，营养生长停止，过分早熟导致低产。

由于水溶性磷酸盐可与土壤中锌、铁、镁等营养元素生成溶解度低的化合物，降低它们的有效性，因此磷素过多可诱发锌、铁、镁的缺乏症。

叶片磷含量低于0.12%为缺磷，正常值为0.18%~0.22%。狝猴桃对土壤有效磷的适宜范围为40~120mg/kg，最适范围是70~120mg/kg。表6-3是我国北方省区提出的旱地土壤有效磷的分级指标。

表6-3　土壤有效磷肥力指标　　（单位：mg/kg）

地　　区	土壤类型	有效磷肥力指标				
		极　低	低	中　　等	高	很　高
北京	潮土	< 5	5~15	15~30	30~50	>50
河北	盐化潮土	< 3	3~7	7~18	>18	—
山东	棕壤、褐土	< 3	3~8	8~20	>20	—
河南	褐土	—	<7	7~32	>32	—

土壤肥力偏低，有效磷含量较少的果园易出现缺磷症状。

缺磷的矫治方法有：

1）合理施肥，基肥应以有机肥为主，适当配施化肥，有机肥量应为总施肥量的50%~60%，氮、磷、钾的施肥配比为13:11:12。

2）生长期叶面喷施过磷酸钙溶液。

3）保证磷肥最低施用量，每年每公顷应施磷肥（P_2O_5）不低于56kg。

（3）钾 钾与植物代谢过程密切相关，是多种酶的活化剂，参与糖和淀粉的合成、运输和转化。钾能调节原生质的胶体状态和提高光合作用的强度，可促进蛋白酶的活性，增加植物对氮的吸收。钾在光合作用中的重要地位是对碳水化合物的运转、储存，特别对淀粉的形成来说是必要条件，对蛋白质合成有促进作用。钾还可作为硝酸还原酶的诱导及某些酶的活化剂，它能保持原生质胶体的物理化学性质，保持胶体一定程度的膨压。因此，植物生长或形成新器官时，都需要钾的存在。

【提示】 钾是公认的"品质元素"，对果实大小、色泽和形状、耐储性、口感等有明显促进作用。

钾素充足时，可以促进纤维素的形成，增强表皮组织的发育，从而增加了抗病虫害的性能。钾素充足也利于抗低温，促进果树形成强健的根系，可以抗御冻融交替时产生的冻害。钾能促进形成粗大的导管系统，这对具有超冷系统的果树和需要水分快速运到树皮外层是非常重要的。钾加速了厚壁组织细胞的木质化，从而可减少水分损失。钾可提高各种盐分和碳水化合物的含量，从而减少了水在细胞内结冰引起的细胞破裂。

钾在植物体内不形成化合物，主要以无机盐的形式存在。在芽、幼叶、根尖等幼嫩部分含量较多，在植物生长周期中，不断地从老叶向生长活跃的部位运转，生长活跃的部位积累钾最强。在猕猴桃

体内可重复利用。

缺钾的最初症状是萌芽展叶期生长差。缺钾严重的植株，叶片小且老叶呈浅黄绿色，叶缘轻度褪绿，进而老叶边缘上卷（彩图48），在高温季节的白天更为明显，这种症状可在晚上消失而在次日又出现卷叶现象，常被误诊为干旱缺水。后期受害叶片边缘长时间保持向上卷曲状，支脉间的叶肉组织多向上隆起，叶片褪绿区在叶脉之间向中脉扩展，仅沿主脉和叶基部分仍保持绿色，褪绿部分与正常部分的分界不像缺镁、缺锰那样清晰。多数褪绿组织迅速坏死，由浅褐色变为深褐色，使叶片呈枯焦状。枯斑进一步扩展，受害叶片破碎，叶缘部分易干燥而使叶片呈碎裂状。严重缺钾时，可使植株在果实成熟前落叶，但果实仍可牢牢地吊在枝蔓上，同时，果实的数量和大小都会受到影响，引起严重减产。缺钾植物只在主根附近形成根，侧向生长多受到限制，同时影响果实的成熟度。

钾素过多时，会抑制钙、镁的吸收，促使植株出现钙、镁缺乏症。

钾和氮、磷一样，因在植物体内易于移动，缺乏症状首先表现在老叶上，再逐渐向新叶扩展，如新叶出现缺钾症状，则表明严重缺钾。

叶片钾含量低于1.5%为缺钾，正常值为1.8%~2.5%。猕猴桃对土壤有效钾的适宜范围为100~240mg/kg，表6-4是美国、英国、新西兰和中国北方省区提出的旱地土壤有效钾的分级指标。

表6-4　土壤有效钾肥力指标　（单位：mg/kg）

地　区	土壤类型	有效钾肥力指标			
		极　低	低	中　等	高
北京	潮土	—	<60	60~120	120~180
山东	棕壤、褐土	<30	30~48	48~80	>80
山西	褐土	—	<80	80~150	>150
美国	—	—	<98	98~195	>195
英国	—	—	59	59~235	>235
新西兰	—	—	120~195	195~310	>310

除土壤本身缺钾外，每年猕猴桃果实要带走大量的钾（表6-5），如果不能及时补钾或钾肥施量不足就会出现严重的钾失调现象，对4年生以上的植株尤为严重。

表6-5　猕猴桃不同树龄果实每年钾带走量

植株年龄/年	平均果实产量/(kg/m²)	果实带走钾的数量/(g/m²)
3	0.1	0.34
4	0.6	2.04
5	1.0	3.4
6	1.2	4.08
7	1.7	5.78
8	2.0	6.8
9	2.4	8.16

缺钾的矫治方法有：

1）一般在猕猴桃生长初期就应该施用钾肥，一旦发现缺钾，应立即补施。钾肥施用量一次不能过多（氯化钾或其他类似肥料用量应小于0.04kg/m²），因为在根区高浓度的钾离子会减少根系对其他必需元素如镁、钙等的吸收，导致植株体内缺素症。

2）施用的钾肥常为氯化钾（KCl）和硫酸钾（K_2SO_4）两种。研究发现：猕猴桃急需大量的氯，而且氯的需要量与钾的供求量有关，当猕猴桃供钾充足时，叶片内氯的含量为干物质的0.2%，当供钾不足时，就需要更高的氯含量。正常生长的猕猴桃叶片内氯的含量为干物质的0.8%～2.0%，这一水平大大高于一般作物内0.025%的含量水平。因此，对猕猴桃而言，氯化钾的施用比硫酸钾更为普遍。

（4）钙　钙对植物体内碳水化合物和含氮物质代谢作用有一定的影响，能消除一些离子（如铵、氢、铝、钠）对植物的毒害作用。钙主要以果酸钙的形态存在于细胞壁的中层，它能使原生质水化性

降低，与钾、镁离子配合，保持原生质的正常状态，调节原生质的活力，使细胞的充水度、黏滞性、弹性及渗透性等，均适合植物的正常生长，促进代谢作用的顺利进行。钙离子可由根系进入植物体内，一部分呈离子状态存在，另一部分呈难溶的钙盐形态（如草酸钙、柠檬酸钙等）存在，这部分钙的生理功能是调节植物体的酸度，防止过酸的毒害作用。钙也是一些酶和辅酶的活化剂，如 ATP 的水解酶、淀粉酶、琥珀酸脱氢酶及磷脂的水解酶等都需要钙离子。

钙在植物体内是一个不易流动元素，只能单向（向上）转移，多存在于茎叶中，老叶多于幼叶，果实少于叶子，而且叶子不缺钙时，果实仍可能缺钙。

钙素营养在植物体内可以形成不溶性的钙盐沉淀下来，难以移动，缺钙症状常表现在生长点上。缺钙时，生长组织发育不健全，芽先端枯死，细根少而短粗，幼叶卷曲畸形，多缺豁状，或从叶缘开始变黄坏死。果实生长发育不良。缺钙时植物会出现叶焦病，或称缘叶病（因为缺钙可导致硝酸在嫩叶叶片内积累，使生长点萎缩，嫩叶边缘呈烧灼状）。

猕猴桃严重缺钙的症状首先在刚长成的叶片产生，进而向嫩叶扩展。起初叶片基部的叶脉坏死和变黑，当缺钙症状变得更加明显时，坏死向其余部分的细脉扩展，且坏死组织扩大或联合形成大的病斑。坏死组织干枯后，叶片破烂不堪，甚至落叶；此外，可长出莲座状小叶片，生长点也会死亡，导致叶柄和茎连接处的腹芽萌芽。同时，最老叶片的叶缘向下卷曲（彩图49），脉间的坏死组织被褪绿组织所包围。缺钙也影响猕猴桃的根系发育，缺钙严重的植株，根系发育差，并在某些情况下根尖会死亡。

土壤酸度过高会引起钙的流失，氮、钾、镁较多时抑制对钙的吸收而诱发缺钙。钙素过多则抑制镁、钾、磷的吸收。当 pH 高时，由于锰、硼、铁等溶解性降低，钙过多可助长这些元素缺乏病的发生。

钙是近几十年来最受重视的果树营养元素之一，猕猴桃果实储藏性能的好坏与果实中钙的含量有密切关系。钙在树体内以果胶酸钙组成细胞壁和细胞间层的成分，它能使相邻的细胞相互联结，增大细胞的坚韧性，果实组织中维持较高的钙水平可以更长地保持硬度，降低呼吸速率，抑制乙烯产生，促进蛋白质合成，从而延长果实储藏寿命。钙离子 Ca^{2+} 作为细胞功能调节的第二信使，通过与植物钙调素（CaM）结合调节细胞内多种酶的活性和细胞功能，许多果实的生理失调症状都与缺钙有密切关系。

果实中的钙主要是在花后的前五周内吸收的，以后果实中的总钙量不再增加，随着果实的膨大，钙的浓度不断被稀释。钙一旦贮积到某一特定组织内，绝大多数变得相当稳定，在植株体内很少甚至不再发生重新运输。分布广泛且活力旺盛的根系、适宜的土壤 pH 和土壤湿度有利于树体对钙的吸收，但氨态氮、镁离子过多会抑制钙的吸收，旺盛生长的枝条会与果实竞争钙素的吸收。

在田间充分生长扩大的猕猴桃正常叶片，在生长季中期的含钙量在 3%～3.5%（干重）以上，当新近充分扩大的叶片钙含量低于 0.2% 时，植株才会显示缺钙的外观症状。叶片钙含量低于 0.2% 为缺钙，正常值为 3.0%～3.5%。

> 缺钙的矫治方法：一般在猕猴桃果园广泛施用石灰或含钙量较高的肥料（磷酸钙含钙20%，硝酸钙含钙20%），而果实每年带走的钙又很少，缺钙的现象极少发生。一旦缺钙，可在生长初期，叶面喷施0.1%氯化钙。

（5）镁 镁是叶绿素和硫酸盐的主要组成成分，能促进磷酸酶和葡萄糖转化酶的活化，有利于单糖转化，在碳水化合物代谢过程中起着很重要的作用。镁也参与脂肪代谢和氮代谢，在维持核糖、核蛋白结构和决定原生质的物理化学性状方面，都是不可缺少的。镁对呼吸作用也有间接影响。镁还能促进植物体内维生素 A 和维生素 C 的合成，从而有利于提高果品的品质。

镁和钙都是二价阳离子，它们在化学性质上相似，只是镁的离子半径小，水化离子半径大。因此，在生理功能上，镁不仅不能代替钙，而且有拮抗作用，如果土壤中镁离子浓度较高，在根系吸收过程中，它可以代换钙离子，使钙的吸收相应减少。

镁在植物体内可以迅速流入新生器官，是较易移动的元素，幼叶比老叶含量高，当果实成熟时，镁又流入种子。缺镁时植物生长缓慢，严重时，果实小或发育不良。缺镁妨碍叶绿素的形成，先在叶脉间失绿，而叶脉仍保持绿色，以后失绿部分逐渐由浅绿色转变为黄色或白色，还会出现大小不一的褐色或紫红色的斑点或条纹。猕猴桃缺镁的早期症状通常起自叶缘，在支脉间扩展趋向中脉，常在主要脉两侧留下较宽的绿色带状组织。在叶片基部靠近叶柄的地方，也可能保留一大块绿色组织（彩图50），甚至在严重缺镁的情况下也是如此。最初，褪绿不会导致叶片组织坏死，但随着缺镁加重，褪绿组织变为枯黄，叶缘或叶脉间组织坏死，叶脉间的坏死部分也可向中脉方向扩展。在某些情况下，叶缘保持绿色，在离叶缘一段距离的地方出现褪绿，并随后坏死。在这些叶片上，坏死斑大致与叶缘平行，不相连，常呈规律性分布。随着缺镁症状的发展，逐渐危及老叶的基部及嫩叶。

镁过多或土壤中镁钙比过高时，植物生长将受到阻碍。

在田间充分生长扩大的猕猴桃健康叶片，在生长季中期的含镁量在 0.38%（干重）以上。叶片镁含量低于 0.1% 为缺镁，正常值为 0.3%~0.4%。

土壤镁含量低或土壤中其他阳离子（K^+、Ca^{2+} 等）过量抑制了镁的吸收时，植株会表现缺镁症状。

> 缺镁的矫治方法有：
> 1）对缺镁土壤可增施镁肥，一般常用的镁肥有水镁矾和硫酸镁（易溶物质，可能是矫正缺镁症最好的肥料）；而一些慢性释放的镁肥，如钙镁磷肥、白云石及蛇纹岩等，可能更适于补偿或维持土壤中镁的储量。矫正一个中度到严重缺镁的果园，每公顷至少需要追施100~200kg 镁肥。
> 2）生长期叶面喷施硫酸镁溶液。

（6）硫 硫是构成蛋白质和酶不可缺少的成分，维生素 E 分子中的硫对促进植物根系的生长发育有良好作用。含硫有机化合物还参与植物体内的氧化还原过程，对植物的呼吸作用有特殊功能。植物只能利用硫酸盐中阴离子氧化态硫。在植物体内，硫大部分还原成硫氢基（—SH）或二硫键（S—S）与其他有机物结合，且可相当均匀地分布在各器官中。

硫在植物体内移动很小，较难从老组织向幼嫩组织运转。缺硫时，由于蛋白质、叶绿素的合成受阻，植物的生长受到严重阻碍，植株生长矮小瘦弱，叶片褪绿或黄化、茎细、僵直、分枝少，与缺氮有些相似，即包括生长严重减慢和叶片呈浅绿色至黄色两种症状，但缺硫症状首先是在幼叶上出现，而老叶仍然保持绿色和健康，这一点与缺氮有所不同。

最初，嫩叶叶缘产生浅绿色至黄色的褪绿斑，接着褪绿斑扩展至叶片的大部分，在主脉和中脉的连接处，常保留一种特有的楔形绿色组织区。严重缺硫情况下，最幼嫩叶片的脉间组织完全褪绿，与严重缺氮不同的是叶脉也失绿，缺硫与缺氮的进一步区别是受害叶片边缘不枯焦。

植物自身一般不发生硫过剩症状。在田间充分生长扩大的猕猴桃健康叶片，在生长季中期的含硫量在 0.25% ~ 0.45%（干重）以上，当新近充分扩大的叶片硫含量低于 0.18% 时，植株才会显示缺硫的外观症状。

叶片硫含量低于 0.18% 为缺硫，正常值为 0.25% ~ 0.45%。表 6-6 为土壤有效钙、镁、硫分级指标。

表 6-6 土壤有效钙、镁、硫分级指标　　　　（单位：mg/kg）

分　　级	土壤有效钙含量	土壤有效镁含量	土壤有效硫含量
严重缺乏	<400	<60	<40
缺乏	400 ~ 800	60 ~ 120	40 ~ 80
中等	800 ~ 12100	120 ~ 180	80 ~ 120
较高	>1200	>180	>120

一般猕猴桃园很少见到缺硫的症状，这是因为广泛使用了含硫量高的肥料，如过磷酸钙（含硫 10% ~ 12%）、硫酸铵（含硫 24%）及硫酸钾（含硫 17%）。另外，果实带走的硫也很少。

（7）**铁**　铁虽不是叶绿素的成分，但缺铁影响着叶绿素的形成和功能。铁为叶绿素合成中某些酶或酶辅基的活化剂，直接或间接地参与叶绿素蛋白质的形成。植物体内许多呼吸酶都含有铁，所以铁能促进植物呼吸，加速生理氧化。铁可以发生三价和二价离子状态的可逆转变，因而是植物体内所有氧化还原过程中极其重要的参与者。铁在植物组织中的状态常常是叶绿素合成的一个决定因素，只有二价铁是有生理活性的。吸收的许多三价铁在细胞内被迅速还原，否则，即使含有大量的三价铁，也会出现缺铁性失绿症。

铁在植物体内是不易移动的元素，铁缺时首先在植株的顶端等幼嫩部位表现出来，缺铁初期或缺铁不严重时，叶内部分先失绿变成浅绿色、浅黄绿色、黄色甚至白绿色，而叶脉仍保持绿色，形成网状（彩图51），随着缺铁时间的延长或严重缺铁，叶脉的绿色也会逐渐变浅并逐渐消失，整个叶片呈黄色甚至白色，有时会出现棕褐色斑点，最后叶片脱落，嫩枝死亡，植株生长停滞并死亡。

植物对磷、锰、铜的过量吸收会助长铁的缺乏。铁过多时对植物生长过程不会产生过剩症状，但对土壤中的磷增大了固定作用，从而降低了磷的有效性。

在田间充分生长扩大的猕猴桃健康叶片，在生长季中期的含铁量在 80～100mg/kg（干重）。猕猴桃是对有效铁需求比较高的树种，在桃、梨等表现正常的土壤，猕猴桃仍会出现缺铁症状。叶片铁含量低于 60mg/kg 为缺铁，正常值为 80～200mg/kg。

缺铁的矫治方法有：施用可使土壤变酸的其他物质，如研磨精细的硫黄粉，硫酸铝或硫酸铵，增加供植物利用的铁的浓度；叶面喷施螯合铁或 0.3%～0.5% 硫酸亚铁溶液，或芬兰生产的瑞恩 2 号微肥；根施骨粉配合海藻菌剂治疗黄化有较长的持效期。

【提示】　陕西关中等地区土壤铁总含量不低，主要是有效性差，大量施用有机质、果园生草等是解决这一问题的根本途径，切忌在树盘下集中施用草木灰。

（8）锰　锰是叶绿体的组成物质，又在叶绿素合成中起催化作用。锰在光合作用中有决定性影响，缺锰时叶绿素减少，光合作用降低。锰是许多酶的组成或酶系统的活化剂，可以促进植物体内硝酸还原作用，有利于合成蛋白质，从而提高氮的利用率。锰能改善物质运输和能量供应，能与其他有机物形成络合物，促进核糖核酸的磷和酯类与总核苷的磷发生较强的变换。锰直接参加氧化还原作用，特别与铁有关。铁普遍以三价离子吸收，并在细胞内还原为二价，如果细胞内有些氧化剂如锰存在，就会抑制三价铁还原，并引起缺铁症。锰的吸收态为 Mn^{2-} 或 Mn^{4+}，在植物体内，一般分布在生理活跃部分，特别是叶内。锰对根系的发育及果实、种子的形成有影响。

【注意】　锰化合物除了极低浓度，对植物是有毒的。

锰不易移动，因此，缺锰症常从新叶开始。缺锰时首先表现为叶肉失绿，叶脉呈绿色网状，叶脉间失绿，失绿小叶扩大相连，出现褐色斑点，呈灼烧状，并停止生长。缺锰时首先发生在刚长成的叶片上，但在严重的情况下，几乎影响植株的所有叶片。褪绿首先起自叶缘，然后在主脉之间扩展，并向中脉推进，仅在脉的两侧留有一小片健康组织区，通常支脉之间的组织向上隆起，且受害叶片闪光犹如涂蜡（彩图52）。

锰过多时根会变褐，叶片出现褐斑或叶缘部分发生白化、变成紫色等。同时，锰过剩还会促进缺铁。

田间充分扩大的猕猴桃健康叶片在生长季中期的含锰量在50～150mg/kg（干重）。叶片锰含量低于30mg/kg为缺锰，正常值为50～100mg/kg。

猕猴桃缺锰很普遍，通常在土壤pH超过6.8的情况下发生，此时能为植物利用的锰盐可溶性会大大降低。此外，缺锰可能发生在过量施用过石灰的猕猴桃果园中。表6-7为土壤有效锰分级指标。

表6-7　土壤有效锰分级指标　　（单位 mg/kg）

有效锰分级	0.2%对苯二酚和中性 1mol. L^{-1}乙酸铵浸提	DTPA（二乙烯三胺五乙酸）浸提
极低	<50	<1
低	50～100	1～5
中等	100～200	5～10
高	200～300	10～50
很高	>300	>50
临界值	100	7

缺锰的矫治方法有：

1）多数情况下，种植在高 pH 土壤的猕猴桃，可以通过施用能增强土壤酸性的化合物来予以矫正。土壤酸性的提高，能够使原来不能被植物利用的锰释放出来。这类酸性化合物包括硫黄细粉、硫酸铝或硫酸铵。

2）生长期叶面喷施 0.3% 硫酸锰。

（9）硼　硼对植物的根、茎等器官的生长，分生组织的发育及开花、结实均有一定的作用，可促进花粉的萌发和花粉管的伸长，有利于开花受精，能促进早熟，改善品质。硼能加速物体内碳水化合物的运输，促进植物体内氮素代谢，增强植物的光合作用，改善植物体内有机物的供应和分配，增强抗逆性。硼不是植物体内的结构成分，在植物体内没有含硼的化合物，硼在土壤和植物体内部呈硼酸盐的形态（BO_3^{3+}）。

在田间充分生长扩大的猕猴桃健康叶片，在生长季中期的含硼量在 40～50mg/kg（干重）。每年结果植株从土壤中吸收的硼并不多，同时从灌水、肥料的杂质中（如过磷酸钙）也可获得相当数量的硼。

缺硼时，植物体内碳水化合物代谢会发生紊乱，糖的运转受到限制，植株矮小，茎、根的生长点发育停止，枯萎变褐，并发生大量侧枝，茎叶肥厚弯曲，叶呈紫色，果实畸形。严重缺乏时，常会出现花而无实。猕猴桃植株缺硼首先在嫩叶近中心处产生小而不规则的黄斑，这些斑扩展、连接而在中脉的两侧形成大面积的黄色斑，受害叶的叶脉通常保持健康的绿色组织区。同时，未成熟的幼叶加厚、畸形扭曲，通常支脉间的组织向上隆起（彩图53）。严重缺硼时，由于节间伸长生长受阻，茎的伸长受到抑制，使植株矮化。

缺硼多发生在沙质土壤和有机质含量低的土壤中，过量施用石灰会降低土壤中含硼化合物的可溶性，从而诱发缺硼。

硼过多时，叶片叶缘出现灼烧状干枯，叶背发生褐色斑点或斑块。

叶片硼含量低于 20mg/kg 为缺硼，正常值为 40～50mg/kg。表 6-8 为土壤有效硼分级指标。

表 6-8　土壤有效硼分级指标　　（单位：mg/kg）

有效硼分级	热水浸提
极低	<0.25
低	0.25～0.5
中等	0.5～1.0
高	1.0～2.0
很高	>2.0
临界值	0.5

缺硼的矫治方法：对缺硼的土壤可预先施用硼肥；适时浇水，防止土壤干燥；不要过多施用石灰肥料，应多施堆肥、厩肥，以提高土壤肥力；施用硼砂或叶面喷施硼酸水溶液。

（10）锌　锌是植物体内碳酸酐酶和谷氨酸脱氢酶的成分，能促进碳酸分解过程，与植物的光合作用、呼吸作用及碳水化合物的合成、运转等过程有关。锌能保持植物体内正常的氧化还原水平，对植物体内的某些酶具有一定的活化作用，可改善糖的代谢，影响植物氮素代谢，并与生长素的形成有关。成熟叶子进行光合作用与合成叶绿素，都要有一定的锌，否则叶绿素合成受到抑制。锌以 Zn^{2+}

的形式被吸收，对植物有高度毒性，因此只能使用极低浓度。

缺锌最明显的症状是簇叶（通称"小叶病"），而且叶脉间发生黄色斑点，植物根系发育不健全，所结果实小、畸形、发育差。由于锌在多种植物的韧皮部流动非常有限，只要外部供应一间断，就会在植株旺盛生长的幼嫩部分出现缺锌症状，表现出小叶现象。但就猕猴桃而言，缺锌症状表现仅局限于老叶上，甚至在严重缺锌的植株上，新叶也是健康的，新叶的大小不变。这些情况表明，锌可能在猕猴桃的韧皮部有较大的流动性。猕猴桃缺锌的症状是老叶上有鲜黄色的脉间褪绿，而叶脉本身保持深绿色，深绿色的叶脉与黄色褪绿部分形成明显的对比，严重缺锌时可明显影响侧根的发育。

锌过多可使新叶发生黄化，叶片、叶柄产生褐色的斑点。

在田间充分生长扩大的猕猴桃健康叶片，在生长季中期的含锌量为 15~28mg/kg（干重）。叶片锌含量低于 12mg/kg 为缺锌，正常值为 15~30mg/kg。

土壤中锌含量较低；在酸性土壤中，有效态锌含量较多，一般缺锌多发生在 pH 6.5 以上的土壤上。过多施用磷肥会引起土壤中锌的有效性降低。表6-9 为土壤有效锌分级指标。

表6-9　土壤有效锌分级指标　（单位：mg/kg）

有效锌分级	0.1mol/L 盐酸提取 （酸性土）	DTPA （中性和石灰性土）
极低	<1.0	<0.5
低	1.0~1.5	0.5~1.0
中等	1.5~3.0	1.0~2.0
高	3.0~5.0	2.0~4.0
很高	>5.0	>4.0
临界值	1.5	0.5

缺锌的矫治方法：土壤中施入锌盐；生长早期，叶面喷施硫酸锌溶液。

（11）铜　铜是植物体内各种氧化酶活化基的核心元素，在催化植物体内氧化还原反应方面起着重要作用。叶绿体中有一个含铜的蛋白质，铜能促进叶绿素的形成。铜可提高植物的抗逆性，促进种子呼吸作用，提高萌发和长势。铜在植物体内以一价或二价阳离子存在，在氧化还原过程中起电子传递作用。

铜在植物体内运转能力差，因此缺铜症状主要表现在新叶、顶梢上。新叶失绿出现坏死斑点，叶脉发白，枝条弯曲，枝顶生长停止枯萎，产生"顶枯病"，幼嫩枝上发生水肿状的斑点，叶片上出现黄斑。

植物对铜的需要量很少，铜盐稍多，毒害便很严重。铜过剩可使植物主根的伸长受阻，分枝根短小，发育不良，叶片失绿，还可引起缺铁。生长季早期，猕猴桃对叶面喷铜很敏感，极易产生药害。

田间充分扩大的猕猴桃健康叶片在生长季中期的含铜量在 10mg/kg（干重）左右，当新近充分扩大的叶片含铜量低于 3mg/kg 时，植株才会显示缺铜的外观症状。表 6-10 为土壤有效铜分级指标。

表6-10　土壤有效铜分级指标　（单位：mg/kg）

有效铜分级	0.1mol/L 盐酸提取 （酸性土）	DTPA （中性和石灰性土）
极低	<1.0	<0.1
低	1.0~2.0	0.1~0.2
中等	2.0~4.0	0.2~1.0
高	4.0~6.0	1.0~1.8
很高	>6.0	>1.8
临界值	2.0	0.2

（12）钼　钼是植物体内硝酸还原酶的组成成分，在参与硝态氮的还原过程中，起电子传递作用。钼能改善物质运输的能量供应，能与有机物形成结合物，因此与碳水化合物的合成和运输有关。钼可促进维生素 C 的合成，促进种子的呼吸作用，降低早期呼吸强度。钼可提高叶绿素的稳定性，减轻叶绿素在黑暗中被破坏的程度。钼

还可提高根瘤菌和固氮菌的固氮能力。

缺钼植物叶的中脉残存呈鞭状，叶脉间黄化，叶片上产生大量黄斑，叶卷曲呈环状，因植物体矮生化而多呈各种形状。钼过多，叶片出现失绿。

植物一般不发生钼过剩症。钼在土壤中的含量很低，但猕猴桃对钼的需要量极少，目前尚未发现有缺钼的。表6-11为土壤有效钼分级指标。

表6-11　土壤有效钼分级指标　（单位：mg/kg）

有效钼分级	草酸-草酸铵浸提（pH 7.3）
极低	<0.1
低	0.1~0.15
中等	0.15~0.2
高	0.2~0.3
很高	>0.3
临界值	0.2

（13）氯　氯在植物体内总是以离子的形式出现的，不是代谢物的成分，但在许多生理作用中仍具有重要作用。在光合作用的放氧过程中，氯起着不可缺少的辅助酶作用，在细胞遭到破坏，正常的叶绿体光合作用受到影响时，它能使叶绿体的光合反应活化。

猕猴桃对氯的需要量很高，田间健康叶片的氯含量通常为0.8%~2.0%，这对许多对氯敏感的植物来说，已经达到产生毒害的程度。新近充分扩大的叶片氯的临界含量为0.2%。

缺氯时最先在老叶上接近叶顶的主、侧脉间出现片状浅绿色失绿，进而发展成青铜色的坏死。有时老叶向下翻卷而呈杯状，甚至枯萎。

猕猴桃对氯的需要量部分地依赖于植物体内钾的状态：当钾供应较充足时，最新充分扩大的叶片内氯的临界含量为0.2%；但如叶中钾含量低于1%时，这些植株则需要0.6%的含氯量才能正常生长。

一般缺氯症状极少看到。植物生长受到盐害也不是由于吸收了过量的氯，而是盐分浓度障碍。

【提示】 猕猴桃对微量元素的需求比较低，施用时不要过量，否则容易造成更大的伤害。

（14）碳、氢、氧 植物体内化学成分中绝大部分是碳、氢、氧三种元素，而碳与氢又是有机化合物的骨干。植物在光能的参与下，吸收利用自然界的碳、氢、氧首先合成的有机物是溶解于水的酸、碱和糖。糖又进一步转化成复杂的淀粉、纤维素、蛋白质、脂肪等重要化合物，氧和氢在植物体内生物氧化还原过程中也起着很重要的作用。总之，植物的光合作用和呼吸作用都离不开碳、氢、氧。

植物的缺素症状判断起来比较复杂，同一症状有可能是多种综合因素引起的，为了更准确地诊断出真正的缺乏元素，一般采用叶分析和土壤养分分析，参照以前建立的叶片分析营养元素标准（表6-12）进行综合判断。

表6-12 猕猴桃叶分析营养元素认定的最佳范围

营养元素	中 国	法 国	新 西 兰
氮（%）	2 ~ 2.8	3.12	2.2 ~ 2.8
磷（%）	0.18 ~ 0.22	0.2	1.8 ~ 2.5
钾（%）	2 ~ 2.8	2.76	1.8 ~ 2.5
钙（%）	3 ~ 3.5	2.3	3 ~ 3.5
镁（%）	0.38	0.7	0.3 ~ 0.4
硫（%）	0.25 ~ 0.45	—	0.25 ~ 0.45
锰/（mg/kg）	50 ~ 150	40	50 ~ 100
铁/（mg/kg）	80 ~ 200	169	80 ~ 200
锌/（mg/kg）	15 ~ 28	29	15 ~ 20
铜/（mg/kg）	10	20	10 ~ 15
硼/（mg/kg）	50	71	40 ~ 50
钼/（mg/kg）	0.04 ~ 0.2	—	—

三 猕猴桃叶片和果实中营养元素的动态变化

叶片营养状况是植株体内营养的指示器，据 Smith 等研究，猕猴桃叶片中各种营养元素在一年中处于动态变化中。

叶片中的钾浓度初期较高，以后逐渐下降，叶片出现后 4 周下降到最低，到 6 周时浓度又显著增加，逐渐恢复到接近初始的高值，此后其余时间浓度逐步降低。结果枝叶片中的钾浓度始终低于发育枝的钾浓度。

氮、磷、铜和锌在叶片出现时浓度均高，以后 12 周迅速下降，下降后保持相对稳定。除结果枝叶片的氮含量略低于发育枝外，其他 3 种营养元素在结果枝叶片、发育枝叶片方面没有显著差异。

镁、钙、锰、铁、硫和硼的浓度在叶片出现后下降，但其余时间均增加，最初铁和硫浓度的下降较其他元素大。除硼的浓度在结果枝叶片和发育枝叶片无差异外，其余元素在结果枝叶片中的含量总是高于营养枝上的。硼的浓度在坐果后立即增加并持续到生长季中期略有下降，直到落叶前重新上升。

叶片中氮和钾积累的最大时期是叶片生长的早期，到坐果时结果枝叶片中的氮和钾已达到最大量的 80%，而营养枝叶片中的积累占到最大值的 56% 和 66%。果实采收时叶片中的氮和钾均有很大损失，结果枝叶片的损失比营养枝上的早，也比营养枝叶上损失的量大。

尽管叶中很大比例的磷和硫是在生长早期吸收的，到坐果时叶中这两种元素占最大值的比例比钾和氮低，到采收时磷从叶子中损失得比硫多。

绝大部分铜和锌也是在叶片出现后 4 周积累的，到坐果时积累达到最大量的 90%～100%，这两种元素到采收时从叶片中损失得很少。

镁、钙、锰、铁和硼的积累与其他元素不同，到坐果时只有较小比例在叶中积累，到果实采收时从叶子中的损失也非常小。

试验表明，猕猴桃叶片中各种营养元素的浓度比其他落叶果树高得多。例如，生长开始时叶中磷的含量特别高，超过 1%（干重），树液中磷的含量在叶片出现前浓度增加而叶片充分生长扩大后迅速降低，高浓度的磷主要来源于先年储藏在树体的磷而不是近期从土壤中吸收的。大量元素容易从储藏中运向发育的新梢，一年生枝木质和皮部中的氮、钾、磷的80%，硫和锰的60%~80%被发育的新梢吸收。坐果后果实对叶片中钾和氮的竞争十分明显，叶中特别是靠近果实的叶片中钾的21%~37%、氮的16%~22%都损失掉。

早期的生长速率受限制会对总生长量和产量产生持续的影响，猕猴桃需要大量的钾和少量的氮以维持高产，这些肥料必须在坐果前施入，磷、硫、铜、锌同样重要，而锰、钙、硼、铁、镁在坐果前施入的重要性不大，其在整个生长季叶中积累的速度是相对稳定的。

据 Clark 等研究，猕猴桃果肉中氮、磷、钾、硫、铜、锌和铁的浓度在坐果后8周显著下降，之后相对稳定或逐渐下降直至采收，而镁、钙、硼、锰的浓度在整个生长期一直稳定下降。

果实中营养元素积累到采收时达到最大，不同元素的积累速率不同，但果实发育的前8周均最大，这时钙、锰和锌分别吸收到成熟果69%~75%的量，而其他元素获得的量分别在37%~54%之间。尽管以后直到采收的15周中，营养元素仍持续进入果实，但积累速率降低。钾、镁、钙、硼、锌和锰在采收前6周的积累速率很低。

四　营养元素的土壤环境及管理

1. 土壤环境

土壤是植物生长的基础，它对植物提供机械支持，提供水分和氧气及必需的营养元素，同时也提供植物生长十分重要的化学环境，如适宜的酸碱度、氧化还原电位等。因此，肥沃的土壤应该有良好的土壤物理环境、土壤化学环境和养分环境。当然，土壤的生物环境也很重要，没有良好的微生物环境，有机质就不能分解，也就不能把其中的养分释放出来供植物利用。各种土壤环境都直接或间接地影响养分的有效性。

（1）土壤物理环境　土壤由4个部分组成：①土壤矿质部分（无机部分），按体积计算占整个表层土体的45%左右。②土壤空气（气相），约占20%~30%。③土壤水分（液相），约占20%~30%。④土壤有机质，一般占5%以下（不包括有机土壤）。土壤的固相部分共占50%左右，另外的50%左右是空隙，通常为土壤空气和水分占据。对植物生长适宜的水分和空气比例在这50%中最好各占25%，但这一比例变化很大，主要受气候（雨量）及耕作的影响。底土的三相比和表土略有区别，主要是底土有机质含量较低，总的空隙量较少，而且主要是小空隙。

土壤矿质部分（即无机部分）可以按颗粒大小细分为砂、粉砂和黏粒3种颗粒，不同大小土壤颗粒的基本性质见表6-13。

表6-13 土壤颗粒和比表面积

颗 粒 分 级	颗粒直径/mm	每克颗粒数/个	比表面积/(cm^2/g)
极粗砂	2.0~1.0	1.12×10^2	19.4
粗砂	1.0~0.5	8.95×10^2	30.8
中砂	0.5~0.25	7.1×10^3	61.6
细砂	0.25~0.10	7.0×10^4	132.0
极细砂	0.10~0.05	8.9×10^5	308.0
粉砂	0.05~0.002	2.0×10^7	888.0
膨胀性黏土	<0.002	4.0×10^{11}	8.0×10^4
无膨胀性黏粒	<0.002	4.0×10^{11}	4.0×10^5

不同颗粒养分含量也不相同，同一土壤的砂粒中磷、钾、钙含量都是最低的，而黏粒中的这些养分的含量却很高，粉砂居中。所以，猕猴桃在沙土中前期发育较快，在黏土中栽培，随着根系的深入，养分的后劲充足。

土壤水分就是土壤中的溶液。土壤溶液中含有各种无机离子和一些有机态的可溶物质，所以土壤水分既是供应作物水分的来源，也是供应养分的直接来源。从土壤物理方面来说，土壤水分的性质即田间持水量和土壤水分的有效性。

在雨后或灌溉时，土壤水分饱和，一些水分将在重力的作用下下降，待下降基本停止后，这时的土壤含水量为田间持水量。这时，土壤中大空隙中的水分基本排出而为空气所占据，而小空隙或毛管空隙却仍然充满着水。这时土壤水分张力大约为0.01~0.03MPa。水分在土壤中的运动主要决定于水的自由能，总是从自由能高的区域向低的区域运动，如果土壤中水饱和时自由能较高，而干土中水的自由能则较低，于是水分自动从湿土向干土运动。

　　土壤水分对植物的有效性与水的自由能有关。水分自由能可用水分张力来表示，张力越大，自由能越低。在有重力水的情况下（土壤水分过饱和），植物受到侵害而无法利用这些水分；而在达到萎蔫系数时，水分自由能很低（土壤水分张力过大，约为 1.5MPa），植物也无法利用。通常认为在田间持水量到萎蔫系数之间的土壤水分是对植物有效的水分。植物不只是被动地吸收水分，还靠根系的伸展不断吸取水分。一般来说根系直接接触到的土壤面积只占整个土体面积的 1% 左右。

　　土壤水分、土壤肥力与植物之间存有互为影响的关系。肥沃的土壤可以提高植物对水分的利用效率，可以提高植物的抗旱能力，可促进根系向深处伸展。植物需要的磷、钾等元素的 80%～90% 是靠扩散作用通过土粒表面的水膜到达根系而被吸收利用的。在土壤水分不足时，水膜太薄增加了养分扩散的距离，从而使通过扩散而到达根面的磷、钾养分的量减少。在肥沃的土壤中，土壤溶液中磷、钾的浓度较高，在扩散到达根系同量水分的条件下，可以增加养分到达根面的数量。当土壤中水分张力增加时，根的伸长、根的直径和根毛数都会减少。同时，细胞中的线粒体运输养分穿过细胞膜的载体和磷酸化作用都将减少，而这些因素都是植物吸收养分的必需条件。土壤肥沃可以减少作物的需水量，如充分供应钾肥，可使叶片的气孔关闭，从而会减少水分因蒸腾作用而产生的损失。肥沃土壤上的植物生长比较茂盛，由于对地表具有较强的覆盖作用而减少了地面水分的蒸发，同时，由于根系较发达还能减少水土流失。

　　（2）土壤化学环境　在土壤的化学环境中，与植物生长和营养有关的主要因子是土壤的离子交换性能、土壤的酸碱度及土壤的有机质等。

　　1）土壤的离子交换性能。土壤的交换性能包括土壤的阳离子交换性能和土壤的阴离子交换性能。这两种性能都是土壤中电荷所引起的。阳离子交换性能是由于土壤带有负电荷而吸引阳离子，阴离子交换性能是由于土壤带有正电荷而吸引阴离子。由于土壤黏粒表面存在负电荷，就会吸引带有正电荷的各种离子，这些被吸引的阳离子可以被其他阳离子交换出来，所以称为交换性阳离子。土壤阳离子交换量与土壤负电荷总量相等。

土壤阳离子交换性能能把大量的阳离子养分（Ca^{2+}、Mg^{2+}、K^+、NH_4^+ 等）保蓄起来，使其免遭淋失。被保蓄起来的阳离子养分，不像土壤吸附的磷酸根离子那样随着时间的延长而有效性下降，而是能长期地保持其对植物的有效性。这些交换性离子，可以被根系或微生物分泌的氢离子和其他阳离子交换而进入到土壤溶液中供植物吸收利用。交换性阳离子一般需要被交换并进入到土壤溶液中以后才能被植物吸收利用。一种阳离子的饱和度越高，也就越容易被交换出来，并被植物吸收利用；相反，饱和度越低，被交换出来的难度就相对大一些。阳离子的组成也影响植物吸收土壤中的阳离子。比如当土壤中含有大量的交换性钙，就会影响到作物对交换性钾的吸收和交换性镁的吸收等。同理，如果土壤中含有大量的交换性钾，则会影响到对交换性镁的吸收利用。

2）土壤的酸碱度。土壤的酸碱度也称土壤 pH，是指土壤溶液中 H^+ 的浓度（mol/L）的负对数。通常生产中所测出的土壤 pH 是用 2.5:1 的水土比浸提后所测定出的。在酸性土壤一般是采用 1mol/L 的氯化钾浸取。多数植物必需的营养元素有效性都与土壤的酸碱度有关。例如，土壤中的磷酸盐在 pH 小于 6.5 时，因为磷酸铁、磷酸铝的出现而降低其有效性；当 pH 大于 7.0 时，则因形成磷酸钙，植物难以吸收利用；土壤的 pH 在 6.5～7.0 之间时，土壤对磷的固定最少，对植物的有效性也就最大。多数微量元素（如铁、锰、铜、锌等）的有效性随着 pH 的升高而下降，只有钼相反，它的有效性随 pH 的升高而上升。

【提示】 猕猴桃喜欢偏酸性的土壤，我国主产区关中的土壤大部分偏碱性，栽培过程中一直要注意设法尽量使土壤酸化。

土壤中的细菌（硝化细菌、固氮菌、纤维分解细菌等）和放线菌适宜于 pH 为中性和微碱性的土壤环境，在此条件下，它们的活动较为旺盛，土壤的有机质分解快，固氮作用强，土壤的有效氮供应好。而在 pH 小于 5.5 的强酸性土壤中，它们的活性急剧下降，此时土壤中的真菌活动占有较大优势，土壤中的氮素供应不足，还有可能出现亚硝态氮的积累。此外，由于土壤中的酸性过强，作物会因铝、锰的大量出现而产生毒害症状。而在强碱条件下，会因土壤中的交换性钠较多，使土粒高度分散，土壤的物理性质恶化。耕作会影响土壤酸碱度，如施入氯化铵、硫酸铵等生理酸性肥料后，其阳离子被植物吸收利用，而其阴离子残留在土壤中，造成这种肥料的 H^+ 在土壤中的积累，从而导致土壤 pH 降低。施入硝酸钠等生理碱性肥料后，其阴离子被植物吸收利用，而其阳离子残留在土壤中，造成这种肥料的 OH^- 在土壤中的积累而会导致土壤 pH 升高，施入硝酸铵等生理中性肥料后，其阳离子和阴离子在土壤中能被植物均衡地吸收利用，而基本不会对土壤的酸碱度造成大的影响。表 6-14 所示为主要种类化肥的主要成分性质。

表 6-14　主要种类化肥的主要成分和性质

种　类	名　　称	营养元素	性质与特点
氮肥	碳酸氢铵	氮	弱碱性，易潮解挥发，作为基肥、追肥，宜深施覆土
	硝酸钙	氮、钙	中性，吸湿性强，钙质性肥料，作为追肥效果好
	尿素	氮	中性，宜作为基肥，作为追肥应比其他肥料提前 3~5 天，作为根外追肥最为理想
磷肥	过磷酸钙	磷、钙	酸性，有吸湿性、腐蚀性，适于各类土壤，当季利用率低，与有机肥混合作为基肥用，施于根层
	重过磷酸钙	磷、钙	弱酸性，吸湿性强，易结块，使用方法同过磷酸钙，长期使用易出现缺硫
	钙镁磷	磷、钙、镁	碱性，无腐蚀性，适于酸性土壤，一般作为基肥，施于根层
钾肥	氯化钾	钾	中性，易溶于水，速效性，宜作为基肥或深施
	硫酸钾	钾、硫	中性，吸湿性弱，易溶于水，石灰性土壤与有机肥配合使用以避免生成硫酸钙引起土壤板结，宜作为基肥或深施

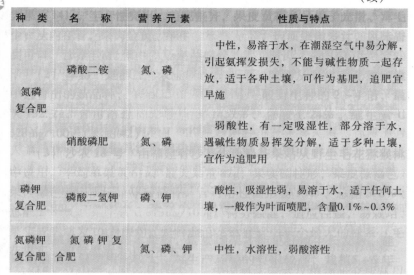

种 类	名 称	营 养 元 素	性 质 与 特 点
氮磷复合肥	磷酸二铵	氮、磷	中性，易溶于水，在潮湿空气中易分解，引起氨挥发损失，不能与碱性物质一起存放，适于各种土壤，可作为基肥，追肥宜早施
	硝酸磷肥	氮、磷	弱酸性，有一定吸湿性，部分溶于水，遇碱性物质易挥发分解，适于多种土壤，宜作为追肥用
磷钾复合肥	磷酸二氢钾	磷、钾	酸性，吸湿性弱，易溶于水，适于任何土壤，一般作为叶面喷肥，含量0.1%～0.3%
氮磷钾复合肥	氮磷钾复合肥	氮、磷、钾	中性，水溶性，弱酸溶性

一般来讲，施肥对土壤酸碱度的影响主要是化学氮肥的影响较大。磷肥虽然在短时间内可以对土壤的 pH 造成一定的影响，但一般是不会产生长期影响的。而长期施用钙镁磷肥或磷矿粉时可能会对土壤的 pH 有一定的影响。另外，环境污染或者灌溉也会使土壤中的 pH 发生变化。

3）土壤的有机质。有机质与土壤的化学性质、物理性质及土壤养分含量和养分供应都有着极为密切的关系。土壤有机质是土壤中营养元素的源泉，调节着土壤的营养状况，影响着土壤的水、肥、气、热各种性状，参与了植物的生理过程和生物化学过程，并且具有对植物产生刺激和抑制作用的特殊能力。

有机质是氮、磷、硫和大部分微量元素的储藏库，这些养分的有机形态不断矿化，源源不断地供应植物吸收的养分，增加土壤阳离子交换量，不少土壤的阳离子交换量中有 20%～70% 来自土壤有机质。有机质还是土壤微生物活动的主要能量来源，是微生物的食物，有了微生物的活动，有机质才能分解矿化。有机质可以改善土壤结构，土壤结构的主要部分是有机和无机复合体的团粒结构，它是以有机质的胶结物质把细小的土粒结合在一起，而形成疏松的结构，良好的结构是肥沃土壤的重要标志之一，它使土壤水分和通透性良好。有机质可提高土壤水分的保蓄能力，可以吸收为其本身重量 20 倍的水分，这样可以增强作物抗旱能力，提高养分有效性。土壤有机质还可以和 Cu^{2+}、Mn^{2+}、Zn^{2+} 等多价阳离子形成配位复合体，从而有利于这些土壤微量元素有效性的保持。有机质也能提高植物对酸碱度的缓冲能力，从而可以减轻一些不良因素对植物的危害。土壤有机质分解产生的有机酸还可溶解土壤中的磷和某些微量元素，增加它们的有效性。

2. 土壤养分状况及管理

（1）土壤氮素肥力及管理

1）土壤氮素形态。土壤中的氮素由有机态氮和无机态氮组成，在表层土壤中有机态氮占 90% 以上，随着土层的加深，有机态氮含量水平降低。

① 土壤中的无机态氮包括铵态氮、硝酸态氮、亚硝酸态氮等。铵态氮可分为土壤溶液中的交换性铵和黏土矿物中的固定态铵。硝酸态氮和亚硝酸态氮主要存在于土壤溶液中，在一般的土壤中亚硝酸态氮的含量较低。交换性铵、土壤溶液中的铵及硝酸态氮总称为土壤的速效氮，是植物氮素的主要来源。表土中速效氮的含量，由于作物的不断吸收利用一般不高，通常是在 $1 \sim 10mg/kg$ 之间。在施入铵态氮肥以后，短时间内其铵态氮的含量可能较高，随着硝化作用的进行，一段时间以后则主要以硝酸态氮为主。

② 土壤有机态氮的组成较为复杂，主要有氨基酸态氮、氨基糖态氮、嘌呤态氮、嘧啶态氮，以及微量存在于叶绿素及其衍生物、磷脂、各种胺、维生素中的氮等多种成分。在土壤中它们与土壤有机质或黏土矿物结合，或与多价阳离子形成复合体，还有一小部分存在于生物体中。绝大部分土壤有机态氮存在于土壤的固相之中，只有很少一部分存在于土壤的液相之中。

土壤有机态氮的形态分布与氮素的生物分解性之间没有直接的相关关系，大部分有机态氮是难分解的，只有少量存在于土壤中活的或死的生物体中的有机态氮是比较容易分解的，从而可以被作物吸收利用。在作物生长过程中，通过有机态氮矿化作用释放出来的氮是作物重要的氮素来源，因此，土壤有机态氮在作物的氮素营养中起着重要作用。

2）氮素的有效性与管理。土壤氮素有效性主要是指土壤氮素中能够转化成植物直接可以吸收利用的那部分氮的相对量。植物的根系直接从土壤中吸收的氮素以硝态氮（NO_3^-）和铵态氮（NH_4^+）为主。在根内，硝态氮通过硝酸还原酶的作用转化为亚硝态氮，以后通过亚硝酸还原酶进一步转化为铵态氮。在正常情况下，铵态氮不能在根中积累，必须立即与碳水化合物结合形成氨基酸（如谷氨酸）。

土壤中氮素的来源主要是化学肥料和有机肥料，还有生物固氮、灌溉、降水和干沉积等。化学氮肥是土壤氮的主要来源，在我国的土壤中，施化肥对植物生长的重要性已超出有机肥。有机肥料氮的主要来源是人畜粪尿、作物秸秆、饼肥、绿肥、污水和污泥等。近年来人们对污水和污泥的应用采取了比较谨慎的态度，它在提供氮素和其他营养元素的同时也可能导致污染元素的富集，从而对品质产生不良影响，尤其是在无公害食品、绿色食品和有机食品生产中污水污泥的应用受到严格的限制。生物固氮是土壤中氮素的重要给源之一，包括共生固氮、自生固氮和联合固氮三种固氮类型。生物固氮量多因气候环境条件、作物种类而不同，一般来讲，豆科作物的固氮作用是较强的。

土壤中的交换性铵和硝酸态氮，既是可供作物直接吸收利用的速效态氮，又是各种氮素损失过程中共同的损失氮源。因此，尽可能地避免其在土壤中的过量存在将有利于减少氮素的损失，提高氮肥的利用率。提高氮肥利用率的方法和措施主要是将氮肥的施用量控制在能获取最大经济效益的范围内，如适当地分次施用氮肥、施用缓效性氮肥等。此外要针对具体条件下氮素的主要损失途径而采取相应的对策。一般来讲，氨的挥发和硝化与反硝化作用是氮素损失的两个基本途径。在施肥时，要以减少气态氨挥发为重点，氮肥深施，加入脲酶抑制剂等可以减少氨挥发，加入氢醌后尿素氮损失率下降15%左右，氮肥利用率增加8%~10%；在肥料中加入硝化抑制剂可以降低氮的硝化作用；通过田间管理，在施入氮肥后，施行地面植被覆盖也可以减少氨挥发而提高氮肥利用率等；有机肥料氮和化肥氮的配合施用是我国应用较为广泛的一种施肥制度，无论从资源利用还是环境保护的角度来讲，充分利用有机肥料，实行有机肥与化肥的配合施用都是很有必要的。

（2）土壤磷素肥力及管理

1）土壤磷素形态。土壤中的磷按其化合物属性分为有机磷化合物和无机磷化合物两大类。在地球表面的岩石、土壤、水体和生物体中，磷可以与其他许多元素形成各种复杂的含磷矿物，已知的含磷矿物有 150 多种。对于大多数耕地而言，土壤无机磷占土壤全磷量的 60%~80%，是植物所需磷的主要来源。

我国土壤的全磷量一般在 0.02%~0.13% 之间，分布规律是大体上从南到北逐渐增加，北方的石灰性土壤常比南方酸性土壤的含磷量高。大多数土壤有机磷含量占土壤总磷量的 20%~40%，天然植被下土壤有机磷含量时常可占总磷量的一半以上。研究表明，土壤有机磷含量与土壤的有机质含量有很好的相关性。在有机质含量为 2%~3% 的一般耕作土壤中，有机磷约占全磷的 25%~50%。土壤有机质低于 1% 时，有机磷含量多在 10% 以下。在天然植被下植物吸收土壤中的无机磷，形成有机磷凋落在地面，土壤中的有机磷含量便逐渐增加，所以自然土壤含有机磷的量是较高的。土壤经过耕作后，减少了每年向土壤归还的有机质的量，加速了土壤原有有机质的分解，土壤中的有机磷含量便迅速减少。因此，耕地土壤有机磷的含量较自然土壤低。土壤中的有机磷包括土壤生物活体中的磷、磷酸肌醇、核酸、磷脂等有机磷化合物，以及尚不明其存在形态的其他有机磷化合物。

2）磷素的有效性与管理。土壤中的磷是以离子态进入猕猴桃根系的，最速效的磷是土壤溶液中的离子态磷酸根，磷酸根离解产生 $H_2PO_4^-$、HPO_4^{2-} 及 PO_4^{3-} 3 种离子。在一般土壤溶液的 pH 范围内（pH 5.0~9.0），磷酸根离子都是以 $H_2PO_4^-$、HPO_4^{2-} 为主。pH 越高，HPO_4^{2-} 的浓度越大；pH 越低，$H_2PO_4^-$ 的浓度越大。由于植物根系，特别是根毛附近微域范围内的土壤溶液一般均呈酸性，所以植物吸

第六章　土肥水综合管理

121

收的磷几乎全部为 $H_2PO_4^-$ 离子形式。土壤中的有机磷只有通过矿化转化为无机磷后才是对作物有效的。

磷素化肥的当季使用率一般在 10% ~ 25%，有的低于 10%，高于 30% 的很少。氮磷肥配合施用是提高磷肥肥效的重要措施之一，同时磷肥要早施，早期的磷素营养对幼嫩组织中蛋白质的形成有显著促进作用，且磷在作物体内的转化和再利用率较氮钾镁钙等元素高。

磷在土壤中不仅容易被固定，而且移动性也小，磷肥施用时适于集中施用，把磷肥集中施在作物根部附近，可以增加磷肥和根系接触的机会，既利于作物的吸收，又减少了杂草对磷的消耗。同时磷肥与质量较高的厩肥或堆肥混合堆沤后使用，可以减少磷的固定，提高利用率。

【提示】 磷肥施用后，猕猴桃当年只能利用其中一小部分，而后效可持续数年，连年较多使用磷肥后，土壤中的磷储备较多，继续施磷往往无效。在每年施用时，施用量不必过多，以免造成浪费。

土壤速效磷的消长与土壤中磷素养分的收支状况有关。在原来土壤磷素水平丰富的地区，非耕地土壤速效磷含量高于耕地土壤，这与非耕地土壤中全磷及有机质含量高有关。原来全磷含量比较低的地区，由于耕地大量施磷肥，土壤速效磷含量高于非耕地。耕地中土壤速效磷通常比非耕地要高，但利用方式不同，土壤速效磷含量差异很大，一般是水田含磷量高于旱地，熟化度高的田地高于一般田地。

土壤 pH 是影响土壤速效磷含量的重要因素之一。近中性的土壤（pH 6.5 ~ 7.0）速效磷含量最高；在 pH 7.0 以上的碱性土壤中速效磷含量随着 pH 的升高而下降；在 pH 6.5 以下的酸性土壤中，速效磷含量随 pH 的下降而下降。pH 在酸性范围较碱性范围对速效磷的影响更大。

土壤有机质所包含的磷是土壤磷的重要组成部分，同时也是土壤有效磷的重要来源。一般情况下，有机质分解时产生的各种有机酸能促进含磷矿物中磷的释放，腐殖酸类物质还可络合铁、铝、钙等磷酸盐中的阳离子，促使这些化合物中的磷转化为有效磷。

　　大部分土壤在淹水后有效磷含量显著上升，因为淹水后土壤还原性增强，土壤 pH 升高，土壤的正电荷量减少，使原被土壤吸附的带负电荷的磷酸离子释放出来，使某些简单的有机阴离子通过竞争吸附置换出部分磷酸离子。在石灰性土壤中，淹水后 pH 下降，将增加钙、磷的溶解度，也可使磷的扩散系数增加，从而提高磷的有效性。

　　扩大土壤的有效磷库，需要对土壤进行综合配肥改良，包括对酸性土壤施用石灰以校正土壤的酸碱环境，重视有机肥料的施用以保持土壤较高的有机质含量。持续地、略微过量地施用含磷肥料则是提高土壤磷肥力不可缺少的途径，磷肥在许多土壤上具有持久的残效。

　　磷肥的每次用量并不像氮肥那样精确，氮肥用量需要精确，不足将影响产量，过多将造成损失。对于磷肥，可粗略地施用，过量一些可以增加土壤中的磷素积累，保证土壤中在任何情况下不会出现"缺磷障碍"，从而确保增产措施作用得以充分发挥。

　　磷与氮、钾、钙、锌等其他营养元素的存在关系密切。磷和氮的丰缺供应可影响彼此被植物吸收利用。在同时施入氮肥和磷肥的情况下，氮和磷的利用率都较好。若氮肥充足而磷素不足，会影响氮的利用率；相反，如果磷素含量充足而氮肥不足，也会影响磷肥的利用率。总之，供氮不足可影响作物对磷素的吸收利用。过量的无机氮在土壤中是难以保存的，而过量的磷在土壤中是可以保存下来的。因此，磷是可以和必须满足的条件，并可以略微过量地施用，而氮素则不可。氮肥用量可根据土壤的供氮力和满足可能实现的目标产量进行估算。

　　当水溶性磷施到土壤中以后，若土壤中有大量的钾离子存在，便可能发生磷和钾及其他阳离子形成各种沉淀化合物的状况，影响作物对磷素的当季利用。当作物缺钾时，也会影响到作物对磷的吸收利用。

　　酸性土壤施用石灰在降低土壤磷有效性的同时，可能会改变土壤中磷的形态和对作物的有效性，原因是土壤中的磷可能与钙形固相的沉淀物。

高磷会降低土壤中锌的有效性，从而加重作物缺锌的症状，特别是在石灰性土壤中，其有效锌水平已处于临界值的土壤上，施磷肥加重了作物缺锌的症状，因为磷可能会干扰根系对锌的吸收和锌向叶部的转移，从而减少作物对锌的吸收和利用。

（3）土壤钾素肥力及管理

1）土壤钾素形态。地壳平均含钾 2.45%，远比氮、磷含量多，是全磷、全氮的 10 倍左右。若全钾含量为 2% 时，就树当于一亩耕层有 3000kg 钾，够作物用上百年。但全钾仅反映了土壤钾素的总储量，并不能指导施肥。我国土壤的全钾含量平均约 1.6%，分布大致呈南低北高，高者可达 3%~4%，低者不到 0.8%。土壤溶液钾、土壤交换性钾（速效钾）、土壤非接性钾和土壤矿物钾，这 4 种形态钾含量之和称为全钾。

存在于土壤溶液中的钾离子浓度含量一般是 0.21~10mmol/L。土壤溶液中的钾波动很大，仅能供作物 1~2 天吸收利用，土壤溶液中的钾水平也不能说明土壤的供钾水平，而其他形态钾向土壤溶液中补充钾素的水平才是真正的土壤供钾能力。

土壤胶体表面负电荷所吸附的钾是土壤的交换性钾。它是土壤中速效钾的主体，被土壤溶液中其他阳离子取代后，则以 K^+ 形态进入溶液。

土壤非交接性钾也称缓效钾，是占据黏粒层间内部位置及某些矿物的六角孔隙中的钾，是速效钾的储备库，其含量和释放速率因土壤而异。

土壤矿物钾是结合于矿物晶格中深受晶格结构束缚的钾，只有经过风化以后，才能变为速效钾。由于风化过程相当缓慢，对土壤速效钾的作用是微不足道的。因此，有的土壤速效钾和缓效性钾均很低，尽管含有很多矿物钾，作物仍会严重缺钾。土壤中不同形态的钾经常处于相互转化之中，既有钾的释放，又有钾的固定，依所处的土壤条件而定。

2）钾素的有效性与管理。土壤中黏粒含量越多，吸附钾的能力就越强。当土壤溶液中的钾耗竭时，钾的补充能力也越大，这种土壤就具有良好的缓冲能力，它能使土壤中的钾维持在一个比较稳定的水平。但有些富含钾矿物的黏重土壤，只能缓慢地转化为有效态，施用一定量的钾肥可使砂土溶液中的钾浓度达到一个理想的水平，而对黏重土壤中的钾浓度影响却不大，因为钾从溶液态转化为交换态，有的甚至被固定了。因此，在黏重的土壤上一般要比在轻质的土壤中施更多的钾肥。但砂土由于缺少交换位点，交换性钾的含量不可能很高，所以要比较长久地改善轻质土壤的供钾状况是相当困难的，在施肥时也要考虑到生长季而分层次施入。

植物吸收的离子主要来自于溶液，而交换性钾只有在溶液状态才能与溶液中的其他阳离子进行交换而转入到溶液中，变为对植物有效的溶液钾。由于土—根界面上所需的钾量很少，其他钾只有通过扩散作用到达植物的根系。钾在土壤中的扩散途径是充满了水的孔隙，其扩散率取决于土壤的孔隙度及土壤的含水量。各种土壤的孔隙度差异并不大，但土壤含水量的差异却很大，低含水量限制了土壤中钾的扩散，降低了钾的有效性，当含水量高的时候，在一定时间内可利用的土壤范围大，植物可吸收的养分也就多。当土壤含水量均衡时，土壤中钾的扩散取决于溶液钾的浓度。施肥可以增加土壤溶液中钾的浓度，从而增加土体与根系的浓度梯度，钾向根系的扩散增强。

温度可直接影响到土壤中钾的有效性。当温度升高时，土壤溶液中的钾浓度增高，非交换性钾的释放也随温度的增高而增多，温度越高释放的速度也就越快。温度高时，矿物风化所增加的有效钾量也增多。土壤温度对土壤中钾的移动性也有很大影响，温度升高，钾的扩散速度会大大加强。温度影响根从土壤溶液中吸收钾离子，这种影响与温度对有效钾的影响是一致的。研究表明，多种作物对钾的吸收随着温度的增高而增加，最佳温度是在 25～32℃ 之间。

干燥时土壤中固定的钾会转化为交换性钾，但如果土壤中钾离子浓度较高，或是已有钾肥加入，干燥通常引起部分黏土矿物晶格的收缩，从而以非交换态固定了部分的钾。有人认为冻融交替也可以使土壤中固定的钾转化为交换态钾。

在酸性土壤中，通常无固定钾的作用或固定钾的作用很低，土壤施入石灰可以增加土壤对钾的吸附而减少淋失。

氮肥能促进作物的生长，也就促进了作物对钾的吸收利用。当磷肥施入到土壤中以后，肥料颗粒附近的高磷浓度和由其带来的化学环境能引起土壤钾素形态的转化和分布，这是磷酸根加速了黏土矿物中钾的溶解所致。

钾的吸收取决于作物对钾离子吸收的动力学，根系的大小、形态和它的生长速率。根系发达，生长缓慢，在生长过程中对钾离子有高度亲和力的物种，在利用非交换性钾方面有较强的能力。也就是说，一般的果树土壤可能在利用非交换态钾上更有一定的优势。

3）钾与其他营养元素间的交互作用。

① 钾与氮。氮以阳离子或阴离子的形态被作物吸收利用，这是钾与氮形成阳—阳离子和阳—阴离子关系的可能性。从理论上讲，K^+ 和 NH_4^+ 之间存在两方面的竞争：第一种是相同固定位的竞争；第二种是原生质膜结合点的竞争。它们在土壤中的固定和释放也相互影响。有的研究表明，土壤钾的有效性随着铵态氮的施入而降低；也有研究表明，大量施铵态氮肥，晶层间的钙、镁离子被代换出来，使非交换性钾的释放能力降低。有人提出先施铵态氮肥、后施钾肥可减少钾的固定，这一点在合理施肥上显得比较重要。

② 钾与磷。为使作物高产，必须同时保证磷、钾营养。如果不施磷肥，施钾肥的效果并不十分明显；施磷以后，施钾的增产效果则较明显。施磷肥可以增加作物对钾素的吸收利用，钾能增加作物抗性也依赖于对磷的吸收。

③ 钾与钙。钾和钙两个阳离子在吸收上的作用是明显的，过量施用石灰，可能会造成土壤溶液中的钾、钙比例失调，或是增加了土壤中钾的淋溶和固定，从而降低土壤中钾的有效性。高浓度的钙会抑制土壤中钾的有效性，而低浓度的钙会增加土壤中钾的有效性。

④ 钾与镁。钾与镁之间有拮抗作用。土壤施钾越多，作物对镁的吸收越少；土壤中施镁越多，则作物对钾的吸收也就越少。钾和镁的拮抗作用主要有两个方面的原因：一是"阳离子的竞争效应"，

特别是钾的竞争作用，使作物对镁的吸收受到抑制；二是由于镁离子由根系向地上部分的输导受阻，土壤中适当的钾镁比是作物对钾和镁两种元素均衡吸收的基础。

⑤ 钾和钠。钾和钠之间既有协同作用又有拮抗作用。土壤中的钠可以在一定程度上替代钾，植物吸收了钠将会增强其抗旱性。当土壤中钾、钙缺乏时，作物吸收较多的钠，可以维持植株体内的阳离子平衡，并可代替钾的部分生理功能。一般钾和钠的拮抗作用在富钾土壤中发生，钾和钠的拮抗作用的关系是一种阳离子与另一种阳离子在质膜上的竞争效应。

⑥ 钾与硼、锌等微量元素。一般来讲，在低氮低钾的情况下，施钾肥能加剧缺硼，而在高氮的情况下，施钾肥可以增加植株体内硼的积累。缺钾土壤上施钾可促进作物吸收硼，而过量施钾则会抑制作物对硼的吸收利用。在严重缺硼的土壤上钾硼配合施用，可明显增加作物的抗性。一般认为，钾肥的施用有利于作物对锌、铜、锰的吸收利用，而减少对硼、铁、钼的吸收利用。

（4）土壤钙素肥力及管理

1）土壤钙素形态。土壤中的含钙量平均约为 1.4%，华北和西北地区含钙的碳酸盐和硫酸盐在土壤中很易溶解，土壤溶液中的钙离子足够植物生长的需要，华南的酸性土壤不含碳酸钙和石膏，虽然铝硅酸盐矿物的风化可提供一定钙离子，但大部分被雨水淋失，则应通过施石灰补钙。土壤中钙素的形态有矿物态钙、交换态钙和土壤溶液中的钙离子。

2）钙素的有效性及管理。吸附于土壤胶体表面的交换性钙和土壤溶液中的钙离子是对作物有效的钙。溶液态钙一般只占交换性钙总量的 2% 左右。交换性钙占土壤全钙量的 20%～30%，也有小到 5%、高到 60% 的土壤。钙是土壤中各营养元素中有效态含量较高的一种营养元素。一般来讲，石灰性土壤含全钙和有效钙量都很高，而我国南方的酸性土壤含钙量则要低得多。

交换性钙和溶液性钙处于动态的平衡之中，后者随前者的饱和度增加而增加，也随土壤 pH 的升高而增加。溶液态钙因作物吸收或淋失后，交换性钙就释放到土壤溶液中，土壤交换性钙的释放取决于交换性钙总量、土壤黏粒的类型、交换性复合体的饱和度及吸附在黏土矿物中的其他阳离子性质。土壤交换性钙的绝对值与植物吸收钙的关系并不是十分密切，而交换性钙占交换性阳离子总量的比例却更为重要：比值高，作物吸收的钙量就多；比例低，作物吸收的钙量相对就少。

土壤溶液中的钙还与土壤中含钙的固相有一定的关系。因此，石灰性和盐渍化土壤中的含钙量一般是较高的。

3）钙与其他营养元素的相互关系。酸性土壤发生铝害和锰害等可用施石灰的方法进行矫治，部分原因是钙离子能与铝、锰离子竞争吸附部位，促进了根系的生长。高浓度的钙还可与铁产生竞争吸附。施用磷石膏等含钙较多的矿物质可以改良盐渍土，对降低土壤中钠的浓度和土壤的酸碱度都有很好的效果。

【提示】 钾和钙、镁和钙之间的比值关系是影响三者在土壤中有效性和被作物吸收利用的一个重要方面。当土壤中钙浓度高时，会影响作物对钾和镁的吸收利用；反之，当土壤中钾或镁的浓度高时，又会影响作物对钙的吸收利用。

（5）土壤镁素肥力及管理

1）土壤镁素形态。在土壤里，镁的含量约为0.5%，矿物态镁、交换性镁、溶液镁和非交换性镁是土壤中镁的4种形态。

2）镁素的有效性及管理。交换性镁为吸附于土壤胶体表面上的镁，对作物是有效的，交换量高的土壤有效镁含量也高。溶液镁存在于土壤溶液中，其含量一般为每升几毫克到几十毫克，是土壤溶液中含量仅次于钙的一个成分。溶液态镁容易淋失，淋失量仅低于钙而高于钾。土壤的pH越低，其淋失就越严重。非交换性镁可作为潜在的有效态镁，它比矿物态镁更具有实际意义。

矿物态镁在化学和物理风化作用下，逐渐发生破碎和分解，分解产物则参加土壤中的镁和交换性镁之间的转化和平衡。交换性镁和非交换性镁之间存在着平衡关系，非交换性镁可以转化释放出交换性镁，交换性镁也可以转化为非变换性镁而被固定，土壤溶液中的镁和交换性镁之间也存在着一个平衡关系，但其平衡的速度较快，溶液态镁随土壤中交换性镁和镁离子的饱和度增加而增多。

土壤镁的固定是指土壤中有效性镁转化为非交换性镁的过程，当土壤中的 pH 改变时，土壤中的有效镁含量也发生变化。如施用石灰，可明显降低土壤中有效镁的含量。当土壤中的 pH 小于 5.5 时，土壤中有效镁开始被固定。干湿交替也可增加对有效镁的固定。

土壤中的镁从非交换态释放出来，是镁的有效化过程，当土壤中的水溶性镁和交换性镁由于作物吸收而降低时，就有利于这一过程的进行。土壤中镁的释放受很多因素的影响。除与土壤的矿物类型有关外，土壤的酸度、温度和水分状况也影响土壤有效镁的释放。土壤酸度增强，温度升高，土壤保持湿润及频繁的干湿交替，都能促进土壤中镁的释放。土壤中矿物晶格和层间铁的氧化还原反应也影响镁的释放，如发生铁的还原反应时，土壤镁易释放；发生铁的氧化反应时，镁的释放量降低。

【提示】 华北和西北地区含镁的碳酸盐和硫酸盐在土壤中很易溶解，土壤溶液中的镁离子足够植物生长的需要。华南的酸性土壤中铝硅酸盐矿物的风化提供少量镁离子，但分化溶解出来的镁离子大部分被雨水淋失，因此对酸性土壤应适量施用含镁肥料，以免产生缺镁症。

（6）土壤硫素肥力及管理

1）土壤硫素形态。土壤中硫素形态包括无机硫和有机硫。无机硫按其物理和化学性质可分为 4 种形态：①水溶液态硫酸盐，它是溶于土壤溶液中的硫酸盐，如钾、钠、镁的硫酸盐。②吸附态硫，吸附于土壤胶体表面的硫酸盐，吸附态硫常积累在表土以下，表土吸附态硫的含量通常仅占土壤全硫量的 10% 以下，而底土含量有时可占全量的 1/3。③与碳酸钙共沉淀的硫酸盐，在碳酸钙结晶时混入其中的硫酸盐与之共沉淀而形成的，是石灰性土壤中硫的主要存在形式。④硫化物，土壤在淹水情况下，由硫酸盐还原及由有机质嫌气情况下分解而形成。

土壤中有机硫的来源有：新鲜的动植物遗体、微生物细胞和微生物合成过程的副产品、土壤腐殖质。大部分表土中的硫是有机态

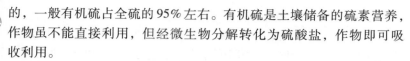

的，一般有机硫占全硫的95%左右。有机硫是土壤储备的硫素营养，作物虽不能直接利用，但经微生物分解转化为硫酸盐，作物即可吸收利用。

2）硫素的有效性及管理。土壤对硫的固定能力远不如对磷的固定强，土壤中硫的有效度比磷大得多，同时通过含氮、磷、钾的化肥和有机肥的施用及自然降水，土壤中每年获得硫的补给量往往足以抵偿作物消耗和田间淋溶的损失，土壤中缺硫现象不像缺磷那样常见。温带的矿质土壤中全硫含量一般在0.01%~0.2%，干旱地区的含量比雨量充沛地区的多，城市或工业区周围附近由于烟尘和燃料废气的污染，进入大气及降水中二氧化硫的量较多，因此土壤中含硫量也较高。植物吸收利用的硫都呈硫酸根形态（SO_4^{2-}），由于SO_4^{2-}是带负电荷的离子，不易为带负电荷的土壤胶体所吸附，通常主要以游离态存在于土壤溶液中。

土壤中硫素物质会在生物和化学作用下，发生无机硫和有机硫的转化。无机硫的还原作用是硫酸盐还原为硫化氢的过程，主要通过两个途径进行：一是由生物将SO_4^{2-}吸附到体内，并在体内将其还原，再合成细胞物质（如含硫氨基酸）；二是由硫酸盐还原细菌，将SO_4^{2-}还原为还原态硫。在淹水土壤中，大多数还原态硫以硫化亚铁的形式出现，此外，还有少量不同还原程度的硫化物（如硫代硫酸盐）和元素硫等。无机硫的氧化作用是还原态硫氧化为硫酸盐的过程，参与这个过程的硫氧化细菌利用氧化的能量维持其生命活动。影响土壤中硫氧化作用最适宜的温度是27~40℃，适宜的湿度是接近田间持水量。适宜的氧化作用的酸度是pH 3.5~8.5，通常增加pH可增加反应速率，加入石灰增加氧化速率。耕地土壤接种硫氧化细菌，可增加硫氧化速率。有机硫的转化是土壤中有机硫在各种微生物作用下，经过一系列的化学反应，最终转化为无机（矿质）硫的过程。在好气情况下，其最终产物是硫酸盐；在嫌气条件下，则为硫化物。HS^-对根系有毒害作用。

（7）土壤铁素肥力及其对植物的有效性

1）土壤铁素形态。铁是地壳中分布最广的化学元素之一，所有土壤中都含有大量的铁。土壤中的铁有8种形态，分别为交换态铁、松结有机态铁、碳酸盐结合态铁、氧化锰结合态铁、紧结有机态铁、无定形铁、晶形铁和残留矿物态铁。土壤中铁含量一般约为 1%~4%，有的高达 5%~30%。但土壤中大部分铁呈氧化态（Fe^{3+}）存在。

2）铁素的有效性及管理。植物从土壤中吸收的主要是 Fe^{2+}，首先要把 Fe^{3+} 变为可溶性的 Fe^{2+}，才能吸收并运输到根系内。土壤中总铁含量高并不表示有效铁的含量高，南方酸性土壤一般不缺铁，北方的碱性土壤则容易发生缺铁。土壤溶液态铁和交换态铁含量小的在 50mg/kg 以下，高的达 1000mg/kg。据全国土壤普查办公室1998 年统计，陕西等省区的一些土壤属严重缺铁土壤，在一定类型的土壤中，虽然含铁量很高，但是由于土壤条件不良，植物有效态铁很少，不能满足植物对铁的需要，以至于发生缺铁症状，严重影响植物生长。石灰性土壤和盐碱地是更容易发生缺铁的土壤。土壤有效态铁主要是水溶态和交换态，但土壤中这种形态的铁较少。因此，有机态铁，尤其是松结有机态铁对植物铁素营养可能更有作用。铁的有效性在很大程度上取决于土壤 pH 和氧化还原电位，适宜的土壤管理可降低土壤 pH 和氧化还原电位，从而提高铁的有效性。

土壤中可溶态铁与 pH 之间有密切关系。一般来说，土壤中的可溶态铁是很少的，在 pH 为 6.0 以上的土壤中基本上没有水溶态铁，弱酸溶性铁也很少，大多数植物缺铁症状出现在碱性和石灰性土壤上。我国北方地区许多植物在石灰性土壤上出现严重的缺铁黄化现象。实验表明，pH 每降低 1 个单位，土壤中铁的溶解度大约增高1000 倍，所以，在碱性土壤上生长的作物更容易表现缺铁。

在石灰土壤中，代换性铁、可提取态铁和游离态铁都与有机质含量呈正相关，有机质含量低时，还原态铁也低。植物废弃物、厩肥、污泥、泥炭、林产品制造业的副产品等加入土壤中对减轻缺铁失绿是有效的。

氧化还原电位控制着不溶态铁和可溶态铁之间的相互转化，渍水条件下铁的还原性增强，使还原的铁增多。

土壤水的饱和度过高，土壤颗粒间的空隙被水填充，造成还原的环境，在还原条件下，如果土壤碳酸钙含量又偏高，铁就会形成

难溶解的化合物。

在石灰性土壤上，有些植物的缺铁失绿现象十分普遍。土壤的碳酸钙含量与代换态铁及可提取态铁之间都呈负相关。土壤和灌溉水中的重碳酸盐也可能导致缺铁失绿。

【提示】　用含重碳酸盐的水灌溉可能引起缺铁；石灰性土壤过度灌溉、碱性土壤大量施用厩肥、施用过多量的钙与磷肥也可能引起缺铁；此外土壤温度过高或过低，光照强度高，病毒、线虫侵害，都能引起缺铁。

（8）土壤锰素肥力及管理

1）土壤锰素形态。我国土壤中的锰含量为 10～9478mg/kg，平均含量为 710mg/kg。南方土壤中的锰比北方含量高。全国 26 个省、区土壤有效锰平均含量为 25.77mg/kg，70% 以上土壤有效锰含量在临界值 7mg/kg 以上。土壤中锰的形态有矿物态锰、交换态锰、水溶态锰和有机态锰。

2）锰素的有效性及管理。土壤中锰的供应状况受土壤 pH、氧化还原电位、有机质、土壤质地和湿度的影响。全锰中的活性锰（或可移动锰）包括水溶态锰、交换态锰和易还原态锰是对植物有效的锰。各类土壤的中含锰量因母质的不同而有很大差异，总的趋势是南方的酸性土壤锰含量比北方的石灰性土壤含量高，南方酸性土壤中有锰富集现象。缺锰通常发生在易还原态锰含量很低的石灰性土壤上。新西兰的部分地区缺锰现象较普遍。

土壤中锰的活性主要由土壤 pH 和氧化还原电位所决定。锰的有效性随土壤 pH 的降低而升高，在强酸性土壤上常会出现锰中毒现象，缺锰现象则会在土壤 pH 大于 6.5 时发生。酸性土壤施用石灰，会降低锰的有效性，使锰中毒危险减少。施用生理酸性肥料，会降低土壤 pH，提高锰的有效性。

锰在 pH 大于 5.0 的土壤中会迅速发生氧化作用。施用某些肥料如氯化钾等也可能增强锰的氧化物还原作用，提高锰的有效性，甚至有时可达毒害水平。土壤淹水后，如果存在易还原态锰，水溶态锰含量有可能增加到异常水平。因为土壤水分状况直接影响着土氧化还原状况，从而影响着土壤中锰的不同形态的变化。干旱时，锰向氧化状态变化，有效锰降低。因此，旱地土壤、旱地砂土常常处于氧化状态，锰以高价锰为主，有效锰较低，常常易缺锰。

由土壤有机质分解产生的有机化合物可能络合锰。植物根系也可能通过释放出有机化合物还原四价锰和络合二价锰离子而增加锰的有效性，这种影响在土壤 pH 小于 5.5 的土壤中特别显著。锰络合物的稳定性和有效性与土壤 pH、土壤类型和其他元素的浓度有关，锰与有机质的有效性随土壤 pH 升高而增大。

某些微生物既能分解有机质，又能利用二氧化锰代替氧来作为氢的受体而改变土壤的氧化还原电位和氧分压，促进锰的溶解。

【提示】 过量施用石灰，酸性土壤被中和，能引起诱发性缺锰；缓冲力差的沙质土施用石灰时，常引起缺锰。此外，气候干旱、光照强度低及土壤温度低都会加重植物缺锰。

（9）土壤硼素肥力及管理

1) 土壤硼素形态。我国土壤中硼的含量从痕迹到 500mg/kg，平均为 64mg/kg，矿物态硼、吸附态硼、土壤溶液中的硼及有机态硼是土壤中硼的 4 种形态。

2) 硼素的有效性及管理。土壤溶液中的硼对植物是有效的。土壤中被有机无机胶体吸附的硼一般都能为水浸出，实际上对植物也是有效的。水溶态硼的数量很少，一般在 0.5 ~ 5mg/kg，占全硼量的 0.1% ~ 10%，常因土壤 pH、有机质含量、质地、水分、温度等变化而变化，湿润地区的水溶态硼远少于干旱地区。硼从土壤矿物风化释放出来时，以未游离的 H_3BO_3 和 BO_3^{3-} 形式进入土壤溶液，它极易从土壤中被淋失。因此，质地粗的土壤由于淋失而有效硼含量很低。

在中性反应下，硼的主要形态是 H_3BO_3；而在碱性条件下，硼的有效性降低。在 pH 4.7 ~ 6.7 之间，硼的有效性最高，水溶态硼含量与 pH 呈正相关；pH 7.1 ~ 8.1 间则为负相关。植物缺硼多发生在 pH 大于 7.0 的土壤上，在酸性土壤上施用石灰会降低硼的有效性，过量施用石灰会导致作物发生"诱发性缺硼"，石灰性土壤中硼的有效性低于酸性土壤。在碱性范围，硼的吸附固定达最大值。将

土壤酸化后，土壤 pH 下降，会使土壤水溶态硼增多。

土壤有机质中的硼通过有机质矿化释放出来后是有效硼的主要来源之一。有机质高的土壤中，水溶态硼含量往往很多，表土中水溶态硼常比底土多。土壤有机质与水溶态硼之间呈正相关。由于有机质可以吸附硼，所以在泥炭土上施用硼肥量较高时作物并不出现硼中毒症状，而在矿质土壤上施用过量硼肥时通常出现硼中毒症状。

【提示】 可能加剧缺硼的因素有：用含硼量很低而含钙量很高的水灌溉；过量施用石灰；土壤有效硼含量很低时，增施钾肥会使作物缺硼现象加剧；长期施用大量化肥而不施用有机肥料；干旱和光照强度过高；雨过多强烈的淋洗作用。

（10）土壤锌素肥力及管理

1）土壤锌素形态。我国土壤锌含量为 3～709mg/kg，平均为 100mg/kg，全国土壤有效锌平均含量为 0.84mg/kg，南方高于北方，东部高于西部。有一半以上的土壤有效锌含量是在缺锌临界值 0.5mg/kg 以下，缺锌主要发生在北方石灰性土壤中。土壤中锌的形态有硅酸盐矿物态锌、交换态锌、碳酸盐结合态锌、氧化锰结合态锌、硫化物结合态锌、氧化铁结合态锌、有机态锌和水溶态锌。

2）锌素的有效性及管理。水溶态锌和交换态锌是有效态锌，水溶态锌含量很少，植物主要利用的是交换态锌，有机结合态锌经过分解后才能释放出来供给植物利用。土壤中锌的有效性以土壤 pH 的影响最为突出。在酸性土壤中，锌的有效性较高；而在碱性条件下，锌的有效性很低。每当土壤 pH 升高 1 个单位时，锌的溶解度下降 100 倍。作物缺锌多发生在 pH 大于 6.5 的土壤上。酸性土壤施用石灰时，会降低锌的有效性，使植物吸收的锌减少。当过量施用石灰时，则有可能引起作物缺锌。施用生理酸性肥料或酸性物质时，可提高锌的有效性。

土壤中有机物和生物残体都含有锌。一般情况下，锌的有效性随土壤有机质的增加而增加。大量施用厩肥和其他有机肥料常常能有效地矫正缺锌。另一方面，锌又可能同有机质络合而成为作物不能利用的锌，在腐泥土或泥炭土中常常发生缺锌现象。

在低的氧化还原条件下，锌并不被还原。土壤物理性质不良，使根系发育受阻，常会导致缺锌，如心土、底土过于坚实，特别是平整土地时，表土未能复位，暴露出心土时会加剧植物缺锌；地下水位过高，在淹水条件下，大量施用未腐熟的或半腐熟的有机物会加剧缺锌现象。大量偏施氮肥，会引起更多的锌在根中形成锌与蛋白质的复合物而导致地上部缺锌；用含大量重碳酸盐的水灌溉会加剧缺锌。土壤温度低、天气寒冷、潮湿、日照不足都能引起严重缺锌。另外，磷含量高的土壤或大量施用磷肥，能使植物缺锌加剧，因为土壤中锌与磷相互作用，使锌的可给性降低；植物中锌、磷比例失调引起代谢紊乱，磷会使锌由根系向地上部运输迟缓；多量磷使植物生长繁茂而引起锌的稀释效应。也有人认为磷与锌之间存在拮抗关系。

（11）土壤铜素肥力及管理

1）土壤铜素形态。我国土壤铜含量为 $3 \sim 500\,mg/kg$，平均为 $22\,mg/kg$，砂土、泥炭土中含铜较少。土壤中铜的形态有硅酸盐矿物态铜、交换态铜、碳酸盐结合态铜、氧化锰结合态铜、有机态铜、无定形铁结合态铜、晶形铁结合态铜及水溶态铜。

2）铜素的有效性及管理。土壤中的水溶态铜和交换态铜为有效态铜。水溶态铜含量很少，交换态铜主要是土壤胶体所吸附的铜离子和含铜的配合离子。全国 26 个省区统计土壤有效铜平均含量为 $1.61\,mg/kg$。北方石灰性土壤有效铜含量较低，我国 98% 以上土壤中有效铜含量在临界值 $0.2\,mg/kg$ 以上。铜可能是土壤中最不易移动的元素。植物所需的铜大部分是靠植物根系截留得到的。因此，影响根系发育的因子都会影响铜对植物的有效性。

缺铜常见于有机土、泥炭土和腐泥土，这些土壤中活性铜含量较低。在石灰性土壤中，有机态铜对有效铜的贡献较大。

酸性土壤中铜的有效性高，石灰性土壤中较低。土壤 pH 对铜的化合物溶解度的影响和对铜的吸附的影响最为重要，对铜的络合作用也有一定影响。土壤 pH 每增大 1 个单位，氢氧化铜的溶解度下降 100 倍。土壤对铜的吸附和固定，随着 pH 上升而增大。

有机质中铜的含量较低，缺铜常常发生在有机质含量高的土壤上。土壤中可溶态铜由于有机质的络合作用或通过与腐殖质形成难溶的络合物而减少。在微生物分解有机质过程中，产生的天然络合物能将铜络合成可溶的对植物有效的形态。植物通过释放根系分泌物增加可溶性有机物质而增加土壤中可溶态铜。微生物对有机物的分解作用可释放出相当数量的铜。当过量的铜存在时，络合作用也可减少铜离子浓度，使其不致达到毒害作物的水平。

在淹水土壤中，铜不发生价态变化。但在这种条件下铜对植物的有效性可能降低，这可能是由于在渍水土壤中锰和铁的氧化物还原，提高了铜的吸附表面。此外，过量的锌也能加重缺铜。

（12）土壤钼素肥力及管理

1）土壤钼素形态。我国土壤含钼量为 $0.1 \sim 6.0 mg/kg$，平均为 $1.7 mg/kg$。土壤中钼的形态有矿物态钼、代换性钼、水溶性钼及有机态钼。土壤中钼的供给状况主要受成土母质和土壤条件的影响，一般来说，花岗岩发育的土壤中钼的含量较高，而黄土母质发育的土壤含钼量较低。我国南方酸性土壤中，不同母质发育的土壤钼含量有很大差异，全钼含量较高，但有效态钼的含量则很低；北方黄土母质发育的土壤，有效钼含量也很低。

2）钼素的有效性及管理。代换性钼和水溶性钼对植物是有效的。有机态钼被土壤微生物分解矿化后才能为植物所利用。土壤酸碱度是影响钼的有效性的最重要因子。当土壤 pH 升高时，钼的有效性提高，植物吸收的钼增加。当 pH 上升 1 个单位，MoO_4^{2-} 离子的浓度增大 100 倍，因此，缺钼多发生在酸性土壤上。当 pH 升高到 7.8 时，赤铁矿结核所包蕴的钼离子吸附量减少 80%，土壤施用石灰时，会使钼的有效性增加。

土壤有机质对钼的有效性的影响比土壤 pH 影响小，有机质含量较高的土壤，有效钼的含量也较高。在排水不良的土壤中，伴随着有机质的积累，土壤有效钼的含量可能增加，生长在这种土壤上的植物有可能积累过量的钼。

【提示】 酸性土壤施用石灰可提高钼的有效性，减轻缺钼现象。磷、硫、钼常在类似条件下缺乏，磷能促进植物对钼的吸收。在磷、钼同时缺乏时，增施磷肥会使缺钼变得明显起来，施用硫肥会加重缺钼，并加剧硫、钼在根系吸附位置上的争夺。硫酸盐能降低土壤 pH，使钼的有效性降低。锰与钼之间存在拮抗关系，锰影响植物对钼的吸收，导致钼的缺乏。所以，锰的可给性在酸性土壤上大于石灰性土壤。

第二节　果园的土壤改良与管理

一　猕猴桃果园土壤的基本特征和适宜条件

1. 土壤质地

土壤质地对猕猴桃的生长发育影响很大。疏松、通气和排水良好的质地最适合猕猴桃的生长，通常根系发达，地上部分生长发育快；黏重的土壤质地，通气排水不良，影响猕猴桃根系的发育，从而导致生长不良。质地对果树生长的影响，通常以心土层结构的影响较大。沙地土壤，下层有黏土层间隔，不仅会影响根系分布的深度，还会引起地下积水涝根。沙地下层有白干土，即有钙积层时，也会限制根系向地下伸展，干旱时不能有效利用地下水，雨季时会造成积涝烂根。

山麓冲积平原、海滩沙地及河道沙滩，表土下有砾石层或砾砂层，同样会对猕猴桃树造成影响。如土层较厚，砾石层或沙砾层分布在 1.5m 以下时，有利于排涝排盐，能加深根系的分布层，增强猕猴桃的抗逆性。

一般果树如枣、柿子、核桃等对土壤质地的要求比较广泛，而猕猴桃等则最适合土质疏松、孔隙度较大、容重小、土层较厚的沙壤土或轻壤土。

2. 土壤温度

土壤温度不仅直接影响根系的活动，同时制约着各种生物化学过程。如土壤中的微生物活动，土壤有机质的分解、养分的转化、

第六章　土肥水综合管理

137

水分和空气的运动等。土壤温度的变化状况及稳定性能主要受质地的影响。如沙土升温快，散热也快；黏土增温和降温都比较慢，因此黏土的稳温性强。同一种土壤，湿润土比干土的温度日差要小；表土的温度日差较大，而 35~100cm 土层温度日差逐渐消失，基本维持在恒温状态。土温对土壤中微生物活动的影响比较明显，大多数微生物的活动在温度为 15~40℃ 范围内最为适宜，土温过高或过低均对土壤微生物活动有不同程度的抑制作用，从而影响土壤中有机物质的矿化，影响果树对土壤养分的吸收。土温高，土壤溶液的活动频繁，气态水较多，土壤微生物和养分的活性也就越强。在一定的土温范围内，根系对水分和养分的吸收速率成正比：温度过低，土壤中水和气的运动受阻，根系从土壤中吸收养分就较为困难；土温过高，根系停止生长，不会产生新根。

【提示】 果园生草制是降低土壤温度最有效的途径。

3. 土壤水分

土壤水分是土壤中各种化学反应、物理反应和生物学过程的必需条件，有时还要直接参与到这些反应中。一般土壤水分保持在田间持水量的 60%~80% 时，猕猴桃树根系可正常生长及吸收、运转和输导养分。水分过多，则会导致通气不良，产生硫化氢等有害物质抑制根系呼吸作用，使生长受阻。当土壤中的水分含量接近果树的萎蔫系数时，根系就不能从土壤中吸收水分和养分，过分干旱甚至会出现果树体内养分向土壤中外渗的现象。

在生长前期，如果土壤水分过多或过少时，会影响到幼果细胞分裂的数目和体积的增长，在果实膨大期或成熟前 20~30 天，则会造成减产或品质下降。

4. 土壤的酸碱度

不同的果树对土壤的酸碱度都有一个较为适宜的范围，过高或过低都会影响到果树的正常生长和发育。猕猴桃树要求的 pH 适宜范围为 5.5~7.5。

5. 土壤的通气性能

氧气不足将阻碍树的根系生长，甚至引起烂根。水涝缺氧时甚至常常导致死亡。根系的呼吸作用要求有效地供给氧气，缺氧时根系的呼吸作用受到抑制，从而影响根系对水分和养分的吸收。土壤的通气性还对土壤中的微生物活动，土壤中的一系列化学和生物过程、土壤中养分的有效化、有害物质的富集等都有重大影响。因此，在猕猴桃果园管理中，改善土壤的通气性，调节土壤的空气状况是非常重要的措施之一。

6. 土壤中的有害盐

土壤中的有害盐类含量是影响和限制果树生长和结实的障碍因素。盐碱土的主要盐类是碳酸钠、氯化钠和硫酸钠，尤其以碳酸钠的影响为最大。有关研究证实，一般果树根系能进行硝化作用的有限浓度为：硫酸盐为 0.3%，碳酸盐为 0.03%，氯化物盐类为 0.01%。当土壤中总盐量为 0.7% 时，除石榴外，其他果树均已不能生存。

7. 土壤污染

果园土壤的污染主要来自于工矿排出的废水、废渣和生产中应用的农药、化肥等，果园土壤被污染以后，土质变坏，土壤酸化或盐碱化、板结通透性差，导致根系发育不良，果品的品质下降，重金属或 NO_3^- 等含量超标，严重的会使果品不能食用，甚至引起果树的死亡。

■二■ 果园的土壤改良

1. 果园土壤的深翻熟化

（1）深翻对土壤和果树的作用　果树根系强大，对土壤的通气、透水、供肥和保肥性能都有一定的要求。根系入土的深浅与果树的生长结果有密切关系。支配根系生长的主要条件有土层厚度和理化性状等因素，不同土层土壤的理化性状也有较大的差异（表6-15）。

深翻并结合有机肥料的施入，可以改善土壤的理化性状，增强土壤中微生物的活性（表6-16），加速土壤中有机质的分解，提高土壤的熟化度和养分的有效性，增加果树根系吸收养分的范围，促进果树的生长发育。

表 6-15　不同深层土壤的理化性状

主要理化性状	土层深度/cm			
	5 ~ 14	14 ~ 30	30 ~ 85	85 ~ 100
pH	6.9	6.4	6.9	7.0
有机质（%）	6.87	6.13	3.16	1.28
全氮/（mg/kg）	2400	2300	500	600
碱解氮/（mg/kg）	221	208	82	44
全磷/（mg/kg）	450	480	280	310
速效磷/（mg/kg）	7.0	5.0	4.0	3.0
全钾/（mg/kg）	13200	1660	1470	1610
速效钾/（mg/kg）	261	320	95	75

表 6-16　深翻对土壤微生物和水分含量的影响

处　　　理	微生物数量/（×10⁴ 个/g）	年平均水分（%）
深翻 + 牛粪	36713	20.4
对照	16012	12.8

从表 6-17 可以看出，深翻对土壤容重和孔隙度有较大的影响。

表 6-17　深翻对土壤容重和孔隙度的影响

土壤深度/cm	土壤容重/（g/cm³）		孔隙度（%）	
	深　翻	对　照	深　翻	对　照
0 ~ 20	1.08	1.39	27.64	47.94
20 ~ 40	1.28	1.37	52.94	46.68
40 ~ 80	1.33	1.34	50.00	51.79
80 ~ 120	1.33	1.40	52.15	47.21
120 ~ 150	1.41	1.50	48.10	40.71
平均	1.29	1.40	52.18	47.27

　　果园深翻可加深土壤耕作层，给根系生长创造良好的生态环境，促进根系向深层伸展，使根系分布的深度、广度和根的生长量都有明显的增加（表 6-18）。深耕施肥，改善了土壤的水、肥、气、热条

件，不仅促进了根的生长，也促进了地上部枝梢生长和结果能力，使树的生长势强，树冠扩大快，结果寿命延长，增产效果显著。

表6-18 深翻压绿对果树根系分布的影响

土壤深度/cm	深翻压绿11个月后		深翻压绿17个月后	
	对照区（%）	压绿区（%）	对照区（%）	压绿区（%）
0~10	59.9	8.7	50.9	1.2
10~20	33.1	26.2	48.7	23.2
20~30	6.2	29.8	0.4	45.2
30~40	0.8	21.3	0	23.3
40~50	0	14.0	0	7.0
50~60	0	0	0	0.1

（2）**深翻时期** 秋季深翻一般在果实采摘后至落叶休眠前结合秋施基肥进行，春季深翻应在土壤解冻后进行，此时果树的地上部处于休眠期，根系刚刚开始活动，生长较缓慢，伤根后容易愈合再生。春季化冻后，土壤水分向上移动，土质疏松，省力省工。春季干旱，深翻后要及时进行春灌，及时覆盖根系，免受旱灾。

（3）**深翻深度** 深度以果树主要根系分布层稍深为宜，并要考虑到土壤的结构和土质、气候、劳动力等条件，一般深度以40~60cm为宜。

（4）**深翻方式** 扩穴深翻又叫放树窝扩穴深翻，是在结合施秋肥的同时对栽后2~3年的幼龄果园，从定植穴边缘或冠幅以外逐年向外深挖扩穴，直到全园深翻完为止。每次可扩挖0.5m，深0.6m左右。在深翻中，要捡出土中石块或未经风化的母岩，并填入有机肥料或熟化土壤。一般2~3年内可完成一次对全园的深翻。

为避免一次伤根过多，可采取隔行深翻或隔株深翻的方法。平地可随机隔行或隔株深翻，隔行深翻分二次完成，也可进行机械作业。第一次在下半行给以较浅的深翻施肥；第二次半行深翻，把土压在下半行上，可与施有机肥料相结合（图6-1）。

深翻时切忌伤根过多，以免影响地上部分的生长，应特别注意不要伤害1cm以上的大根，如有切断，则切头必须平滑，以利于愈合。深翻结合施有机肥，效果明显，有机肥要分层施，以利于腐熟分解。随翻随填，及时浇水，切忌根系暴露太久。干旱时期不宜深翻，排水不良的果园，深翻后要及时打通排水沟，以免积水造成烂根。还要注意做到心土与表土互换，以利于土壤的风化和熟化。

图6-1　隔行深翻

2. 盐碱地果园土壤的改良

当土壤溶液的含盐量在0.20%～0.25%以上时，果树很难从土壤中吸取养分和水分，造成"生理干旱"和营养缺乏，甚至引起毒害作用。一般盐碱土的pH都在8.0以上，使土壤中各种有效养分含量降低，不仅影响肥效，而且会使土壤板结、通透性差，直接影响到果树的正常生长。盐碱地的改良措施有：

（1）设置排灌系统，排水防涝，灌溉洗盐　在有水利设施的地区，引淡水洗盐是改良盐碱土的一项最为快速而又有效的措施之一。"盐随水来，水随盐去"是盐分运动的一般规律，也是盐分在土壤中积累淋溶的主要方式。可以在果园顺行间每隔20～40m挖一道排水沟，一般沟深1m，宽0.3～1m。排水沟与较大较深的排水支渠相连，各种渠道要有一定的落差（比降），以利排水畅通，使盐碱能排出果园外。若土壤含盐量达到0.1%后，还应注意长期灌水压碱、中耕、覆盖、排水，防止盐碱上升。

（2）放淤改良盐碱土　把含有泥沙的河水，通过水渠系统输入事先筑好畦埂的田块，用降低水流速度的办法使泥沙沉降下来，淤垫土壤。这种方法不仅可以用来改良低洼易涝地、盐碱荒地，而且可以应用在改良沙荒地及其他瘠薄地。

（3）深耕施有机肥　有机肥除含有果树需要的营养物质外，还含有机酸，有机酸对碱有中和作用。同时，随有机质含量的提高，土壤理化性状也将会得到改善，促进团粒结构的形成，提高肥力，减少蒸发，防止返碱。实践证明，土壤有机质每增加0.1%，含盐量约降低0.2%。

（4）地面覆盖 地面盖草或其他物质，可防止盐碱上升。干旱季节在盐碱地上覆盖 15～20cm 草，可起到保墒、防止盐碱上升的作用。

（5）种植绿肥植物 种植耐盐碱的绿肥植物，除能增加有机质、改善土壤理化性质外，绿肥的枝叶覆盖地面，可减少地面水分蒸发，抑制盐碱上升。试验证明，种植一年抗盐碱的田菁，在 0～30cm 的土层中，盐分可由 0.65% 降低至 0.36%（表6-19）。

表6-19 种植绿肥对土壤盐分的影响

土层/cm	田菁（%）			毛苕子（%）		
	种 前	种 后	降 低	种 前	种 后	降 低
0～5	0.301	0.126	0.175	0.14	0.07	0.07
5～20	0.216	0.119	0.099	0.12	0.05	0.07
20～40	0.109	0.150	0.040	0.16	0.05	0.11
40～60	0.245	0.171	0.074	—	—	—

（6）使用化学改良剂 化学改良剂如石膏，磷石膏，含硫、含酸的物质（如粗硫黄、矿渣硫黄粉等），腐殖酸类物质及其他酸性物质和生理酸性化肥（如磷酸钙、硫酸铵等），均能达到改良效果。据白亚妮等在宁夏罗田和陕西渭南的试验，硫黄对土壤 pH 的降低效果明显优于石膏，用量以 75kg/公顷更为明显（表6-20）。

表6-20 施用硫黄对土壤田间细菌、真菌、放线菌含量及 pH 的影响

处理	细菌含量/（×10^7 个/g）	真菌含量/（×10^3 个/g）	放线菌含量/（×10^5 个/g）	pH
对照	0.75	0.23	1.58	8.8
（2235kg 磷酸二氢铵 + 20kg 过磷酸钙）/公顷	0.96	0.23	1.62	8.79

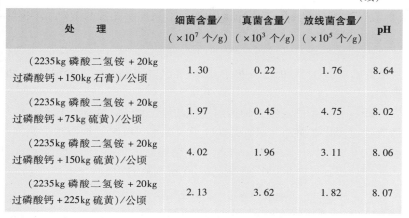

处　理	细菌含量/ （×10⁷ 个/g）	真菌含量/ （×10³ 个/g）	放线菌含量/ （×10⁵ 个/g）	pH
（2235kg 磷酸二氢铵 +20kg 过磷酸钙 +150kg 石膏）/公顷	1.30	0.22	1.76	8.64
（2235kg 磷酸二氢铵 +20kg 过磷酸钙 +75kg 硫黄）/公顷	1.97	0.45	4.75	8.02
（2235kg 磷酸二氢铵 +20kg 过磷酸钙 +150kg 硫黄）/公顷	4.02	1.96	3.11	8.06
（2235kg 磷酸二氢铵 +20kg 过磷酸钙 +225kg 硫黄）/公顷	2.13	3.62	1.82	8.07

3. 沙土地果园的土壤改良

沙土地主要是沿河流两岸的沙滩地和旧河道地区。这些地土壤有机质含量低，土壤保水保肥性能差，水土流失较严重，土壤温度随季节、昼夜变化大，不利于果树的生长和正常的养分吸收活动。

（1）建好防护林带，林草结合，防风固沙　适于防风固沙的耐薄的绿肥有小冠花、沙打旺、草木樨、田菁等，这些都是肥料和饲料兼用的绿肥品种。

（2）深翻改良　有些沙荒地在沙层以下有黄土层或黏土层，称为有底沙土。对于这类沙地可以通过深翻进行改良，把底部的黄土或黏土层翻上来与上层的沙土混合。深翻沙地，对改善土壤结构，促进果树的生长有明显作用。如在深翻改沙的同时施入有机肥料，将会达到更为理想效果。

（3）压土（培土）改良　对无底沙土只有通过以土压沙的方法进行改良，以土压沙可以增加土层的厚度，改善土壤结构，防止土壤流沙和风蚀，提高保水保肥能力，培肥地力，同时还可以防止土壤返碱。压土相当于施肥，这种以土代肥的效果一般可以维持 2～3年。压土一般在冬季进行，压土厚度约为 5～10cm，将土铺在沙地表面，压土时必须铺撒均匀，使地面大体平整，才能使整个果园在后来均匀一致。一般在压土的当年不刨地，利于黄土或黏土层的风化，并防止风蚀流沙，待次年土壤解冻后再进行耕翻，把土和沙充分混合均匀。

（4）增施有机肥或秸秆覆盖，改土和培肥地力 沙荒地经过深翻和压土改良以后，土壤的理化性质得到一定的改善，但土壤有机质含量仍然较低。建园前或幼树期，种植绿肥或实施生草制，用作物秸秆、杂草覆盖，对固沙和提高土壤肥力，促进幼龄果树的生长都有良好作用。

三 优质果园的土壤管理

1. 土壤深翻熟化

猕猴桃建园后的前几年应结合秋季施基肥对果园土壤进行深翻改良，熟化土壤。第一年从定植穴外沿向外挖环状沟，宽、深度各为 50～60cm，尽量不要损伤根系，将优质有机肥与表土混合后施入沟内，再回填底层的生土，第二年接续上年深翻的外沿继续深翻，这样逐年向外扩展直至全园深翻一遍。如果土壤耕层下部有机械耕作碾轧的坚硬层，深翻时要注意打破硬土层。砂土园应结合深翻施肥给土中掺入壤土或黏土，黏土园则应掺入砂子。由于猕猴桃是浅根性作物，深翻会切断大量根系，定植后前几年逐步全面深翻一遍后不再深翻。

深翻熟化土壤是一件十分费力的工作，近年出现的免深耕土壤调理剂是一种能够打破土壤板结、疏松土壤、提高土壤透气性、促进土壤微生物活性、增强土壤非水渗透能力的生物化学制剂，疏松土壤深度可达 80cm 以上。一般在春、夏、秋季，每亩每次使用 200g，兑水 100kg 地面喷洒，以后每年施用一次。由于水是该土壤调理剂的活性载体，应注意在土壤充分湿润的前提下使用才能发挥作用。使用后如果土壤干旱，没有水就不能激活该土壤调理剂，但也不会失效，以后一旦有水就会被激活。免深耕土壤调理剂一般单独使用，也可结合施底肥、除草等与化肥混合使用。

2. 实行生草栽培

传统的果园地面管理以清耕为主，其优点是能对杂草进行有效的控制，但缺点是果园行间地面裸露，导致土壤侵蚀、水土流失，土壤有机质及各种养分含量降低，同时不利于形成优良的果园小气候。

果园生草栽培是 19 世纪末在美国纽约出现的一种方式，在第二次世界大战以后获得了较大发展，现在世界上许多国家和地区已广泛采用（图6-2）。目前，欧美和日本实施生草栽培的果园面积占到果园总面积的 55%～70%，有的甚至达到95%。

图 6-2　果园生草栽培

与传统的清耕法相比，果园生草可增加土壤有机质含量，尤其是表层土，向下层依次减少；提高土壤中的氮和速效磷、钾的含量，减少漏水漏肥，保持水分和养分的均衡供应；改善土壤酶活性，激活土壤中微生物的活动，改善土壤根际微域环境条件，促进土壤表层中碳、氮、磷素的转化，加快土壤熟化；调节土壤水分，增加水分的沉降与渗透速率，减少土壤水分蒸发，起到蓄水保墒的作用，主要影响 10～30cm 深度的土壤含水量。土壤水分多时生草区含水量低于清耕区，土壤水分充足时则一般高于清耕区，但土壤水分缺乏时含水量低于清耕区；夏季降低土壤温度，生草区表层土温从 11：00 起至日落一直显著低于清耕区，晴天时最大相差可达 4.2℃；改善土壤物理性状，下层土壤容重降低，孔隙度增加，树体叶片光合效率提高，果实含磷、钾水平上升，含氮量下降，可溶性固形物增加。但生草后草类会与果树争水争肥，如果全园生草则会削弱树势，使产量下降；在表层土壤中固相比较高、气相较低，容重增加。

实行生草制总体讲有利有弊，利大于弊，符合当代所倡导的有机农业、生态农业和可持续发展战略，是一种优良的果园土壤管理模式。在实行生草制时需要扬长避短，采用行间生草、行内清耕或覆草的方式。

猕猴桃栽植后的前 2 年，行间可种植豆类等低秆作物弥补前期的收入，从第 3 年起行间可种植三叶草等实行生草制栽培。实行生草制时给植株留出 2m 宽的营养带，保持覆草或清耕。施肥时在营养带内撒施农家肥、化肥，生草带上撒施化肥。

猕猴桃园目前生草采用白三叶草的较多。白三叶草为豆科多年生植物，耐热耐寒，在 3 ~ 35℃ 的范围内均能生长，最适生长温度为 19 ~ 24℃；主根短、侧根发达，85.3% 的根系分布在 20cm 深的土层内，径光滑细软，长 30 ~ 60cm，匍匐生长，能节节生根并长出新的匍匐茎；喜温、耐寒，但苗期生长迟缓，幼苗抗旱性差，一旦度过苗期，具有很强的竞争力，具有控制、压灭杂草的作用；耐荫性好，能在 30% 透光率的环境下生长，适宜在果园种植。其根瘤具有生物固氮作用，可固定、利用大气中的氮素。白三叶茎叶低矮，覆盖性好，对杂草控制力强，越冬时交织的茎叶形成一层厚被，不仅保护土壤免受风蚀、水蚀，还可拦截雨雪，蓄水保墒。上年的茎叶在湿润的条件下逐渐腐解，释放出大量养分，又形成腐殖质，改善了土壤结构，活跃了各类土壤微生物。

播种白三叶草的最佳时间为春秋两季，春播可在 3 月下旬 ~ 4 月上旬，气温稳定在 15℃ 时进行。春播时出苗好，杂草竞争少，光照充足，至 7、8 月份时三叶草即可覆盖地面。若延迟至 5 ~ 7 月播种，虽然出苗较快，但因温度较高，小苗极易受干旱死亡，且与杂草出苗期相同，管理费工费时。秋播宜在 8 月中旬 ~ 9 月中旬，出苗快，这时杂草生长已经开始衰退，易于管理，下年春季三叶草即可覆盖地面。但若秋播延迟至 9 月份以后，由于气温降低，出苗不齐，且冬季会有部分幼苗被冻死。

播种时一定要确保土壤墒情较好，因幼苗期生长缓慢，抗旱性差，若墒情不好，幼苗易干枯致死。播种适宜采用条播，行距 30cm 左右，播种量每亩 0.5 ~ 0.75kg，覆土厚度为 1cm，春播后可适当覆草保湿，提高出苗率。

果园行间种植三叶草后，为了减轻三叶草对猕猴桃营养、水分的竞争，前 2 ~ 3 年园中的施肥量要比清耕园增加 20% 左右，灌水时要同时灌溉三叶草，以利于三叶草旺盛生长。播种后当年因苗情弱小，一般不刈割，从第 2 年开始当三叶草长到 30 ~ 35cm 时，可刈割后覆盖在树盘内（图6-3），留茬不低于10cm，一年可刈割3~4次。由于白三叶草会逐年向外扩展，使原先保留的营养带越来越窄，每年秋季施基肥时对扩展白三叶草进行控制，将行间生草范围保持在1.5m。5~6年后草逐渐老化，将整个草坪翻耕后清耕休闲1~2年再重新种植。

图6-3　刈割草覆盖树盘

如果在猕猴桃园行间种植毛苕子，秋季结合施农家肥时种植，第2年夏收后毛苕子自然死亡，种子落在地面，秋季温度降低后会发芽生长。若要在其他地方种植，需在毛苕子死亡后将其种子收集起来，在场院上脱种。毛苕子根细分布深，产草量大，疏松熟化土壤的效果明显，各地可以试用。

【提示】　割草的时机要选在草开花以前，否则会浪费大量的养分。

3. 树下覆盖

覆盖能防止水土流失，抑制杂草生长，减少土壤水分蒸发，也能增加有效养分和有机质含量。幼树期在树冠下覆盖，直径1m以上，随树龄的增长而扩大，成龄园顺树行带状覆盖，树行每边覆盖宽约1m。材料可用麦秸、麦糠、稻草、玉米秸等秸秆或锯末等（图6-4），厚度10~15cm，为防止风吹，上面压少量土，覆草逐年腐烂后秋季施基肥时翻入土中，以后再重新补充新草。为了防止害虫危害根系，覆盖物

图6-4　树下覆盖

应距离树根颈部 25 ~ 30cm，留出空地。对于冬季修剪下的枝蔓，目前在大多数猕猴桃园都运出作为燃料使用，这样不利于保持土壤肥力，可仿照国外先进经验，在修剪后将剪下的枝蔓在园内粉碎后洒在树下覆盖，以增加土壤有机质、提高土壤肥力。

四　幼龄果园的土壤管理

1. 树盘管理

树冠所能覆盖的土壤范围称为树盘，它随着树冠的扩大而增宽，树盘土壤管理多采用清耕法或覆盖法。清耕的深度以不露根为限，深度在 10cm 左右。也可用各种有机物或地膜覆盖树盘，有机物覆盖厚度一般在 10cm 左右，如果用厩肥或泥炭覆盖可以稍薄一些。

2. 果园间作

幼年果园土壤管理以间作或种植绿肥作物最好。小树栽植后，树体尚小，果园空地较多，可进行合理的间作形成生物群体，群体间可相互依存，充分利用光能和空间，还可改善微区域的小气候，改良土壤，提高土壤肥力，有利于幼树的生长，并可增加收入，提高土地利用率。

（1）间作种类的选择　应选择植株矮小或匍匐生长的作物，生长期较短，适应性强，需肥量少，与果树没有共同的病虫害，同时还要求耐阴性强，经济价值较高。收获较早的作物，如黄豆、菜豆、绿豆、豌豆、豇豆、花生等豆科作物，萝卜、胡萝卜、马铃薯、甘薯等块根块茎作物，韭菜、大蒜、菠菜、莴苣、瓜类等蔬菜作物，一般不宜种植高秆作物（图6-5）。

图6-5　幼园行间间作韭菜

（2）间作种植年限及范围　果树生长较快，阴地面积较大，需肥水多，常与间作的作物争水、争肥。若争水争肥现象严重，则应缩小间作种植面积或停止间作。一般来说，新果园前3～5年可实行间作，进入结果盛期，全园被树荫覆盖时停止间作。

3. 种绿肥

种植绿肥可以有效地利用土地资源，增加土壤营养元素含量，改善土壤结构，增加土壤中微生物活动，调节土壤水气热状况及酸碱度，促进果树根系生长及地上部分的生长和结实。

（1）绿肥种类的选择　适于酸性土壤的绿肥作物有毛苕子（彩图54）、猪屎豆、饭豆、紫云英等；适于微酸性土壤的绿肥作物有黄花苜蓿、蚕豆、肥田萝卜等；适于碱性土壤的绿肥作物有田菁、三叶草、紫花苜蓿（彩图55）等。

（2）绿肥的种植与翻压　播种绿肥后仍需施肥，一般豆科作物当绿肥时，适时地追施一些速效磷肥，可起到"以磷增氮"的作用。绿肥的刈割翻压不宜过迟，也不宜过早，过早则产量低，过迟则茎干老化，难以腐烂。一般在绿肥作物近开花时进行翻压为最好。

第三节　科学施肥

一　果树的施肥特点

1. 各时期对养分要求不同

猕猴桃从栽培到死亡，在同一块地上要生长十几年甚至几十年。在其生命周期中要经过幼龄期、初果期、盛果期、更新期和衰老死亡期等几个时期。在不同的生命周期中，由于其生理功能的差异造成对养分需求的差异。开花结果以前的时期称为幼龄期，此期果树需肥量较少，但对肥料特别敏感：要求施足磷肥，促进根系生长；适当配合氮肥，在有机肥充足的情况下可少施氮肥。开花结果后到形成经济产量之前的时期称为初果期，此期是果树由营养生长向生殖生长转化的关键时期，施肥上应针对树体状况区别对待：若营养生长较强，应以磷肥为主，配合钾肥，少施氮肥；若营养生长未达到结果要求，培养健壮树势仍是施肥重点，应以磷肥为主，配合氮钾肥。大量结果期称为盛果期，此期施肥的主要目的是优质丰产，维持健壮树势，提高果品质量，所以应氮、磷、钾肥配合施用，并根据树势和结果的多少有所侧重。在更新衰老期，施肥上应偏施氮肥，以促进更新复壮，维持树势，延长盛果期。

2. 储藏营养对果树特别重要

储藏营养是多年生植物在物质分配方面的自然适应属性。它可以保证植株顺利度过不良时期（如寒冬），保证下一个年周期启动后的物质和能量供应。它是年间树体生命延续的物质基础，如果储藏营养匮乏，冬季树体抗逆性必然降低，常出现寒害、冻害甚至死亡，也会影响第二年的正常萌芽、开花、坐果、新梢生长、根系发生等生长发育，并进一步影响果实膨大、花芽分化等过程。因此，提高树体的储藏营养水平，减少无效消耗，是猕猴桃丰产、稳产和优质高效的重要技术原则和主攻方向。果树储藏营养特性使其对施肥的敏感性降低，施肥的直接效果降低，造成对施肥的不重视。但通过施肥增加储藏营养水平，长远影响果树生长发育，对果树丰产稳产起巨大作用。

提高树体储藏营养水平应当贯穿于整个生长季节，开源与节流并举。开源方面应重视配比平衡施肥，加强根外追肥；节流方面应注意减少无效消耗，如疏花疏果、控制新梢过旺生长等。提高储藏营养的关键时期是果实采收前后到落叶前，此时早施基肥，保叶养根和加强根外补肥是行之有效的技术措施。

3. 营养生长与生殖生长的平衡

营养生长与生殖生长之间的矛盾贯穿于猕猴桃生长发育的全过程。营养生长是基础，生殖生长是目的，协调营养生长与生殖生长之间的矛盾是猕猴桃技术措施的主要目标。施肥时期、方法、种类、数量等也要为这一目的服务。

在猕猴桃生命周期中，幼树良好的营养生长是开花结果的基础，没有良好的营养生长，就没有较高的产量和优良的果品。因此，在有机肥充足的果园可以少施氮肥多施磷肥，但在贫瘠的山丘地，不可忽视氮肥的施用。幼树根系较少，吸收能力差，加强根外追肥对于加快营养生长、发挥叶功能有重要意义。当营养生长进行到一定程度，要及时促进由营养生长向生殖生长的转化，土壤以施磷、钾肥为主，少施或不施氮肥；叶面肥早期以氮为主，中后期以磷、钾肥为主。进入盛果期后，生殖生长占主导地位，大量养分用于开花结果，减少无效消耗、节约养分有重要意义。施肥上要氮、磷、钾肥配合施用，增加氮和钾肥的量，满足果实的需要，并注意维持健壮树势。

年周期中果树营养可分为四个时期：第一个时期是利用储藏养分期；第二个时期是储藏养分和当年养分交替期；第三个时期是利用当年营养期；第四个时期是营养转化积累储藏期。营养生长和生殖生长对养分竞争的矛盾同样贯穿其各个阶段。早春利用储藏养分期，萌芽、枝叶生长和根系生长与开花坐果对养分竞争激烈，开花坐果对养分竞争力最强。因此，在协调矛盾上主要应采取疏花疏果，减少无效消耗，把尽可能多的养分节约下来用于营养生长，为以后的生长发育打下一个坚实的基础。根系管理和施肥上，应当注意提高地温，促进根系活动，加强对养分的吸收，并加强从萌芽前就开始的根外追肥，缓和养分竞争，保证果树正常生长发育。储藏养分和当年生养分交替期，又称"青黄不接"期，是衡量树体养分状况的临界期，若储藏养分不足或分配不合理，则出现"断粮"现象，制约果树正常的生长发育。提高地温促进根系早吸收、加强秋季管理提高储藏水平、疏花疏果节约养分等措施，有利于延长储藏养分供应期，提早当年养分供应期，缓解矛盾，是保证连年丰产稳产的基本措施。在利用当年营养期，有节奏地进行营养生长、养分积累、生殖生长，是养分生产和合理运用的关键。此期养分利用中心主要是枝梢生长和果实发育，新梢持续旺长和坐果过多是造成营养失衡的主要原因。因此，调节枝类组成、合理负荷是保证有节律生长发育的基础。此期施肥要保证稳定供应，并注意根据树势调整氮、磷、钾的比例，特别是氮肥的施用量、施用时期和施用方式。养分积累储藏期是叶片中各种养分回流到枝干和根中的过程。中、早熟品种从采果后开始积累，晚熟品种从采果前已经开始，二者均持续到落叶前结束。防止秋梢过旺生长、适时采收、保护秋叶、早施基肥和加强秋季根外追肥等措施，是保证养分及时、充分回流的有效手段。

4. 砧木的影响

猕猴桃树体由砧木和接穗两部分生长发育而成，其砧木形成根系，利用的是其适应性、抗逆行和易繁性；而接穗形成树冠，是利用其早果性、丰产性、优质性、稳定性和其他优良栽培特性。砧木和接穗组合的差异，会明显地影响养分的吸收及体内养分的组成。砧木主要通过影响根系构型、结构、分布、分泌物及功能来影响养分的吸收和利用，培育抗性强且养分利用效率高的砧木，是砧木选择和育种的主要依据之一。砧穗组合不同，其需肥特性也存在着明显差异，因此，筛选高产、优质的砧穗组合，不仅可以节省肥料，提高肥料利用率，减少环境污染，而且可减轻或克服营养失调症。

5. 高耗缺素应当不断补充

猕猴桃多年生长在同一块地，由于树体长期吸收，营养元素耗用量大，造成同种"偏食"，极易出现各种生理性缺素症状，既易缺乏树体需求量大的磷钾钙等元素，更由于忽视微量元素的补充而造成硼、锌、铁、锰等元素的缺乏，影响树体的正常生长发育，严重时造成树体死亡。因此，从定植开始就要重视土壤管理，加强施肥，特别是微肥和有机肥，以稳为核心，稳定土壤结构；化肥应以多元复合肥为主，以"养根壮树"，这是果树优质丰产的基础。

二 猕猴桃对矿质养分的吸收

1. 养分向根表迁移的途径

土壤中有效养分向根表迁移一般有三种途径，即截获、质流和扩散。

（1）截获 截获实际上是一种离子的接触交换，即当根表离子和土壤胶体表面吸附的阳离子距离小于5nm而使水膜相互重叠时，因离子振动而使两者间的离子产生交换。果树根系截获养分的多少，主要取决于根系与土壤接触的表面积。通常，根系直接接触的土壤体积小于5%，所以通过截获得到的养分仅占果树需要量的0.2%~10%。

（2）质流 依靠蒸腾作用把土壤中养分运输到根际称为质流。

由质流向根表流动的养分决定于植物的蒸腾量和土壤溶液中养分的浓度。通过质流吸收的钙、镁量很多可满足果树需要，氮吸收量较多可基本满足需要，磷、钾、硼、钼仅能满足果树 10% 左右的需要。质流对果树供应铜、铁、锰和锌的作用不大。

(3) 扩散　根对养分离子的吸收速率大于离子通过水流迁移到根表面的速率，使根表及根际土中的离子浓度降低，导致根际附近出现某些离子的亏缺现象，并在根表面与附近的土体间形成浓度梯度，使养分离子由高浓度向低浓度扩散。扩散速率与植物吸收能力、土壤缓冲性能、土壤水分及离子本身的扩散系数有关。通常在植物旺盛生长期，凡水分充足的沙性土壤，其扩散速率比水分不足的黏性土要快得多。在不同离子中，铵、钾的扩散系数较大，磷的扩散系数较小。磷在沙性土壤中，当根际土壤磷浓度亏缺值达 50% 时，其亏缺范围为 4mm，而铵和钾在同样条件下，根际土壤的亏缺区可超过根表 40cm，两者相差 100 倍。可见铵和钾在土壤中的迁移范围比磷酸离子大得多，在施肥上要注意这一特点。

土壤中离子迁移的三个过程是同时存在的，但它们对植物养分的贡献并非一样：钙、镁、硼、钼靠质流供应数量也能满足需要，氮只是基本满足；磷、钾则主要是扩散供给，其量占 90% 左右；截获提供的钙可满足部分需要，镁可供给 1/3 的需要量，而氮、磷、钾仅为 1%~4%。然而，在一般情况下，三者很难区分。当土壤溶液中离子浓度高、植物蒸腾量大时，养分供应以质流为主；反之，土壤溶液中离子浓度低、蒸腾强度小时，依靠质流满足植物养分需要的可能性就小，此时以扩散供给为主。通过这三个过程相互补充，使养分持续不断地向地表迁移，供植物对养分吸收的需要。

2. 猕猴桃根系对矿质元素的吸收

猕猴桃主要依靠根系吸收水分和养分，吸收部位是木质部已充分分化，能进行输导，且根表皮木栓化尚未达到足以降低透性的区域，只局限在根尖 3cm 以内的区域，与水分进入根系的部位相同。果树吸水和吸肥虽有密切联系，但它们又是相互独立的。吸水主要靠蒸腾拉力，主动吸水（由根系呼吸作用引起的）占的比例很少。

养分吸收一方面由于蒸腾拉力，将溶解于水中的矿质养分带入根内，另一方面由于根系生命活动，有选择地吸收矿质元素离子，这部分吸收是独立的，对养分吸收有很大作用。

根系对养分吸收的方式一种为简单的扩散，即当土壤溶液中的某种离子浓度大于细胞液内的浓度时，以简单的扩散方式进入根系，称为被动吸收；另一种为离子交换，即果树根在呼吸过程中产生能量和二氧化碳，溶于水离解成碳酸根（CO_3^{2-}）、碳酸氢根（HCO_3^-）和氢（H^+）离子，吸附在根表面上，这些离子与土壤中的矿质营养元素离子发生交换或在根毛与土壤接触时，同土粒吸附的离子发生交换，通过交换，矿质元素被吸入根内，这种吸收方式由于需要消耗能量，称为被动吸收。

吸收养分受土壤水、气、热的影响很大。土壤水分是养分转化、溶解、移动和吸收利用不可缺少的要素。土壤水分不足，再多的矿质元素，果树也不能利用，甚至造成肥害。水分过多或土壤板结，引起通气不良而影响根系呼吸作用，会抑制养分的吸收。

根系可以吸收的氮素为硝态氮和铵态氮，也可吸收氨基酸和尿素态氮。硝态氮进入果树体内即被还原成铵态氮，铵态氮在根细胞或地上部分器官细胞中与碳水化合物可合成氨基酸或酰胺，进一步转化成其他氮化物供果树需要，如果铵在体内积累即可发生中毒。磷主要以 $H_2PO_4^-$ 和 HPO_4^{2-} 形式被果树吸收，果树对磷的需要量远较氮素少，比钾、钙需要量也少。磷主要依靠扩散移动到根表，然后被吸收；植物对磷的同化是在根细胞内进行的，磷以有机磷和无机磷的形式上运。钾主要以钾离子（K^+）的形式被果树吸收，钾在植物体内以无机酸盐、有机酸盐、K^+ 的形式存在。钙的吸收和运输一般在未木质化的幼根中，以钙离子（Ca^{2+}）的形式被果树吸收，通过木质部运输到地上部供果树需要。钙在植物体内以果胶酸钙、草酸钙、碳酸钙结晶等形式存在。另外，果树多以 Fe^{2+}、Zn^{2+}、$H_2BO_3^-$ 的形式吸收铁、锌、硼这几种微量元素，运输到地上部供果树生命活动之需。

3. 根外营养

猕猴桃除通过根部吸收养分外，还可通过枝条、叶片等吸收养分，称为根外营养。

（1）根外营养进入树体的途径 矿质营养可通过叶片和枝条进入树体，叶表皮是覆盖在叶片外表的组织，外面主要是蜡质层、角质层，下与细胞相接。一般认为叶片上的气孔是养料进入的主要途径。叶背面的角质层薄、气孔多，所以比叶的上表皮容易通过营养液，故叶面施肥喷施在叶背面，养分吸收快。

（2）根外营养的特点 直接供给树体养分，可防止养分在土壤中的固定和转化。有些易被土壤固定的元素如铁、锌、硼等通过叶面喷施，可减少土壤固定。在根系生长欠佳或干旱地区，通过土壤施肥不能取得很好效果，可采用叶面喷施。

叶部对养分的吸收转化快，能及时满足果树的需要。一般尿素施入土壤，四五天后才见效果，而叶部喷施一两天内就见效果。另外，尿素与其他盐类混合，还可提高盐类中其他离子的通透性。因此，叶部喷施可作为防止缺素症的应急措施，在果树上应用普遍。

根外营养能迅速参与树体内的代谢过程，不受养分分配中心的影响，及时满足果树的需要，易于控制，简单易行。根外营养是经济、有效施用微量元素的一种形式。对于大量元素氮、磷、钾的补充，一般通过土壤施肥，叶片喷施仅作为解决一些问题的辅助手段。而果树对微量元素需要量小，又在生长的某一个特殊阶段需要，所以通过叶部营养将起到较大的作用。

（3）影响根外追肥效果的因素 不同肥料进入植物体内的快慢不同，是决定它能否作为根外追肥的重要条件之一。一般来说，叶面上的溶液干燥时间很短，黄昏时 15～20min，最多不超过 30～40min，一旦肥液变干，就不能为果树吸收，只有遇露水时才能再度被利用（表6-21）。总之，氮肥的叶片吸收速率依次为尿素＞硝态氮肥＞铵态氮肥，钾肥为氯化钾＞硝酸钾＞磷酸钾，磷肥为磷酸氢二铵＞磷酸二氢铵＞磷酸钙，一般无机盐比有机盐类（尿素除外）的吸收速率快。在喷施生理活性物质和微量元素肥料（如锌、硼、铁）时，加入尿素可提高吸收速率和防止叶片出现的暂时黄化。

表 6-21

表 6-21　几种肥料进入叶片内的时间 （单位：min）

肥 料 种 类	进入叶内的时间	肥 料 种 类	进入叶内的时间
硝态氮	15	硝酸钾	60
铵态氮	120	氯化镁	15
氯化钾	30	硫酸钾	30

　　叶面喷施的浓度与进入体内的速度有关，对多数肥料来说，浓度越高进入越快。如 0.3% 的硫酸镁溶液经 30min 即可进入叶内，而 0.05% 的硫酸镁需 60min。但氯化镁溶液吸收速度与浓度无关。

　　在碱性溶液里有利于阳离子的吸收（如 K^+），酸性介质中有助于阴离子（如 PO_4^{3-}）等的进入。

　　表面活性剂能降低表面张力，有利于液珠的吸收。据实验，在尿素中加入 0.01% 的吐温，平均吸收速率可提高 24.9%。由于只有保存在树体表面的营养液才能被果树吸收，所以，在喷营养液时，使液体将要从叶片上流下而又未流下时最为合适。

　　另外，高温能促进肥液变干，且能引起气孔关闭，而不利于吸收。根外追肥的最适温度为 18～25℃。因此，在夏季喷肥最好在 10：00 以前和 16：00 以后进行。在气温高时，根外追肥的雾滴不可过小，以免水分迅速蒸发。湿度较高时根外喷肥的效果更好。

　　【提示】　根外追肥肥料的吸收率较高，施用时以喷叶片背面为主。

三 合理施肥量

　　猕猴桃每个生长季节的营养消耗数量，是我们确定每年施肥量的基础。幼树期的营养消耗主要用于形成骨架，初结果期的树主要用于扩大树冠和结果，而成龄树主要用于枝蔓更新和结果。表 6-22 和表 6-23 是猕猴桃幼树、成龄树年吸收营养元素的估计数量。

第六章 土肥水综合管理

表 6-22 猕猴桃幼树吸收的大量元素的总量

树 龄	吸收的营养（kg/公顷）					
	氮	磷	钾	钙	镁	硫
1	11	1	6	9	2	2
2	45	5	40	45	8	8
3	116	14	106	107	21	19
4	129	16	115	134	25	26
5	141	19	169	161	28	32

注：表中数据是根据新西兰 Smith 等的研究修订。

表 6-23 成龄园每年修剪和果实消耗的矿质养分

（单位：kg/公顷）

大量元素	氮	158.6	钾	173.8	镁	23.7
	磷	50.1	钙	145.4	硫	22.2
微量元素	铁	1.58	锰	2.38	铜	0.15
	氯	39.89	锌	0.44	硼	0.32

注：表中数据是根据末泽克彦、BuwaldaJ. G 等的研究修订。

合理的施肥量必须根据果树对各营养元素的吸收量、土壤中的各元素天然供给量和肥料的利用率来推算，其计算公式为：

果树合理施肥量 =（肥料吸收量 - 土壤天然供肥量）/肥料利用率（%）

土壤的天然供肥量无法直接测得，一般以间接实验方法，用不施养分取得的农作物产量所吸收的养分量作为土壤供肥量。一般氮素的天然供给量约为吸收量的 30%，磷素为 50%，钾素为 50%。

肥料的利用率是指所施肥料的有效成分被当季作物吸收利用的比率。肥料利用率受土壤条件、气候条件及施肥技术等的影响。化学肥料的利用率一般较高，氮为 40%~60%，磷为 10%~25%，钾为 50%~60%。厩肥中氮的利用率决定于肥料的腐熟程度，一般在 10%~30%，堆、沤肥为 10%~20%，豆科绿肥为 20%~30%。有机肥料中磷的利用率可达 20%~30%，钾肥一般为 50% 左右。

成龄猕猴桃园的氮肥合理施用量（kg/公顷）=（氮素年吸收量 -
氮素年吸收量 × 氮素天然供肥率)/氮素利用率 =（158.6 - 158.6 ×
30%)/40% =277.6。

表6-24和表6-25是日本猕猴桃园的施肥推荐量。

表6-24　日本不同树龄的施肥量（全国标准）

（单位：kg/公顷）

树　　龄	氮素（N）	磷素（P）	钾素（K）
1 年	40	32	36
2～3 年	80	64	72
4～5 年	120	96	108
6～7 年	160	126	144
成龄树	200	160	180

表6-25　日本不同县的成龄猕猴桃施肥标准

（单位：kg/公顷）

县名	产量	氮素（N）	磷素（P）	钾素（K）	使用时期
福冈	25000	200	140	180	11～12月基肥，6、9月追肥
佐贺	20000	150	100	120	
香川	30000	200	140	180	11月上旬基肥，6月上旬、9月上旬追肥
爱媛	20000	250	220	220	11月下旬、2下旬～3上旬，5下旬、9月上旬
和歌山	—	230	130	140	11月、3月、6月
神奈川	20000	200	180	200	堆肥20吨，10月下旬氮、钾60%、磷55.6%，2月中旬氮、钾20%、磷22.2%，6月上旬氮、钾20%、磷22.2%
静冈	30000	250	150	200	1月中旬堆肥20吨，6月中下旬氮20%、磷33.3%、钾25%，10月中旬氮20%、钾25%，11月中旬氮60%、磷66.7%、钾50%

考虑到我国土壤肥力普遍不高，尤其是有机质含量偏低，土壤的保肥能力不强，有效成分损失较多，施肥量应比日本的施用量高。表6-26是推算出的猕猴桃施肥量并根据我国土壤、气候状况修订后的建议施肥量，使用时可根据本园的实际情况作适当调整。

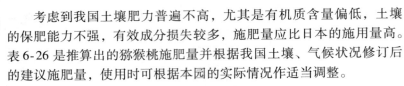

表6-26　不同树龄的猕猴桃园参考施肥量

(单位：kg/亩)

树　　龄	年产量	年施用肥料总量			
		优质农家肥	化　　肥		
			纯　　氮	纯　　磷	纯　　钾
1 年生		1500	4	2.8～3.2	3.2～3.6
2～3 年生		2000	8	5.6～6.4	6.4～7.2
4～5 年生	1000	3000	12	8.4～9.6	9.6～10.8
6～7 年生	1500	4000	16	11.2～12.8	12.8～14.4
成龄园	2000	5000	20	14～16	16～18

施肥时参考表6-26的建议施肥量，根据需要加入适量铁、钙、镁等其他微量元素肥料，并根据果园以往施肥量及生长结果表现等进行适当调整，按照氮磷钾元素施肥的需要量和施用肥料种类的具体含量进行折算。例如，成龄园每亩施氮素20kg、磷素16kg、钾素18kg，计划每种肥料60%作为基肥，其余作为追肥。以施用市面销售的氮（N）15%、磷（P_2O_5）15%、钾（K_2O）15%的三元素复合肥为主，不足的元素用尿素、过磷酸钙（P_2O_5含量12%～18%）和氧化钾（K_2O含量48%～52%）补齐。由于肥料包装上标明的含量为五氧化二磷（P_2O_5）和氧化钾（K_2O），计算时先将其转化为磷素（P）和钾素（K）的含量，分别乘以44%和83%，即每亩基肥的需要量为：

磷素需要的三元复合肥量＝16×60%/（15%×44%）＝16/6.6%＝145.5（kg）

钾素需要的三元复合肥量＝18×60%/（15%×83%）＝18/12.45%＝86.8（kg）

氮素需要的三元复合肥量＝20×60%/15%＝80（kg）

可见，施用该三元复合肥80kg即可满足基肥的氮素需要量。磷素尚需补充的过磷酸钙数量为：（16×60% − 80×6.6%）/（12%×44%）=81.82（kg）；钾素尚需补充的硫酸钾数量为：（18×60% − 80×12.45%）/（48%×83%）=2.1（kg）。

绿色食品生产还要注意使有机肥中的含氮量与使用化学肥料中的含氮量保持在1:1，如果无机氮总量过高，就要减少化肥的施用量，增加有机肥的施用量。

有机生产施肥计算施用量时，按照施肥数量不超过当季作物吸收量/利用率的要求，参照产量，折算出果园的当季营养吸收量，减去天然供肥量，再除以有机肥的当季利用率，其中氮的当季利用率可按15%、磷按25%、钾按50%计算，计算出适宜的施肥量。例如，一猕猴桃园上年亩产量2200kg，今年预计增产3%，产量2266kg，修剪量大致与产量变化相当，氮的吸收量=（158.6/15）×〔2266/（31000/15）〕=11.6kg，减去天然供肥量后再除以氮素利用率，实际应施氮量=（11.6 − 11.6×30%）/0.15=8.12/0.15=54.2kg，假定使用厩肥，含氮量为0.34%，则施用的厩肥应为54.2kg/0.0034=15921kg。

四　施肥时期与方法

果树的需肥时期与物候期紧密联系，每个物候期都有生命活动最旺盛的器官，养分首先满足这个器官，形成养分分配中心。随着物候期的进展，分配中心也随之转移。猕猴桃的生长期分别有萌芽期、开花期、果实生长期、枝条旺盛生长期、果实成熟期，其中果实生长期与枝条旺盛生长期相重合。必须针对特定的生长中心，适期施肥才能满足生产的需要。

1. 基肥

基肥是较长时期供给猕猴桃多种养分的基础肥料，猕猴桃新一年生长结果是在先年发育和营养的基础上进行的，基础的营养状况左右着几乎整年的生长结果表现。

基肥以秋施为好，应在果实采收后尽早施入，宜早不宜晚。时间一般在10月中旬~11月中旬。这时天气虽然逐渐变凉，但地温仍然较高，根系进入第三次生长高峰，施肥后当年仍能分解吸收，有利于提高花芽分化的质量和第二年树体的生长。

基肥的种类以农家有机肥料为主，配合适量的化肥。施肥量一般应占到全年总施肥量的60%以上，包括全部有机肥及化肥中的60%的氮肥、60%的磷肥和60%的钾肥。施用微量元素化肥时应与农家肥混合后施入，以利于微肥的吸收利用。

新建园施基肥时，从定植穴的外缘向外开挖宽、深各40～50cm的环状沟，以不损伤根系为准，将表层的熟土与下层的生土分开堆放，填入农家肥、化肥与熟土混合均匀后填入，再填入生土；下年从先年深翻的边缘向外扩展开挖相同宽度和深度沟施肥，直至全园深翻改土一遍。全园深翻改土结束后，每年施基肥时将农家肥和化肥全部撒在土壤表面（图6-6），全园浅翻一遍，深度15～20cm，里浅外深，以不伤根为度，将肥料翻埋入土中。

2. 追肥

追肥是在猕猴桃需肥急迫时期及时给以补充。追肥的次数和时期因气候、树龄、树势、土质等而异。一般高温多雨或沙质土，肥料易流失，追肥宜少量多次，反之则追肥次数可适当减少。幼树追肥次数宜少，随着树龄增长，结果量增多，长势减缓，追肥次数可适当增多。

图6-6　施基肥

追肥一般分为花前肥、花后肥、果实膨大肥和优果肥。

1）猕猴桃萌芽开花需要消耗大量营养物质，但早春土温低，吸收根发生少，吸收能力不强，树体主要消耗体内储存的养分。此时若树体营养水平低、氮素供应不足，会影响花的发育和坐果质量。花前追肥以氮肥为主，主要补充开花坐果对氮素的需要。对弱树和结果多的大树应加大追肥量，如果树势强健，基肥数量充足，花前肥也可推迟至花后。施肥量约占全年化学氮肥施用量的10%～20%。

2）落花后幼果生长迅速，新梢和叶片也都在快速生长，需要较多的氮素营养，施肥量约占全年化学氮肥施用量的10%。花后追肥可与花前追肥互相补充，如果花前追肥量大，花后也可不施追肥。

3）果实膨大肥也称壮果促梢肥，此期果实迅速膨大，随着新梢的旺盛生长，花芽生理分化同时进行，追肥种类以氮、磷、钾配合施用，提高光合效率，增加养分积累，促进果实肥大和花芽分化。追肥时间因品种而异，从5月下旬~6月中旬，在疏果结束后进行，施肥量分别占全年化学氮肥、磷肥、钾肥施用量的20％。

4）果实生长后期追肥也称优果肥，这时果实体积已经接近最终大小，果实内的淀粉含量开始下降，可溶性固形物含量升高，果实转入积累营养阶段。本期追肥施用有利于营养运输、积累的速效磷、钾肥，促进果实营养品质的提高，大致在果实成熟期前6~7周施用。施肥量分别占全年化学磷肥、钾肥施用量的20％。

上述4个追肥时期，生产上可根据本园的实际情况酌情增减，但果实膨大期和果实生长后期的追肥对提高产量和果实品质尤为重要，一般均要进行。

幼树追肥时可开挖深约10cm的环状沟，将肥料埋入树冠投影外缘下的土壤中，逐年向外扩展，果园封行后全园撒施后结合中耕将肥料埋入土中。果园实行生草制时，生草带和清耕带均应追肥，清耕带追肥后浅翻。

 【提示】 南方多雨地区养分淋溶较快，追肥时应当少量多次，不宜局限于这4个时期。

3. 根外追肥

根外追肥简单易行、用肥量小、发挥作用快，并可避免某些元素在土壤中发生的固定作用，肥料利用率高，一般在90％以上。但根外追肥不能代替土壤施肥，只能作为土壤施肥的补充，二者互相结合使用，互补不足。

根外追肥主要喷施化肥、微量元素肥、氨基酸和腐殖酸肥等。不同时期所喷的肥料种类和浓度是不同的，表6-27为常用根外追肥种类及使用量。

表 6-27 猕猴桃常用根外追肥种类及使用量

肥料名称	补充元素	使用量（%）	施用时期	施用次数
尿素	氮	0.3 ~ 0.5	花后至采收后	2 ~ 4
磷酸铵	氮、磷	0.2 ~ 0.3	花后至采收前1月	1 ~ 2
磷酸二氢钾	磷、钾	0.2 ~ 0.6	花后至采收前1月	2 ~ 4
过磷酸钙浸出液	磷	1 ~ 3	花后至采收前1月	3 ~ 4
硫酸钾	钾	1	花后至采收前1月	3 ~ 4
硝酸钾	钾	0.5 ~ 1	花后至采收前1月	2 ~ 3
硫酸镁	镁	0.2 ~ 0.3	花后至采收前1月	3 ~ 4
硝酸镁	镁、氮	0.5 ~ 0.7	花后至采收前1月	2 ~ 3
硫酸亚铁	铁	0.5	花后至采收前1月	2 ~ 3
螯合铁	铁	0.05 ~ 0.10	花后至采收前1月	2 ~ 3
硼砂	硼	0.2 ~ 0.3	开花前期	1
硫酸锰	锰	0.2 ~ 0.3	花后	1
硫酸铜	铜	0.05	花后至6月底	1
硫酸锌	锌	0.05 ~ 0.1	展叶期	1
硝酸钙	钙	0.3 ~ 1	花后3~5周、采收前1月	1 ~ 5
氯化钙	钙	0.3 ~ 0.5	花后3~5周、采收前1月	1 ~ 5
钼酸铵	钼、氮	0.2 ~ 0.3	花后	1 ~ 3

第四节 灌溉与排水

一 猕猴桃的需水规律

1. 水分对猕猴桃生长的影响

猕猴桃属于喜暖、喜光、怕涝、怕旱的果树，因此，必须根据其需水特点和当地气候条件，合理地供给水分，以满足它正常生长发育的需要。

猕猴桃是目前落叶果树中耗水量最大的果树之一，据新西兰的有关人员研究，成龄的大棚架园在夏季每天的耗水量相当于4mm的降雨量。与新西兰相比，我国猕猴桃栽培区的气温高、空气湿度低，耗水量更大，在陕西关中地区，猕猴桃在夏季晴朗的白天全天的蒸腾耗水量约相当于63600kg/公顷。在这些消耗的水分中，只有1%左右变成猕猴桃枝叶或果实的组成成分，其余水分主要通过叶子的蒸腾作用散失到空气中。

猕猴桃通过根系从土壤中吸收水分，经过茎（枝）的传导运往树体的各个部分参与生命代谢活动。水分在流动的过程中，将猕猴桃生长需要的矿物质运到各个组织部分中，叶片制造的有机营养也是通过体内的水分流动完成转运的。在绝大部分水分经由叶片的气孔向外蒸腾散失变成气体的过程中，会吸收热能降低叶片温度，如果没有蒸腾作用降低叶面温度，太阳照射到叶面产生的大量热能会把叶片灼伤。猕猴桃每天通过叶片蒸腾消耗掉大量水分，根系则从土壤中吸收水分，源源不断地供应着蒸腾的需要。一旦水分的供应不能达到满足，树体内就会发生水分亏缺。造成这种平衡破坏的原因很多，最常见的是土壤中水分缺乏，强风、高温和土壤积水影响根系吸收能力也可能造成树体水分亏缺。

灌溉树黎明前的叶片水势为 -0.08~-0.03MPa，中午为 -0.8~-0.4MPa。盛夏季节停止灌水4天后黎明前的叶片水势可降到 -0.1MPa 下。有研究认为，持续3天以上黎明前的叶片水势小于 -0.1MPa 可视为水分亏缺。黎明前叶片水势小于 -0.12MPa 的植株晴天高峰蒸发期会出现萎蔫，夜间又会恢复；黎明前叶片水势小于 -0.65MPa 的植株则产生永久萎蔫。

猕猴桃受旱害时，最先受害的是根系，根毛首先停止生长，根系的吸收能力大大下降，若干旱持续加重，根尖部位便会出现坏死，而这时在地上部尚无明显的受害症状。水分亏缺时，叶片往往从果实中夺取水分，以满足蒸腾需要，受害的果实轻则停止扩大，果个不再增大，从而导致增长速率与采收时果重下降，一旦解除水分胁迫，果实的增长速率即恢复正常，但在胁迫期"损失"的生长量不能挽回。受旱害较重时果实会因失水过多呈萎蔫状，日灼现象也会相伴出现，日灼严重的果实常干缩在枝条上不脱落，而叶片在相当时间内仍保持新鲜状态。地上部比较明显的受害表现是新梢生长缓慢或停止，甚至出现枯梢，叶片出现萎蔫，叶缘出现褐色斑点或焦

枯，有时边缘出现较宽的水烫状坏死，严重者会引起落叶。当猕猴桃缺水表现外部受害症状时，说明植株受害已相当严重，并对果树器官造成了危害，有的甚至灌水后也较难恢复，这时才进行灌溉已经太迟，应在受旱引起的外观症状出现之前进行，在清晨如果叶片上不显潮湿时即应灌溉。

不同的土壤所能保持的水分多少是不同的，一般壤土的田间持水量为22%~28%，黏土较大而砂土较小；同一类土壤中，含腐殖质较多、具有良好结构的土壤持水量较大。

彭永宏等从7月中旬起对不同土壤相对含水量下猕猴桃的生长结果进行研究发现（表6-28），当土壤相对含水量分别控制在60%~80%、55%~65%和55%以下时，随着土壤含水量的降低，叶片大小、叶厚度、叶绿素含量、比叶干重及枝条的长度、粗度、节间长、叶净光合率和果实净增长率均一致下降。

表6-28　不同水分处理对猕猴桃生长和结果的影响

| 相对含水量（%） | 叶　片 | | | | 枝　条 | | | 光合速率/〔μmolCO₂/（m²/s）〕 | 果实体积净增长率/（%） |
	单叶面积/（cm²）	厚度/μm	比叶干重/（mg/cm²）	总叶绿素/（mg/g）	长度/cm	粗度/cm	节间长度/cm		
60~80	115.08	237.6	9.43	2.87	146.2	1.47	7.58	8.82	29.1
55~60	94.02	210.2	9.12	2.44	131.1	1.28	6.81	6.54	15.6
55以下	77.40	182.4	8.26	2.19	87.4	1.13	6.29	4.29	3.1

猕猴桃的根系的吸收活力维持在高而稳定的水平；土壤相对含水量在80%~90%时，前3天的根系活力与含水量65%~75%的相近，但随着处理时间的延续，根系活力逐渐下降（表6-29）。当土壤含水量达到最大持水量的65%~85%时，土壤中的水分与空气状况最符合猕猴桃生长结果的需要，当土壤含水量低于持水量的65%时应该灌水。例如，某一壤土果园测定的田间最大持水量为25%，该园的土壤含水量在16%~22%之间时最适合猕猴桃生长结果，低于16%时灌水。

表 6-29 不同土壤相对含水量处理的猕猴桃根系活力比较

处理时间/天	相对含水量 65%~75% 成龄树根系活力（%）	相对含水量 80%~90% 成龄树根系活力（%）	处理时间/h	相对含水量 100%	
				成龄树根系活力（%）	幼苗根系活力（%）
0	77.42	80.45	0	76.42	66.91
1	80.13	76.53	6	81.26	70.26
3	74.84	81.66	12	75.33	60.70
5	82.17	66.43	24	62.67	32.35
7	78.46	59.43	48	38.84	9.82
9	76.24	51.72	72	10.75	0.37
11	81.37	30.39	96	6.12	0
			108	0.42	0

2. 猕猴桃在不同生育期的需水特点

（1）**萌芽期** 萌芽前后猕猴桃对土壤的含水量要求较高，土壤水分充足时萌芽整齐，枝叶生长旺盛，花器发育良好。这一时期我国南方一般春雨较多，可不必灌溉，但北方常多春旱，一般需要灌溉。

（2）**花前** 花期应控制灌水，以免降低地温，影响花的开放。

（3）**花后** 猕猴桃开花坐果后，细胞分裂和扩大旺盛，需要较多水分供应，但灌水不宜过多，以免引起新梢徒长。

（4）**果实迅速膨大期** 猕猴桃坐果后的 2 个多月时间内，是猕猴桃果实生长最旺盛的时期，果实的体积和鲜重增加最快，占到最终果实重量的 80% 左右。这一时期是猕猴桃需水的高峰期，充足的水分供应可以满足果实肥大对水分的需求，同时促进花芽分化良好。根据土壤湿度决定灌水次数，在持续晴天的情况下，应每周灌水一次。

（5）**果实缓慢生长期** 需水相对较少，但由于此期气温仍然较高，需要根据土壤湿度和天气状况适当灌水。

（6）**果实成熟期** 此期果实生长出现一个小高峰，适量灌水能适当增大果个，同时促进营养积累、转化，但采收前15天左右应停止灌水。

（7）冬季休眠期 休眠期需水量较少，但越冬前灌水有利于根系的营养物质合成转化及植株的安全越冬，一般北方地区施基肥至封冻前应灌一次透水。

二 灌溉

1. 灌水量

适宜的灌水量应使果树根系分布范围内的土壤湿度在一次灌溉中达到最有利于生长发育的程度，只浸润表层土壤和上部根系分布的土壤，不能达到灌水要求，且多次补充灌溉，容易使土壤板结。因此，一次的灌水量应使土壤水含量达到田间最大持水量的85%，浸润深度达到40cm以上，根据灌溉前的土壤含水量、土壤容重、土壤浸润深度，即可计算出灌水量：

灌水量 = 灌溉面积（m^2）× 土壤浸润深度（m）× 土壤容重（g/cm^3）×（田间最大持水量×85% – 灌溉前土壤含水量）

例如，一猕猴桃园，面积0.2公顷，土壤容重1.25g/cm^3（吨/m^3），田间最大持水量25%，灌溉前土壤含水量14%，根据上述公式可计算出灌水量：

灌水量 = 0.2×10000×0.4×1.25×（25%×85% – 14%）= 72.5（吨）。

2. 灌溉方法

灌溉有多种方法，包括漫灌、沟灌、渗灌、滴灌和喷灌。

（1）漫灌 其特点是简单易行，投资少，但会冲刷土壤，土壤易板结。由于漫灌不易控制灌水量，耗水量较大，不利于有效使用有限的水利资源，应尽量减少使用。

（2）渗灌（图6-7） 是利用有适当高差的水源，将水通过管道引向树行两侧距树行约90cm、埋置深度15～20cm的输

图6-7 渗灌

水管，在水管上设置微小出水孔，水渗出后逐渐湿润周围的土壤。渗灌比沟灌更省水，也没有板结的缺点，但出水口容易发生堵塞。

（3）**滴灌**　是顺行在地面之上安装管道，管道上设置滴头，在总入水口处设有加压泵，在植株的周围按照树龄的大小安装适当数量的滴头，水从滴头滴出后浸润土壤。滴灌只湿润根部附近的土壤，特别省水，用水量只相当于喷灌的一半左右，适于各类地形的土壤。缺点是投资较大，滴头易堵塞，输水管田间操作不方便，同时需要加压设备。

（4）**喷灌**　分为微喷与高架喷灌两种方式。微喷要使用管道将水引入田间地头，需要加压。如果使用针孔式软塑膜管，可以将其顺树行铺设在地面（图6-8），灌溉时打开开关即可。这种方式投资小，但除草、施肥等田间操作不方便。如果使用固定式硬塑管，则需要将输水喷水管架在空中（图6-9），在每株树旁安装微喷头，喷水直径一般为 1.0～1.2m。这种方式省水，效果好。高架喷灌比漫灌省水，但对树叶、果实、土壤的冲刷大，也需要加压设备。喷灌对改善果园小气候作用明显，缺点是投资费用较大。

图 6-8　地面铺设微喷带

图 6-9　棚架下固定微喷设施

【提示】　滴灌和微喷是目前最先进的灌溉方法，渗灌不如滴灌和微喷效果好，但较漫灌好。

三 排水

木本果树需水量虽然要远大于一般作物，但耐涝性较弱，过多的土壤水分和过高的大气湿度都会破坏果树体内的水分平衡，严重影响其生长发育、产量和品质。水分过多对果树的伤害并不在于水分本身，而是其他的间接原因，如缺氧、土壤中二氧化碳发生积累。例如，沙土淹水 2 周后土壤中的氧气含量从 21% 降为 1%，而二氧化碳的含量从 0.3% 升为 3.4%。如果排除了这些因素，果树即使在水溶液中培养也能正常生长。例如，水培时，果树的根系完全浸入水中，却能正常生长。水分过多对果树的危害虽然不如干旱、低温、盐害那么严重，但在有些地区或季节，由于暴雨、河水泛滥、排水不良等原因造成危害也不能低估。

土壤中土粒之间的空隙，通常被水与空气占据，空气过多而水分过少时，猕猴桃受到干旱危害；相反土壤水分过多而空气过少时，即形成土壤排水不良时，猕猴桃同样会受到危害。土壤排水不良时，土壤空气与大气无法正常交换，由于各种有机物的呼吸和有机物的分解，大量消耗土壤空气中的氧气，产生大量二氧化碳气及其他有毒气体不断在土壤中积累，根系的呼吸作用受到抑制，而根系吸收养分和水分、进行生长必要的动力源都是依靠呼吸作用进行的。当缺氧进一步加剧时，根系被迫进行无氧呼吸，积累二氧化碳，最后转化为酒精致使蛋白质中毒，引起根系生长衰弱以至死亡。田间研究表明，温度较高、蒸发量较大的早夏，猕猴桃根系缺氧对叶片的伤害比晚夏或早秋根系缺氧对叶片的伤害大。

猕猴桃对渍水敏感。据报道，曾发生过夏季过量降雨（6 倍于季节平均值）导致 3 万株猕猴桃死亡的事件。在意大利，猕猴桃的大量死亡与冬季高水位（0 ~ 0.5m）有关。福井正夫对猕猴桃一年生嫁接苗在旺盛生长期进行淹水试验，水淹 4 天的有 40% 死亡，水淹 1 周左右的在 1 个月内全部相继死亡，猕猴桃的耐涝性比同样处理的桃树还差。一般来说，花、幼果和正在迅速生长的芽对低氧最敏感，可能的原因是这些器官呼吸速率较高，氧气消耗快，成熟叶片对缺氧不敏感。树体内碳水化合物含量高者较耐涝。氮肥过多，特别是在涝害前追施氮肥，由于树体内蛋白质和可溶性氮含量高，碳水化合物低，这时呼吸强度大，便会引起呼吸基质的迅速消耗而死亡。但适度的氮肥却有利于果树耐涝，如表6-30所示，缺氮的猕猴桃比氮充足的猕猴桃对渍水更敏感。

表6-30　渍水对根系生长和果实品质的影响

渍水时间	新根的比率（%）		收获时软果比率（%）
	低氮	高氮	
对照	24	21	3
12月	36	68	2
1月	2	14	14
3月	6	23	28

　　我国南方地区雨水较多，且土壤多偏黏，容易出现涝害。北方猕猴桃产区有少量果园在秋雨连绵时可能出现涝害，也需要注意防涝。

　　在选择园址时避免在易积水的低洼地带建园，栽培园地的地下水位在涝季时至少应在1m以下，地下水位过高易造成根系长期浸泡在水中而腐烂死亡。在低

图6-10　建立排水沟

洼的易涝地区建园的，应沿树行给树盘培土成为高垄栽植，并建立排水沟（图6-10），果园积水不能超过24h。

　　排水沟有明沟和暗沟两种，明沟由总排水沟、干沟和支沟组成，支沟宽约50cm，沟深至根层下约20cm，干沟较支沟深约20cm，总排水沟又较干沟深20cm，沟底保持千分之一的比降。明沟排水的优点是投资少，但占地多，易倒塌淤塞和滋生杂草。

　　暗沟排水是在果园地下安设管道，将土壤中多余的水分由管道中排出。暗沟的系统与明沟相似，沟深与明沟相同或略深一些。暗沟可用砖或塑料管、瓦管做成，用砖做时在沿树行挖成的沟底侧放2排砖，2排砖之间相距13～15cm，同排砖之间相距1～2cm，在这2

排砖上平放一层砖，砖砖之间紧切，形成高约12cm、宽15~18cm的管道，上面用土回填好。暗沟离地面约80cm，沟底有千分之一的比降。暗沟管道两侧外面和上面铺一层稻草或松针，再填入冬季修剪下来的猕猴桃枝条和其他农作物秸秆，然后回填表层土壤至40cm处，每1m长槽内施入混合农家肥50kg，加过磷酸钙2~3kg，填土筑成宽1m、高于地面40cm左右的定植带。每条暗沟的两端除与围渠相通外，出水口装有水闸。离围渠3~5m处设置1内孔直径15cm左右的气室，气室口高于地表，通气效果更佳，既可保证正常通气，又可避免出气口被泥土堵塞。已建成的猕猴桃园，可在行间离植株根部约80cm处设置规格同上的长槽并加砌暗沟管道，也有良好的效果。暗管排水的优点是不占地、不影响机耕，排水效果好，可以排灌两用，养护负担轻，缺点是成本高，投资大，管道易被泥沙沉淀堵塞。

【提示】 南方多雨地区猕猴桃栽培成败的关键在于排水问题，要保证至少60cm以内的土层不能长期渍水，否则容易烂根死树。

第七章
整形修剪

第一节　整形

猕猴桃是多年生作物，经济寿命可以超过 50 年以上。整形可以使猕猴桃形成良好的骨架，枝条在架面合理分布，充分利用空间和光能，便于田间作业、降低生产成本；调整地下部与地上部、生长与结果的关系，调节营养生产与分配，尽可能地发挥猕猴桃的生产能力，实现优质、丰产、稳产，延长结果年限。

整形的优劣直接影响到以后多年的生长结果，从建园开始就应按照标准整形，否则到成龄后对不规范的树形再进行改造就比较费事。

整形通常采用单主干上架，在主干上接近架面的部位选留 2 个主蔓，分别沿中心铅丝伸长，主蔓的两侧每隔 25～30cm 选留一强旺结果母枝，与行向成直角固定在架面上，呈羽状排列。

1）苗木定植后的第 1 年，在植株旁边插一根细竹竿，从发出的新梢中选择一生长最健旺的枝条作为主蔓，将其用细绳固定在竹竿上，引导新梢直立向上生长，每隔 30cm 左右固定一道，以免新梢被风吹劈裂。注意不要让新梢缠绕竹竿生长，如果发生缠绕要小心地解开。植株上发出的其他新梢，可保留作为辅养枝，如果长势强旺，也应固定在竹竿上。对于嫁接口以下发出的萌蘖枝要定期检查及时去掉，尤其是 6、7 月份以后容易发生徒长枝，一定要勤检查，尽早剪除。冬季修剪时将主蔓剪留3~4个芽，其他的枝条全部从基部疏除。

2）第2年春季，从当年发出的新梢中选择一长势强旺者固定在竹竿上引导向架面直立生长，每隔30cm左右固定一道，其余发出的新梢全部尽早疏除。当主蔓新梢的先端生长变细，叶片变小，节间变长，开始缠绕其他物体时，表明生长势已经变弱时进行摘心，将新梢顶端去掉几节，使新梢停长一段时间以积累营养，顶部的芽发出二次枝后再选一强旺枝继续引导直立向上生长。当主蔓新梢的高度超过架面30cm时，将其沿着中心铅丝弯向一边引导作为一个主蔓；并在弯曲部位下方附近发出的新梢中，选出一强旺者将其引导向相反一侧沿中心铅丝伸展作为另一个主蔓，着生两个主蔓的架面下直立生长部分称为主干。两个主蔓在架面以上发出的二次枝全部保留，分别引向两侧的铅丝固定。冬季修剪时，将架面上沿中心铅丝延伸的主蔓和其他枝条均剪留到饱满芽处。如果主蔓的高度达不到架面，仍然剪到饱满芽处，下年发出强壮新梢后再继续上引。

3）第3年春季，架面上会发出较多新梢，分别在两个主蔓上选择一个强旺枝作为主蔓的延长枝继续沿中心铅丝向前延伸，架面上发出的其他枝条由中心铅丝附近分散引导伸向两侧，并将各个枝条分别固定在铅丝上，主蔓的延长头相互交叉后可暂时进入相邻植株的范围生长，枝蔓互相缠绕时摘心。冬季修剪时，将主蔓的延长头剪回到各自的范围内，在主蔓的两侧大致每隔20~25cm留一生长旺盛的枝条剪截到饱满芽处，作为下年的结果母枝，生长中庸的中短枝适当保留。将主蔓缓缓地绕中心铅丝缠绕，大致1m左右绕一圈，这样在植株进入盛果期后枝蔓不会因果实、叶片的重量而从架面滑落。保留的结果母枝与行向呈直角、相互平行固定在架面铅丝上，呈羽状排列（图7-1）。

4）第4年春季，结果母枝上发出的新梢以中心铅丝为中心线，沿架面向两侧自然伸长，采用T型架的，新梢超出架面后自然下垂呈门帘状；采用大棚架整形的新梢一直在架面之上延伸，也可采用在每侧主蔓上保留3~5个长50cm左右的侧枝，在每个侧枝按其所占范围的大小保留3~5个强旺结果母枝，在有空间的地方，保留中庸枝和生长良好的短枝。大致到第 4 年生长期结束，树冠基本上可以成型，下一步的任务主要是在主蔓上逐步配备适宜数量的结果母枝，还需要 3 年左右的时间才能使整个架面布满枝蔓，进入盛果期。

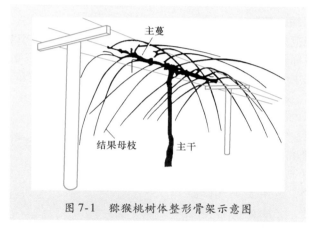

图 7-1　猕猴桃树体整形骨架示意图

　　在生产中，不少人为了增加早期产量，提高经济效益，在幼树阶段采用伞状上架，造成了多主干、多主蔓的不规范树形。这种树形随着树龄的增长，缺点和问题越来越突出：首先是大量浪费营养，用于主干、主蔓和多年生枝的加粗生长的营养超出单主干、双主蔓整形的数倍以上，把本应用于结果的营养用于生长没有价值的木材，养分的无效消耗大大增加，降低产量与果实质量。其次，多年生枝级次过多，一年生枝的长势明显变弱，果实个小质差。第三，枝条相互交错紊乱，导致架面郁蔽，通风透光不良，难以实现安全优质丰产的目标。因此，要有计划、分年度地逐步将不规范树形改造成为单主干、双主蔓整形，首先必须从多主干中选择一个生长最健壮的主干培养成永久性主干，在主干到架面的附近选择 2 个生长健壮的枝条培养为主蔓，再在主蔓上配备结果母枝。其次，对永久性主蔓上的多年生结果母枝，剪留到接近主蔓部位的强旺一年生枝，结果母枝上发出的结果枝应适当少留果，促使其健壮生长，尽快占据植株空间。其他的主干均为临时性的，要分 2～3 年逐步疏除。先去除势力最弱、占据空间最小的 1～2 个临时性主干，对其他临时性主干上发出的结果母枝要控制其生长势，缩小其占据的空间。在修剪、绑蔓时临时性枝蔓都要给永久性主蔓上发出的枝条让路，下年冬剪时，再从其余的临时性主干中选择较弱者继续疏除。在架面以下永久性主干上发出的其他枝条都要回缩、疏除。

不规范树形的改造主要在冬季修剪时进行，生长季节也要按照改造的目标进行控制管理，改造时选留和培养永久性主干是关键，对临时性主干的疏除既不能过分强调当年产量而保留过多，也不能过急过猛，以免树体受损过重。

树形的选择还与品种和栽培地域、气候条件等有关。据调查研究发现，红阳猕猴桃在陕西省关中地区栽培不容易成功，这主要是气候原因造成的，冬季低温是主要限制因子。为防冻害和树干病害，建园时应选 3～5 个强壮枝蔓多主干上架、高位嫁接（嫁接口距离地面 1.2m 左

图 7-2　红阳猕猴桃高位嫁接
自然伞形整形

右），采用自然伞形的整形方法（图 7-2）比较有效。该方法已经在陕西眉县、岐山、宝鸡陈仓区等关中西部地区取得成功。抗逆性较弱的中华猕猴桃系列品种都可以采取类似办法进行整形。

【提示】　不论采取哪种整形方式都要以获取最大太阳能为目的。

第二节　修剪

猕猴桃的生长势特别强，枝长叶大，又极易抽生副梢，无论采用何种架形，每年都要通过修剪调节生长和结果的关系，使植株保持强旺的长势和高度的结实能力。

猕猴桃的修剪分为冬季修剪和夏季修剪。秋季落叶后，枝条中的大量养分分解后运输到主蔓、树干和根部，以度过冬季的不良环境，春季地温变暖后，树液开始流动，将在根部等加工合成的养分运向地上部的各个部位。因此，冬季修剪过早或过晚都会造成树体的营养损失，一般应在12月下旬左右开始至第二年1月下旬树体休眠期间进行。夏季修剪主要在树体生长旺盛季节进行。

一 冬季修剪

冬季修剪的主要任务是选配适宜的结果母枝，同时对衰弱的结果母枝进行更新复壮。

1. 初结果树的修剪

初结果树一般枝条数量较少，此时修剪的主要任务是继续扩大树冠，适量结果。冬剪时，对着生在主蔓上的细弱枝剪留2～3个芽，促使下年萌发旺盛枝条；长势中庸的枝条修剪到饱满芽处，增加长势。主蔓上的先年结果母枝如果间距在25～30cm，可在母枝上选择一距中心主蔓较近的强旺发育枝或强旺结果枝作为更新枝，将该结果母枝回缩到强旺发育枝或强旺结果枝处；如果结果母枝间距较大，可以在该强旺枝之上再留一良好发育枝或结果枝，形成叉状结构，增加结果母枝数量。

2. 盛果期树的修剪

一般第6～7年生时树体枝条完全布满架面，猕猴桃开始进入盛果期，冬季修剪的任务是选用合适的结果母枝、确定有效芽留量并将其合理地分布在整个架面，既要大量结优质果获取效益，又维持健壮树势，延长经济寿命。

结果母枝首先选留强旺发育枝，在没有适宜强旺发育枝的部位，可选用强旺结果枝及中庸发育枝和结果枝。结果母枝在架面的距离对结果的性能和果实的质量有明显的影响，单位面积架面上的结果数量和产量随着结果母枝间隔距离的减小而增大，但单果重、果实品质随结果母枝的间距的减小而降低，从丰产稳产、优质和下年能萌发良好的预备枝等方面考虑，强旺结果母枝的平均间距应在25～30cm为好。

猕猴桃单位面积的产量是由每个植株上结果母枝数及其上着生的果枝数、每果枝果实数和平均单果重等几个因素决定的。当植株枝条布满架面之后，冬季修剪时要根据单株的目标产量及这几个影响产量构成因素之间的关系，大体上计算出单株平均留芽数。计算的公式为：

单株留芽数 = 单株目标产量（kg）÷ 萌芽率（%）÷ 果枝率（%）÷ 每果枝结果数 ÷ 平均单果重（kg）

公式中的萌芽率、果枝率、每果枝结果数及平均单果重的数据因品种而异，也受到栽植条件和管理水平的影响。一个品种的相关数据需要 2～3 年的连续调查统计分析才能得到。

单株留芽的数量因品种的特性及目标产量而有所不同，萌芽率、果枝率高，单枝结果能力强的品种留芽量相对低一些，反之则应略高一些。秦美品种的萌芽率在 55%～60%，果枝率在 85%～90%，平均每结果枝结果 3.0～3.4 个，平均单果重 95～98g，按照成龄园的目标产量 2250kg/亩，平均株产 46kg，每株树应留有效芽 350 个，为了预防意外损坏，增加 10%，每株树的留芽量大致可保持在 380～400 个芽之间。而海沃德品种的萌芽率在 50%～55%，果枝率在 75%～80%，平均每结果枝结果 3.0～3.3 个，平均单果重 93～95g，按照成龄园目标产量 2250kg/亩，平均株产 46kg，每株树应留有效芽 400 个，意外损坏增加 15%，每株树的留芽量大致可保持在 460 个芽左右。

在面积不大、投入高的示范园，可以适当增加留枝量和留芽量。对眉县田家寨朱建斌的徐香猕猴桃园的调查研究表明，在栽植密度为 2m×3.5m 的 12 年生猕猴桃园，合理结构为成龄树冬季修剪后单株保留 17 个左右结果母枝，修剪后每个枝剪留 15～21 个有效芽，折合每亩留长枝量为 1496

图 7-3　徐香猕猴桃冬季
修剪后的状况

个，留芽量为 22440～23760 个。该园进入盛果期后产量一直稳定在亩产 4000kg 左右，是陕西猕猴桃产区管理最好的徐香猕猴桃果园。

其修剪后的留枝量见图 7-3。

不同品种之间结果母枝的剪留长度差异较大，秦美是比较耐短截修剪的品种，强旺结果母枝剪留 7 ~ 8 个芽仍可产生较多结果枝，而海沃德品种的强旺枝剪留到相同程度时，结果枝数量明显减少。

在陕西猕猴桃栽培区，对结果母枝常剪留 7 ~ 8 个芽，较长的剪留 10 ~ 12 个芽，通过增加结果母枝数量提高有效芽数量，结果母枝常在 30 ~ 40 个之间。由于结果母枝数量大，间距过小，发出的结果枝和发育枝集中于靠近架面中心铅丝附近，导致生长季节出现架面新梢密集，树冠内腔郁闭，光照不良。而架面之外两侧仍有较大空间没有被充分利用，产量和果实质量难以提高。新西兰生产中对海沃德品种采用长梢修剪，结果母枝剪留长度多在 16 ~ 18 个芽之间，拉大了结果母枝在架面占据的空间，将大量结果部位延伸到架面外的行间，使结果枝的间距加大，树冠光照良好，产量和果实质量明显提高，值得我们学习和借鉴。

猕猴桃的自然更新能力很强，从结果母枝结果中部或基部常会发出强壮枝条，在光照和营养等方面占据优势，使得原结果母枝下年从这个部位往上的生长势明显变弱，发出的枝条纤细，结的果实个小质差，甚至出现枯死现象。同时由于猕猴桃枝条生长量大，节间长，如果结果部位不能萌发枝条，则上升外移迅速。如不能及时回缩更新，结果枝和发育枝会距离主蔓越来越远，导致树势衰弱、产量低、品质差。修剪时要尽量选留从原结果母枝基部发出或直接着生在主蔓上的强旺枝条作为结果母枝，将原来的结果母枝回缩到更新枝位附近或完全疏除掉。

结果母枝更新时，最理想的是母枝的基部选择生长充实、旺盛的结果枝或发育枝，这样就可直接将原结果母枝回缩到基部这个强旺枝，既能避免结果部位上升外移，又不会引起产量的急剧下降。如果原结果母枝上的强旺枝着生部位过高，则应剪截至距基部较近的强旺枝条，并将该强旺枝剪至饱满芽。如果原结果母枝生长过弱、近基部没有合适枝条，应将其在基部保留 2 ~ 3 个潜伏芽剪截，促使潜伏芽下年萌发后再从中选择健壮更新枝。后两种情况发生时需要注意附近有其他可留作结果母枝的枝条，以占据原结果母枝被回缩

后出现的空间。

【注意】 为了避免出现减产，对结果母枝的回缩应有计划地逐年分批进行，通常每年要对全树至少 1/2 以上的结果母枝进行更新，2 年全部更新一遍，使结果母枝一直保持长势强旺。

在 3m×4m 栽植距离下，进入盛果期的猕猴桃雌株冬剪时大致保留强旺结果母枝 24 个左右，每侧 12 个，分别保留 15~20 个芽，同时在主蔓上或主蔓附近保留 10~20 个生长健壮、停止生长较早的中庸枝和短枝，以填充主蔓两侧的空间。

【提示】 全部保留枝条均根据生长强度剪截到饱满芽处，未留作结果母枝的枝条，如果着生的位置接近主蔓，可剪留 2 个芽，发出的新梢可培养成下年的更新枝。其他多余的枝条及各个部位的细弱枝、枯死枝、病虫枝、过密枝、交叉枝、重叠枝及根际萌蘖枝都应全部疏除，以免影响树冠内的通风透光。

由于猕猴桃枝条的髓部较大，修剪时一般在剪口芽上留 1.5cm 左右的短桩，以免剪口芽因失水抽干死亡。

雄株在冬季不做全面修剪，只对缠绕、细弱的枝条做疏除、回缩修剪，使雄株保持较旺的树势，产生的花粉量大、生命力强，利于授粉受精。第二年春季开花后立即修剪，选留强旺枝条，将开过花的枝条回缩更新，同时疏除过密、过弱枝条，保持树势健旺。

二 夏季修剪

猕猴桃的新梢生长特别旺盛，徒长枝长度可以超过 3m 以上，新梢上极易抽生副梢，叶片又较大，夏季若放任生长，常常造成枝条过密，树冠郁闭，导致营养无效消耗过多，影响生殖生长和营养生长的平衡，不利于果实的肥大和果实品质的提高，还会影响到下年的花芽质量。夏季修剪实际上是从春季开始直到秋季的整个生长季节的枝蔓管理，与其他果树相比，猕猴桃夏季修剪的工作更为重要。

夏季修剪是冬季修剪的继续，目的在于改善树冠内部的通风、光照条件，调节树体养分的分配，以利于树体的正常生长和结果。

1. 抹芽

抹芽就是除去刚发出的位置不当或过密的芽，以达到经济有效地利用养分、空间的目的。从春季开始，主干上常会萌发出一些潜伏芽长成势力很强的徒长枝，根蘖处也常会生出根蘖苗，这些都要尽早抹除。从主蔓或结果母枝基部的芽眼上发出的枝，常会成为下年良好的结果母枝，一般应予以保留。由这些部位的潜伏芽发出的徒长枝，可留2~3个芽短截，使之重新发出二次枝后长势缓和，培养为结果母枝的预备枝。对于结果母枝上抽生的双芽、三芽一般只留一芽，多余的芽及早抹除。抹芽一般从芽萌动期开始，大约每隔2周左右进行一次，抹芽及时、彻底，就会避免大量营养浪费，并大大减少其他环节的工作量。

2. 疏枝

猕猴桃的叶片大，光线不易透过，成叶的透光率约为7.9%，在果树作物中较低。其他果树呈圆锥状树形，层次多，接受光照的表面积大，而猕猴桃的树冠呈平面状，容易造成树冠内膛遮阴。光照不良的枝条光合效率很差，由于营养就近供应的特性，这些枝条不能得到充足的养分，叶片会长期处于营养状态。在这些枝条上着生的果实生长不良，糖度低，果肉颜色变淡，储藏性降低，花芽发育不良。要获得正常的营养生长、较高的产量与果实质量，并确保下年足够的花量，必须使架面的叶片都能得到较好光照。在初夏架面下能有较多的光照斑点时（图7-4），表明架面的枝条不过密，下层的叶片也能得到相当的光照。

据测定，猕猴桃园最大的光合产物总量出现在叶面积系数3~3.5之间，这时大致在萌芽后100天前后。此前树冠上因为叶片数量少、单叶面积小，还不能充分利用整个架面的光能。但此后随着更多的新梢新叶出现，叶

图7-4　疏枝后的透光率

片之间相互遮阴的现象逐渐严重，必须通过疏枝调整树冠的叶面积指数，使树冠整体的光合效率维持在最佳状态。

疏枝从5月下旬左右开始，6~7月枝条旺盛生长期是疏枝的关键时期。在主蔓上和结果母枝的基部附近留足下年的预备枝，即每侧留10~12个强旺发育枝以后，疏除结果母枝上多余的枝条，使同一侧的一年生枝间距保持在20~25cm，疏除对象包括未结果且下年不能使用的发育枝、细弱的结果枝及病虫枝等。疏枝后7~8月的果园叶面积指数（植株上全部叶片的总面积与植株所占土地面积之比）大致应保持在3~3.3。

同时不同架形树冠内光照分布不同，棚架架面的光照分布均匀，但T型架在上午时东边接受的光照量大，下午西边接受的光照量大，全天每边只能得到大约总光照的60%。据研究，T型架主干附近的光合效率在晴天高出结果母枝末端的60%~85%，在多云天高10%~20%。因此，要注意同时疏除架顶和架面两侧的多余新梢。

3. 绑蔓、引蔓

绑蔓、引蔓主要针对幼树和初结果树的长旺枝，是猕猴桃树体管理中极其重要的一项工作，尤其在新梢生长旺盛的夏季，每隔2周左右就应全园进行一遍，将新梢生长方向调顺，不互相重叠交叉，在架面上分布均匀，从中心铅丝向外引向第2、3道铅丝上固定（图7-5）。猕猴桃枝条大多数向上直立生长，与基枝

图7-5 绑蔓、引蔓

的结合在前期不很牢固，绑蔓时要注意防止拉劈，对强旺枝可在基部拿枝软化后再拉平绑缚。为了防止枝条与铅丝摩擦受损伤，绑蔓时应先将细绳在铅丝上缠绕1~2圈再绑缚枝条，不可将枝条和铅丝直接绑在一起，绑缚不能过紧，使新梢能有一定活动余地，以免影响加粗生长。

4. 摘心（剪梢）、捏尖

猕猴桃的短枝和中庸枝生长一段时间后会自动停长，但长旺枝的长势特别强，长度可达 2～3m。生长旺盛的枝条到后期会出现枝条变细，节间变长，叶片变小，先端会缠绕在其他物体上，给以后的田间操作带来不便，需要及时摘心进行控制。摘心一般在 6 月上中旬大多数中短枝已经停止生长时开始，对未停止生长、顶端开始弯曲准备缠绕其他物体的强旺枝，摘去新梢顶端的 3～5cm，可使之停止生长，促使芽眼发育和枝条成熟。摘心一般隔 2 周左右进行一遍。但主蔓附近给下年培养的预备枝不要急于摘心（图7-6），待顶端开始缠绕时再摘心。摘心后发出二次枝，顶端开始缠绕时再次摘心。

图7-6　徐香猕猴桃结果枝摘心

【提示】　海沃德品种不抗风，可以使用摘心方法预防风害，当新梢长 15～20cm 时摘去顶端 3～5cm，过迟或过轻则效果不佳。

目前摘心技术的应用上出现的偏差是摘心（剪梢）过重，有的在结果部位之上留 3～5 个叶短截，重摘心的枝条至少有 4～5 个已经发育即将发育成熟的叶片被剪去，而重摘心后又刺激发出几个新梢，既使树体营养遭到很大浪费，又造成架面新梢密集。同时重摘心后发出的二次枝，其基部 3～5 个芽通常发育不良，不能形成花芽，若留作结果母枝时则结果能力降低，尤其生产中有的夏剪多次重短截，更加剧了这种副作用。为了控制二次枝的发出，也可以进行捏尖处理，即把生长顶端用手指重捏一下，使顶端的水分放掉，这样二次枝梢不容易发出。

【注意】　夏季修剪不宜过重，成龄树叶面指数以 3～3.3 为宜，幼树尽量多留枝叶。

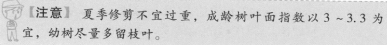

第七章　整形修剪

183

──第八章──
花 果 管 理

收获猕猴桃果实是栽培管理的最终目的，要使猕猴桃树体能够连续丰产、稳产、优质并保持较长的结果寿命，花果管理是非常重要的一项内容。

第一节 疏蕾与花期授粉

一 疏蕾

猕猴桃易形成花芽，花量比较大，只要授粉受精良好，绝大部分花都能坐果，几乎没有因新梢生长的竞争造成的生理落果。如果将植株上所有的花、果都保留下来，不但果小质差，还会使树势衰弱，导致大小年结果，甚至导致植株死亡。同时花在发育、开放过程中会消耗大量营养，疏除不必要的花，可以使保留下来的花获得更多的营养，得到更好的发育。猕猴桃的花期很短而蕾期较长，一般不疏花而提前疏蕾（图8-1）。

疏蕾通常在4月中旬侧花蕾（猕猴桃的雌花多数是一个花序，由中心花蕾和两边的侧花蕾组

图8-1 疏蕾

成）分离后 2 周左右开始，先按照结果母枝上每侧间隔 20 ~ 25cm 留 1 个结果枝的原则，将结果母枝上生长过密的、较弱的结果枝疏除，保留强壮的结果枝。并将保留结果枝上的侧花蕾、畸形蕾、病虫危害蕾全部疏除，再按照结果枝的强弱调整着生的花蕾数量，强壮的长果枝留 5 ~ 6 个花蕾，中庸的结果枝留 3 ~ 4 个花蕾，短果枝留 1 ~ 2 个花蕾。果个从基础部到顶部逐渐变小，但最基部的花蕾容易产生畸形果，疏蕾时先疏除，需要继续疏蕾时再疏顶部的，尽量保留中部的花蕾。花蕾的大小和形状与授粉坐果后果实的大小和形状关系十分密切，疏蕾时要注意疏除较小的花蕾和畸形花蕾。

【注意】 在早春气候不稳定的地区，疏蕾不宜太早太重，要留有一定的余地。

二 花期授粉

猕猴桃的花期特别短，长的年份可以达到 1 周以上，短的年份只有 3 ~ 5 天，一旦授粉机会错过，全年的收获就无从谈起。猕猴桃果实内的种子数量对果个的大小、营养成分的高低影响很大，只有授粉良好的果实才能产生足够的种子。据观察，授粉产生 13 粒种子就可以达到坐果，但结的果实个小品质差。新西兰 M. E. Hopping 研究发现，果实的大小与种子数量有关。一个发育良好的果实，一般有种子 700 ~ 1300 粒。若授粉受精不良，种子数量少，果实发育迟缓，不但果实小，种子数量在 50 粒以下时便产生畸形果。这种情况在幼果期即能看出明显差异（图 8-2）。

图 8-2 授粉不良的果实发育迟缓

猕猴桃虽然是风媒花，能够借助风力授粉，但其花粉粒大，在空气中飘浮的距离短，依靠风力授粉效果不好，必须依靠昆虫授粉或人工授粉。

1. 昆虫授粉

可给猕猴桃授粉的昆虫很多，包括野生的土蜂、大黄蜂等，但最主要靠蜜蜂授粉（图8-3）。蜜蜂在16～29℃时最活跃。猕猴桃的雌花和雄花都没有蜜腺，对蜜蜂的吸引力不大，所以用蜜蜂授粉时需要的蜂量较大，据新西兰有关研究人员调查，每公顷需要8箱蜜蜂可以保证正常授粉。当雌花开放10%～15%时将蜂箱移置于果园内（过早会使蜜蜂习惯于园外其他蜜源植物，而减少采集猕猴桃花粉的次数），同时注意园中和果园附近不能留有与猕猴桃花期相同的植物，园中的三叶草或毛苕子等应在蜜蜂进园前刈割一遍。蜜蜂在雌雄花之间往返3～4

图8-3　蜜蜂授粉

次，授粉才有保证。Palmer. Jones研究发现，花期放蜜蜂传粉可以显著增加单果重和产量（表8-1）。

表8-1　蜜蜂传粉对猕猴桃果实重量的影响

处理	不同重量果实占比（%）						
	<40g	40～60g	60～80g	80～100g	100～120g	>120g	合计
蜜蜂传粉	0.5	2	10	38	39	10.5	100
对照	34	46	17	3	0	0	100

美国俄勒冈州利用蜜蜂为猕猴桃授粉，折合亩产由175kg增加到1000kg，增产5倍多，一级果由55%提高到67%。由此可知，为了使猕猴桃授粉良好，有条件的果园可以养蜂，或者在花期到来之前与养蜂者约定好，以便将蜂群及时运到果园进行传粉。

> 【注意】　在花期放蜂传粉期间必须停止或提前喷洒农药，以保证蜂群的安全。

2. 人工辅助授粉

在猕猴桃花期如果遇到连续阴雨、低温、大风等天气变化，使昆虫和蜜蜂活动受到影响时必须进行人工授粉。花期没有放蜂的果园，为了达到充分授粉，也应当做好人工辅助授粉工作。人工辅助授粉的方法有对花和采集花粉后用授粉器械授粉等。

（1）对花授粉 采集当天早晨刚开放的雄花，直接对着刚开放的雌花，用雄花的雄蕊轻轻在雌花柱头上涂抹，每朵雄花可授7～8朵雌花。晴天上午10：00以前可采集雄花，10：00以后雄花花粉散落，但多云天时全天均可采集雄花对花（图8-4）。采集的雄花一般应在上午授粉完毕，过晚则花粉已散落净尽，无授粉效果。采集较晚的雄花可在手上轻轻涂抹，检查花粉数量的多少。对花授粉速度慢，但授粉效果是人工授粉方法中最好、最可靠的。

（2）采集花粉授粉

1）花粉采集。采集即将开放或半开的雄花（铃铛花，图8-5），用牙刷、剪刀、镊子等取花药平摊于纸上（图8-6），在25～28℃下放置20～24h，使花药开放散出花粉。也可将花药放在温度控制精确的恒温箱中，或把花药摊放在桌面上，桌面上方1m处悬挂60～100W的电灯

图8-4 对花授粉

泡照射，或在花药上盖一层报纸后放在阳光下脱粉。散出的花粉用100～120目的细网箩筛出，装入干净的玻璃瓶内，储藏于低温干燥处，花粉应在预定授粉时间前2天左右准备好。若有条件最好用多种雄株的混合花粉，这样可为选择受精创造条件。一般1500朵雄花可收集花粉10.5g，加入稀释剂后可授雌花3万朵。纯花粉在-20℃的密封容器中可储藏1～2年，在5℃的家用冰箱中可储藏10天以上。在干燥的室温条件下储藏5天的授粉坐果率可达到100%，但随着储藏时间的延长，授粉后果实的重量逐渐降低，以储藏24～48h的花粉授粉效果最好。

图 8-5　适宜采集花粉的铃铛花

图 8-6　取花药

2）授粉方法。

① 毛笔点授：用毛笔蘸花粉在雌花柱头上涂抹授粉。

② 简易授粉器授粉：将花粉用滑石粉或碾碎的花药壳稀释5～10倍，装入细长的塑料小瓶中，加盖橡胶瓶盖，在瓶盖上插装一细节通气竹棍，用手压迫瓶身产生气流将花粉吹向每一个柱头（图8-7）。

③ 喷粉器授粉：将花粉用滑石粉稀释50倍（重量），使用市面上出售的电动授粉器向正在开放的花喷授。

④ 喷雾器授粉：为解决大面积人工授粉问题，也可采用机械喷雾授粉法。将收集的适量花粉加入蜂蜜 15 ～ 20g、硼砂 0.1%、清水 4～5kg，用喷雾器向正在开放的花喷授。注意雾化

图 8-7　简易授粉器授粉

程度要好，一次不能喷洒太多水溶液，否则花粉会随水流失。

上述方法中，对花用毛笔点授及简易授粉器授粉适合于小面积人工授粉，每朵花授一次，每天上午将当天开放的花朵全部授完，授过粉的雌花第二天花瓣颜色开始变褐，而当天开放未授粉的花仍然是白色，能够明显区分开来。用喷粉器和喷雾器授粉适合于大面积人工授粉，在雌花开放 20%、60%、80% 及 95% 时各授粉一次或

每天授粉一次。

据试验，雌花柱头在开花前 2 天及雌花开放后 3 ~ 4 天之内都具有较强的生命力，均可以授粉受精，但随着开放时间的延长，果实内的种子数和果个的大小逐渐下降，以花开放后 1 ~ 2 天的授粉效果最好，此时的生命力最强。第 4 天授粉坐果率显著降低。

暂时不用的花粉，可放在低温、干燥（相对湿度不高于 30%）和黑暗的条件下储藏，以保持花粉的活力。

 【注意】 人工授粉只是辅助措施，不能完全替代自然授粉，要保持一定量的授粉树，规避商品花粉的质量风险。

第二节　疏果与果实套袋

一　疏果

猕猴桃的坐果能力特别强，在正常授粉情况下，95% 的花都可以受精坐果。一般果树坐果以后，如果结果过多，营养生长和生殖生长的矛盾尖锐，树体会自动调节，使一些果实的果柄产生离层而脱落，但猕猴桃没有这种功能，除病虫危害、外界损伤等可引起落果外，不会因营养的竞争产生生理落果。因此，开花坐果以后疏果调整留果量尤为重要。同时猕猴桃子房受精坐果以后，幼果生长非常迅速，在坐果后的 50 ~ 60 天果实体积和鲜重可达到最终总量的 70% ~ 80%，为了节约树体养分，疏果不可过迟。

疏果应在盛花后 2 周左右开始，首先疏去授粉受精不良的畸形果、扁平果、肩果、伤果、小果、病虫危害果等（图 8-8），而保留果梗粗壮、发育良好的正常果。同时根据结果枝的势力调整果实数量，海沃德、秦美等大果型品种生长健壮的长果枝留 4 ~ 5 个果，中庸的结果枝留 2 ~

图 8-8　疏除肩果及发育不良的果实

3个果，短果枝留1个果。同时注意控制全树的留果量，成龄园每平方米架面留果40个左右，每株大约留果480～500个，按平均单果重95g计算，每亩产量2200kg。疏除多余果实时应先疏除短小果枝上的果实，保留长果枝和中庸果枝上的果实。一般疏果时只留中心果，侧花座的果总是较小或缺乏商品价值。经过疏果，使每个果实在7～8月时平均有4个叶片辅养，即叶果比达到4:1。

在生产中，果个的大小与售价有密切的关系，影响果个大小的因素包括单位面积留芽量、单株果数、授粉、叶果比、果实种子数、花期、光合效率、果梗形态、解剖、生理状况及栽培实践如修剪、土肥水管理等。

二 果实套袋

危害猕猴桃果实的病虫害不多，但由于猕猴桃果面不光滑，没有蜡质层，果面易附着尘埃。成龄树由于有较多叶片在上层遮盖，受到的影响相对较小，而刚进入结果期的幼树，枝叶较少，受尘埃的污染较重，在经历了4～5个月的生长期后，到采收时果实表面常变为深灰色或棕灰色，影响外观形象，因而影响到果实在市场的销售。通过果实套袋既可以改善果实的外观形象，还可减少尘埃及农药对果面的污染与果实病虫害发生。套袋后果面干净变绿，储藏中软化果和腐败果数量降低，但储藏中果实的硬度下降较快，果肉的绿色浅，可溶性固形物约较对照低1个百分点，品质有所下降。

猕猴桃果袋以单层褐色纸袋为好，长约15cm，宽约10cm，上端侧面黏合有5cm长的细铁丝，果袋两角分别纵向剪2个1cm长的通气缝，试用后效果良好（图8-9）。套袋大致从盛花后1月开始（海沃德品种在6月下旬），经10天左右套完。过早则由于叶柄太幼嫩容易受伤，影

图8-9 果实套袋

响向果实的营养运输，出现黄色果的概率也高；过晚则果面颜色已开始发暗，套袋的效果明显降低。套袋前细致地喷洒一遍杀虫、杀

菌剂，主要清除果面病菌和食果害虫小新甲等，药液干后即可开始套袋。套袋时注意将果袋鼓起，使幼果在果袋中央部位呈悬空状态，以减少日灼的概率，将袋口收拢后用细铁丝固定在果柄上。

【注意】 用铁丝固定果袋时既不可过松，以免果袋以后脱落，也要防止捆扎过紧勒伤果柄。套袋后要定期解袋抽查，防止霉烂或害虫危害果发生。

采收时可提前 5～7 天先将袋子下部撕开口，让果实经历 2～3 天外界晴朗干燥的环境，以减少果面可能存在的霉菌；也可在天气晴好后直接去袋采收，但不可在果袋、果面潮湿时采收，以避免霉菌的侵染。

病虫害综合防治

猕猴桃在野生条件下，由于生态环境的多样化，发生的病虫害很少。在人工栽培初期的 20 世纪 50 年代，新西兰也只发现仅有根癌病等几种病害需要防治。但从 20 世纪 70 年代以来，人工栽培迅速发展，猕猴桃的生态环境发生了极大的改变，病虫危害渐趋严重，仅在陕西就调查有 40 多种病虫害对猕猴桃造成不同程度的危害，对病虫危害的有效控制成为猕猴桃安全优质生产的主要环节之一。

防治病虫害首先从整个生态系统出发，综合运用各种防治措施，创造不利于病虫害滋生和有利于各类害虫天敌繁衍的环境条件，保持农业生态系统的平衡和生物多样化，减少各类病虫害所造成的危害。优先采用农业措施，利用灯光、色彩诱杀、机械捕杀害虫等措施，以及使用性诱剂等生物措施减少害虫数量。

必须使用农药时，不同的食品标准体系有不同的要求。

1. 无公害猕猴桃生产的农药使用原则

应使用在我国取得登记的中等毒性以下的植物源农药、微生物源农药、动物源农药，矿物源农药中允许使用硫制剂、铜制剂。有限度地使用部分有机合成农药，尽量选用其中的低毒农药和中等毒性农药，按照无公害食品标准的要求控制药量与安全间隔期，每种有机合成农药每个生长季节内只允许使用一次。禁止使用的剧毒、高毒、高残毒或者具有三致毒性（致癌、致畸、致突变）的农药包括：滴滴涕、六六六、毒杀芬、二溴氯丙烷、三氯杀螨醇、二溴乙烷、三苯基氯化锡、三苯基羟基锡环锡（毒菌锡）、醋酸苯汞（赛力散）、氯化乙基汞（西力生）、五氯硝基苯、乙拌磷、杀虫脒、甲拌磷、甲胺磷、甲基对硫磷、对硫磷、久效磷、磷铵、甲基异柳磷、特丁硫磷、甲基硫环磷、治螟磷、内吸磷、克百威、涕灭威、灭线磷、硫环磷、蝇毒磷、地虫硫磷、氯唑磷、苯线磷、水胺硫磷、氧乐果、灭多威、福美砷等砷制剂，以及国家规定禁止使用的其他农药。

2. 绿色猕猴桃生产的农药使用原则

允许使用中等毒性以下的植物源农药、动物源农药、微生物源农药，矿物源农药中允许使用硫制剂、铜制剂。有限度地使用部分有机合成农药，尽量选用其中的低毒农药和中等毒性农药，按照要求控制药量与安全间隔期，每种有机合成农药每个生长季节内只允许使用一次。严禁使用基因工程品种（产品）及制剂、有机合成的各类除草剂等。

3. 有机猕猴桃生产的农药使用原则

禁止使用有机合成的化学农药。控制病害时采取完善的卫生管理措施，防止病原菌的扩散；可以有限度使用农用抗生素，如春雷霉素、科生霉素、多抗霉素、浏阳霉素等；可以有限度使用矿物源农药中的硫制剂（硫悬浮剂、可湿性硫制剂、石硫合剂）、铜制剂（硫酸铜、波尔多液、氢氧化铜）等；可以使用有药效作用的中草药等植物的水提取液；禁止在生物源农药和矿物源农药中混配有机合成农药的各种制剂。控制虫害时扩大害虫天敌的栖息地；允许捕食性和寄生性天敌的引入、繁殖和释放，如赤眼蜂、瓢虫、捕食螨、蜘蛛、蛙类、鸟类及昆虫病原线虫等；可以使用诱集、粘捕、性诱剂、陷阱、黄板、防虫网、套袋等方法；可以使用驱避剂；可以有限度地使用活体微生物农药，如真菌、细菌、病毒制剂、拮抗菌、昆虫病原线虫等；可以使用中等毒性以下的植物源杀虫剂，如除虫菊素、鱼藤根、烟草水、苦楝、印楝素、芝麻素等。

第一节　猕猴桃的主要病害及防治

1. 根腐病

【症状及发病规律】　　根腐病为毁灭性真菌病害，病原菌为小蜜环菌真菌。发病较普遍，会造成根颈部和根系腐烂，严重时导致整株死亡。病菌以菌丝体及菌索在病根组织内或随病残组织在土壤中越冬，第二年生长季节根系生长延伸过程中传播。健康根系与土壤中病根、病残组织接触后，病部菌丝体或菌索通过接触侵入健康植株；另外，该病也可通过工具、雨水、害虫传播。发病初期根茎部皮层出现水浸状黄褐色斑，逐渐变为黑色腐烂，条件适宜时迅速向主根、侧根扩展，使整个根系腐烂，流出棕褐色汁液，有酒糟味。后期在皮层与木质部之间长出一层白色菌丝层，呈扇形扩展。病株地上部枝梢纤细、叶小发黄，生长衰弱。在高温多雨的季节，根颈部和病根部周围的地面上长出成丛的浅黄色伞状蘑菇，即病原菌子实体。受害严重的植株叶片变黄脱落，树体萎蔫死亡。7~9月高温多雨季节为发病高峰期，一般砂土园和肥水管理条件差的园发病重。

【防治方法】

1）建园宜选用排水良好的土壤，栽植不宜过深，土壤中残留的杂木、树桩和感染病原的根系要及时清理烧毁。

2）该病为土壤带菌，可用150倍五氯酚钠进行土壤消毒。发病轻的可用80%代森锌200~400倍液，或70% DTM500倍液，或4%农抗120水剂200倍液灌根。

2. 根癌病

【症状及发病规律】　　该病原菌为土壤根癌杆菌，主要危害根颈部和根系，受害的根系最初形成似愈伤组织的黄豆粒大小的肉质肿瘤，起初为乳白色，肿瘤膨大后色泽加深为褐色至黑褐色，表面粗糙或凹凸不平，质地逐渐木质化，肿瘤大小不等。患病植株根系发育不良，细根少，生长缓慢，树势逐渐衰弱，叶片小而发黄，落叶落果严重。病害以细菌在根癌组织的皮层越冬或随病残组织在土壤中越冬，病组织在土壤中可存活一年以上，病根和土壤中的细菌是第二年的主要浸染源。病菌主要通过嫁接口、机械伤、虫害伤口侵入，雨水和灌溉水为传播媒介，地下害虫和根线虫也可传播，苗木是远距离传播的主要途径。一般碱性土壤有利于发病，土壤黏重、排水不良，耕作粗放、田间作业造成各种机械损伤多，以及地下害虫多，都有利于病菌侵入，发病一般都较重。

【防治方法】

1）不用前茬作物有根癌病的地块作为苗圃地，不从病区调运种苗。调运进的苗木中，如果发现病株，必须剔除烧毁，并对其他苗木用2%石灰液浸泡1～2min，或用0.1%升汞液浸泡3～5min进行严格消毒。

2）田间发病较轻的植株，扒开根部土壤后用小刀刮去肿瘤，并用3～5波美度石硫合剂，或5%菌毒清水剂30～50倍液，或菌立灭水剂100倍液涂刷伤口。发病重的植株带根彻底销毁，土壤用溴甲烷熏蒸消毒。

3. 疫霉病

【症状及发病规律】 该病源菌为疫霉菌属真菌的几个变种，广泛分布于世界各猕猴桃产区，我国陕西周至有发生。该病在陕西主要危害主干基部和根茎部，发病部位有圆形或近圆形水渍状斑，不久呈暗褐色不规则形病斑，皮层坏死腐烂，有的也可危害到木质部。受害严重的植株坏死病斑环绕茎干一周，皮层被环割，致使全株叶片萎蔫，整株枯死。局部发病的地上部生长衰弱，枝条发芽迟缓，叶小果小，落叶早。病菌以卵孢子、厚壁孢子核菌丝体随病残组织在土壤中越冬，春末夏初有降雨和灌水时孢子囊释放游动孢子，随水传播，从伤口侵入，高温高湿、冻伤、虫伤及机械伤均有利于该病发生，与土壤接触的根颈部和主干基部最易受侵染。该病从春末夏初开始发病，7～9月为严重发病期，10月以后停止侵染。

【防治方法】

1）栽植苗的嫁接口应适当高出地面，嫁接部位低的植株可采用高垄浅栽，灌水均匀，低洼地区注意排水，防止积水时间过长。

2）发病初期扒开土晾晒，并刮除病斑组织，用0.1%的升汞溶液消毒后涂石硫合剂原液或腐必清2～3倍液。5月中下旬降雨前或灌水前，以5%苯来特可湿性粉剂500倍液稀浇灌根部。严重发病时刨除病株烧毁，掏换植株周围土壤，并用代森锌浇灌病株周边区域。

4. 干枯病

【症状及发病规律】 该病又名蔓枯病，分布较广泛。病菌为半知菌拟茎点属真菌。病害主要发生在二年生以上的枝蔓，当年生新枝蔓不发病。发病部位初见红褐色，微有水渍状，逐渐扩大成椭圆形或不规则形暗褐色病斑，可侵入皮层内部或深达木质部，病斑组织坏死腐烂，后期发病部位失水逐渐干缩稍下陷，凹陷病斑表面散生许多小黑点，为病原菌分生孢子器。病斑扩展环绕枝干一周后使病斑以上的枝蔓枯死。该病以菌丝体或分生孢子器在病枝蔓组织内越冬，成为第二年的初次侵染源，第二年 4～5 月在降雨条件下产生分生孢子借风雨或昆虫传播到枝蔓上进行侵染，主要通过伤口侵入。病斑组织内越冬的菌丝体在春季温湿度适合时继续活动扩展，于抽梢、开花期达到发病高峰期。病菌侵入后，如果寄主生活力旺盛，病菌则以潜伏状态在寄主组织内存在，待寄主生活力下降、抗病力减弱时才表现出症状。病害发生程度与树势关系密切，剪锯口、虫伤、冻伤及各种机械伤口多，降雨时间长都有利于发病，一般枝蔓丫杈处最易被病菌侵染，产生的病斑较多。

【防治方法】

1）加强果园综合管理，保持树势健旺，增强抗病性。

2）剪除病枯枝，刮除老蔓上的病斑，并用 5% 菌毒清 30 倍液或 10 波美度石硫合剂涂抹刮除的病斑和修剪口，7～10 天一次，连涂 3 次。

3）萌芽期喷一次 3～5 波美度的石硫合剂与 200 倍五氯酚钠的混合液，春季分生孢子遇雨传播前，用 4% 农抗 120 水剂 400 倍液或 68.75% 易保 1000 倍液喷雾。

5. 干腐病

【症状及发病规律】 该病又名轮纹病、叶枯病、果实腐熟病，会造成枝干溃疡干枯、叶枯和果实腐烂，为主要的常见病害（彩图 56）。枝干发病时多以皮孔为中心，形成多个褐色水渍状病斑，逐渐扩大形成扁圆形或椭圆形凸起，病斑处皮孔多纵向开裂，露出木质部，使树势严重削弱或枝干枯死。小枝上的病斑扩展迅速，使皮层组织大片死亡，绕茎一周后枝条萎蔫枯死。也有在枝条上形成上粗下细的肿段，肿段上方有时溢出茶褐色酒糟味黏液，后期病部产生黑色小点，为病原菌的分生孢子器。果实受害后生长季节不表现症状，采收后很快发病，病斑为淡褐色，表皮下的果肉呈白色透镜状或锥体状腐烂，腐烂部四周有水渍状黄绿色斑。在果实后熟过程中病斑略凹陷，病斑表皮下部果肉为浅黄色，较干燥，果肉细胞组织呈海绵状空洞。叶片上病斑近圆形或不规则形，灰白色至褐色，边缘深褐色，有同心轮纹与健康部分界限明显，病斑上散生大量小黑点。严重时病斑相互结合，叶片焦枯脱落。病菌无性阶段为半知菌大茎点属，以菌丝体、分生孢子器和子囊壳在病枝、病叶、病果组织内越冬，成为来年的初侵染源。春季温、湿度适宜时分生孢子和子囊壳通过风雨传播或雨水溅泼到叶、枝、幼果上，从皮孔或伤口侵入。病菌侵入枝条或果实后以潜伏状态存在，在当年的新病斑上很少产生分生孢子，树势衰弱或果实进入储藏后，病情迅速发展，导致枝条枯死、果实腐烂。在陕西关中地区枝干上的老病斑于 3 月下旬开始扩展，4 ~ 5 月病斑扩展迅速，为发病高峰期。

【防治方法】

1）加强栽培管理，合理施肥、适量挂果，促使树体生长健壮，增强抗病力。

2）剪除病枝、清扫病叶，集中烧毁或深埋，减少病菌越冬基数。

3）早春萌动期喷 3 ~ 5 波美度石硫合剂，减少越冬菌源。

4）从 4 月份病原菌传播开始时，用 42% 喷克悬浮剂 600 ~ 800 液，或 50% 代森锰锌 800 ~ 1000 液，或 10% 世高 2000 ~ 2500 液，每隔 10 ~ 15 天喷 1 次，连喷 2 ~ 3 次。采果前喷 1 次，注意药剂交替使用。

6. 膏药病

【症状及发病规律】　该病主要发生于湖北、湖南、福建、四川等省区，且较普遍。主要危害枝干，病菌在枝干上产生近圆形或长圆形的白色菌膜（子实体），以后逐渐扩大，中间变为灰褐色至深褐色，多个病斑互相融合后，病部枝干上长满海绵状的菌膜平伏在树皮上，状如贴着的膏药，菌膜中有褐色突起，每个突起下有一个介壳虫。真菌以介壳虫的分泌物为营养，间接危害树体，受害枝蔓生长逐渐衰弱，严重时枯死。病原菌为担子菌木耳目隔担耳属真菌，以菌膜在被害枝干上越冬，次年在春夏温度、湿度适宜时菌丝生长形成子实层，担孢子借气流、风雨及介壳虫、蚜虫等的爬行传播蔓延，凡介壳虫发生严重的果园发病较重，也有病斑上无介壳虫，而与粗皮、裂皮等缺硼症伴生。

【防治方法】

1）及时防治介壳虫，萌芽期喷 3 ~ 5 波美度石硫合剂，或矿物乳油 80 ~ 100 倍液，或用 25% 喹硫磷乳油喷布枝干上虫体。

2）刮除枝蔓上的菌膜，再涂抹 3 ~ 5 波美度石硫合剂或 1∶20 石灰乳，或直接在菌膜上涂抹 3 波美度石硫合剂与 0.5% 五氯酚钠混合剂。

7. 黑斑病

【症状及发病规律】 发病时，受害叶片正面形成黑色绒球状小黑点，背面产生黑色霉斑，后期叶面产生黄褐色不规则坏死病斑，叶片早落。受害枝蔓上最初在皮层出现黄褐色或红褐色纺锤形或椭圆形的水渍状病斑，稍洼陷，后纵向开裂肿大，病斑上有绒毛状霉层，严重时病斑扩展绕茎一周，造成枝蔓枯死。果实于 6 月初出现暗灰色绒毛霉斑，霉层脱落后形成一明显洼陷的圆形病斑，果肉呈紫色或紫褐色，后期果实发病部位变软发酸腐烂。病原菌为半知菌假尾孢菌，病菌以菌丝体和子囊壳在病残组织越冬，次年 3 ~ 4 月枝蔓上病斑开始扩展，越冬的子囊果释放出子囊孢子，侵染新梢、叶片，4 月下旬 ~ 5 月上旬新叶发病出现霉层，经风雨传播多次不断再侵染，6 月上中旬 ~ 8 月出现发病高峰，9 月以后病情发展逐渐缓慢。枝蔓在春季被侵染后，菌丝体以潜伏状态扩展，直到 9 月以后出现病斑。

【防治方法】

1）修剪后清除田间残枝、落叶等病残体，深埋或集中烧毁，减少越冬病原菌基数。

2）萌芽期喷 3 ~ 5 波美度石硫合剂。

3）春季发病初期用80%喷克600～800倍液，或80%代森锰锌800～1000倍液，或40%多菌灵1000～1500倍液喷雾，隔10～15天喷1次，连喷3～4次。

8. 青霉病

【症状及发病规律】 青霉病是储藏期间常见的主要病害，主要危害成熟果实。发病初期果皮呈水渍状软化，后呈褐色软腐，不久病斑表面长出白色菌丝，形成白色霉斑，霉斑中部长出青色粉末状霉层，青霉层外常有一圈白色霉层带，病健交界明显，腐烂部分呈圆锥状深入果实内部，最后导致果实腐烂。病原菌为半知菌亚门青霉菌属，分布很广，常附生在各种有机物上，产生大量的分生孢子，可耐不良环境，重量极轻，易随气流到处散布。落到各种伤口处会迅速萌发侵入果肉，同时也能通过病果与健全果的接触传染，并连续不断侵染传播蔓延，造成大量果实腐烂。果实上伤口的多少与病害发生程度有直接关系，大雨后、露水未干或雾重时采收，果面含水量大，易受伤、发病。

【防治方法】

1）从采收到储藏过程中，避免果实受各种机械损伤，避免在露水未干时采收果实。

2）入库前严格剔除病果、伤果、虫果。

3）用50%多菌灵或50%托布津200～500倍液喷洒储藏库内所有地方，或用硫黄粉拌锯木屑，硫黄用量为每平方米10～20g，点燃封闭熏蒸48h，通风后启用。

9. 炭疽病

【症状及发病规律】 受害叶片的叶面或叶缘呈水渍状斑，渐转变为不规则形褐色病斑，病斑中央后期变为灰白色，边缘深褐色，天气潮湿时病斑上产生许多散生小黑点，病斑相互融合成大斑，叶边缘卷曲；受害果实最初出现水渍状、褐色圆形病斑，逐渐变为不规则形褐色腐烂斑，病斑中央稍洼陷，潮湿时病部分泌出肉红色分生孢子块。病原菌为半知菌刺盘孢菌，以菌丝体及分生孢子在病叶、病果组织中越冬，次年春季温湿度适宜时，特别是降雨后分生孢子通过风雨或昆虫传播到叶片上，萌发后从伤口或直接侵入。病菌具有潜伏侵染现象，菌丝体可在染病叶片组织内发育蔓延，只要树势健壮，暂不表现症状，当气候条件和栽培条件不利而导致树体抵抗力下降或树势衰弱时，症状才显露出来。

【防治方法】

1）加强综合管理，增强树势，提高树体抵抗力。

2）冬季彻底清除落叶、病枝、病果，减少病源。

3）发病初期用 0.3～0.5 波美度石硫合剂，或 80% 喷克 600～800 倍液，或 80% 代森锰锌 800～1000 倍液，或 70% 甲基托布津 1000 倍液，连喷 2～3 次。

10. 褐斑病

【症状及发病规律】　症状多出现于 6 月以后高温干旱的季节，在猕猴桃的叶片上出现圆形褐色病斑（彩图 57），后期病斑穿孔破裂，严重时叶片早期脱落，引起枝梢光秃，枝蔓细弱，影响花芽分化和第二年产量。病因系缺钙引起，并已被新西兰的研究人员所证实。此病发生于高温干旱的 6～8 月，因为高温干旱期，树体的代谢增强，消耗增多，而根系的吸收能力却减弱，导致钙素亏缺而引起发病。1987 年测定武汉猕猴桃园病树下的土壤速效钙含量平均为 1000mg/kg，经 1991 年施钙后，1992 年测定土壤速效钙含量平均为 1440mg/kg，树冠叶褐斑病明显减轻。1992～1993 年连续两年施石灰后，1993 年秋季恢复树下的土壤速效钙含量为 1953mg/kg，其叶褐斑病已基本消失。

【防治方法】　猕猴桃谢花后，每亩地面撒施生石灰 50～100kg，然后松土将其翻入土中，使土壤中速效钙含量达 2000mg/kg 以上，最好达到 3000～5000mg/kg。

11. 果干疤病

【症状及发病规律】　症状常于近果顶部分出现褐色疤痕，稍凹陷，皮下果肉变褐，呈木栓化，干缩坏死，深度为 3～5mm。病果不耐储藏，采果后数天开始腐烂。病因是果实缺钙而引起的生理性病害。缺钙则细胞壁不坚实，故在高温、强呼吸的影响下，果实组织易衰老崩解，继而褐变腐烂。因此，供给充足的钙是提高果实耐储性、增进品质的关键。

【防治方法】 参照褐斑病的防治方法。

12. 藤肿病

【症状及发病规律】 症状为猕猴桃的主、侧蔓的中段藤蔓突然增粗，呈上粗下细的畸形现象，有粗皮、裂皮，叶色泛黄，花果稀少，严重时，裂皮下的形成层开始褐变坏死，具发酵臭味（彩图58），导致树体生长较弱甚至引起死枝。病因是树体和土壤缺硼，多发生于猕猴桃枝梢全硼含量低于 10mg/kg、土壤速效硼含量低于 0.2mg/kg 的果园。该病于 1984 年在湖北省蒲圻十里坪猕猴桃园首先发现，1987～2000 年相继在湖北省农业科学院果茶研究所猕猴桃园和中博安居集团猕猴桃基地发现。1985 年经检测十里坪病树枝梢含硼含量为 9.75mg/kg，而健康树枝梢含硼平均为 22.93mg/kg，病树根际土壤的速效硼含量仅 0.17～0.19mg/kg。1986 年该园在猕猴桃花期叶面喷洒 0.2% 硼砂液，并每株树施入硼砂 10g，此后连年花期喷硼，直至藤肿未再发生为止。1991 年重测该园藤肿病树恢复后的叶片全硼含量，平均为 23.79mg/kg，恢复到正常水平。

【防治方法】

1）每年花期喷硼砂液 1～2 次（用量为 0.2%）。

2）根际土壤施用硼肥，每隔 2 年左右，在萌芽期地面施硼砂，每亩 0.5～1kg，将土壤速效硼含量提高到 0.3～0.5mg/kg，枝梢全硼含量达到 25～30mg/kg。

3）合理增施磷肥和农家肥，利用磷硼互补的规律，保持土壤速效磷含量在 40～120mg/kg，速效硼含量达 0.3～0.5mg/kg。

13. 叶黄斑病

【症状及发病规律】 症状首先在嫩叶叶脉间出现浅黄色的圆斑，病叶比健康叶片显著变小，叶片变薄，叶色发黄，把病叶对着光看，黄斑处呈半透明状。该病发生于高温干旱的 7～9 月。一旦发病，其病叶上的黄斑不会随着气温的降低而消失。黄斑病多出现在新梢中上部的嫩叶上。病因是由缺钼所致。猕猴桃园适宜的土壤速效钼的含量为 0.2～0.4mg/kg。

【防治方法】

1）新叶展开后及时喷布 0.2% 钼酸铵水溶液。

2）增施有机肥，有机肥中大量元素和微量元素含量比较全面。秋末冬初多施有机肥，可补充土壤中有效钼的含量。

14. 病毒病

在猕猴桃上已经发现的病毒病有花叶病毒病（彩图59）、叶片皱缩病毒病等。病毒病是通过嫁接传染的，应该注意控制接穗的来源，严格禁止从带病母株上采接穗。

【提示】 病毒病尚没有有效药可以治疗，但也不会快速传染，只要不嫁接带病枝条即可，幼树发现后及时去除。

第二节　猕猴桃的主要虫害及防治

1. 金龟甲类

【为害特点】　常见为害猕猴桃的金龟甲类有20多种，主要种类有大黑鳃金龟、暗黑鳃金龟、铜绿丽金龟、中华弧丽金龟等，主要以幼虫（蛴螬）啃食猕猴桃嫩根，影响水分和养分的吸收运输；危害严重时，树体地上部表现早衰、叶片发黄、早落，成虫（金龟子）啃食幼芽、嫩叶、花蕾等。金龟甲类多为1年1代，少数2年1代，以幼虫或成虫越冬，一般在春末夏初出土为害地上部，在地上部食物充足的情况下，一般不迁飞，多昼伏夜出，日落后出土为害（彩图60），也有少数种类白天活动，晚间潜回土中隐藏，此时为最佳防治时期。6～8月间金龟甲交配后入土产卵，卵多产于植株根围5～10cm土层内，7～8月幼虫孵化后在地下为害根系，冬天来临前潜入深土层越冬。

【防治方法】

1）清除果园园内及周围的杂草，杜绝蛴螬的滋生地，施用的农家厩肥等必须经过充分腐熟后方可施用，否则易招引金龟甲在其中产卵。

2）成虫发生期夜间用黑光灯、频振式杀虫灯、高压汞灯诱杀，灯下放置滴入少量机油的水，扑灯的金龟子掉入水中后，粘上油便不能飞；或在成虫集中为害期，用糖醋液诱杀，糖醋比例为（3～5）：1，糖醋液中滴入少量敌百虫等杀虫药剂。

3）7月下旬幼虫孵化盛期用50%辛硫磷乳油，每亩200ml加水2000kg泼浇或结合灌水施入土中杀灭幼虫。

4）对为害芽和嫩叶的种类于发生初期喷2.5%溴氰菊酯乳油2000倍液，或2.5%绿色功夫乳油2000~3000倍液。

2. 介壳虫类

【为害特点】 目前国内猕猴桃产区危害严重的介壳虫类有考氏白盾蚧、椰圆盾蚧、狭口炎盾蚧、桑盾蚧、红蜡蚧、草履蚧、柿长绵粉蚧等。介壳虫类主要以成虫、若虫附着在枝干、树叶、果实上（彩图61），吸食树体汁液，发生严重时使树势衰弱甚至引起枝干枯死。雌成虫和若虫被有龟蜡蚧壳，药液难以渗透，触杀药剂效果不明显，以内吸剂农药较好。考氏白盾蚧以未产卵的雌成虫在被害枝干上越冬，5月上中旬越冬雌虫开始产卵，5月中旬出现若蚧，5月下旬~6月上旬为若蚧发生盛期；第2代若蚧7月中下旬发生，9月上旬出现雌成虫，为害枝干、叶、果。椰圆盾蚧以未产卵雌成虫在被害枝干上越冬，4月中下旬第1代若蚧发生，第2代若蚧发生于6月下旬~7月上旬，第3代若蚧8月中下旬出现，为害枝干、叶、果。狭口炎盾蚧1年发生2~3代，以2龄若虫和少数成虫在树枝枯叶上越冬，4月上旬开始为害，5月中旬出现越冬代成虫，6月初第1代若蚧出现，以后世代重叠，为害至11月中下旬进入越冬。若虫抗寒能力弱，在3℃下便不能存活，主要分布在南方产区。桑盾蚧在黄河流域1年发生2~3代，在长江流域及以南地区1年发生4~5代，以受精雌成虫在被害枝干上越冬。陕西关中地区3月下旬越冬成虫开始取食，4月中旬开始产卵于壳下，第1代若虫5月上中旬孵化，孵化期较整齐，是防治关键时期。7月为第2代若虫盛孵期，10月上旬雌雄交配，10月下旬雌虫进入越冬状态。各代若虫均在枝干上寄生。红蜡蚧1年发生1代，以受精雌成虫越冬，5月下旬~6月上旬为产卵盛期，第1、2、3龄若虫期分别为20、23~25、30~35天，9月上旬成熟后交尾越冬。初孵若虫离母体后移至新梢，群居于新叶及嫩枝上，多在树冠外围枝梢上寄生，内膛很少。草履蚧1年发生1代，以卵和初孵若虫在树干基部土缝中越冬。2月下旬~3月上旬若虫开始上树危害嫩枝嫩芽，虫体分泌白色蜡粉，蜕皮3次后于5月上中旬雌若虫蜕变为成虫，交尾后于6月中下旬下树钻入土缝内产卵，越夏越冬。柿长绵粉蚧1年发生1代，以3龄若虫在枝条上结大米状的白茧越冬，春季萌芽前后开始活动。4月下旬羽化为成虫交尾后，雌虫爬至嫩梢和叶片上为害、产卵，6月下旬~7月上旬为卵孵化盛期。初孵若虫爬向嫩叶，并多固定在叶背主脉附近吸食汁液，10月若虫经2次蜕皮后转移到枝干上结茧越冬。

【防治方法】

1）介壳虫类一般自然传播能力弱，加强对调运苗木的检疫，对防止远距离传播扩散有重要作用。

2）春季草履蚧若虫上树危害前，在树干基部涂宽约10cm的药环（用废机油、废柴油各半，熔化后加少量触杀剂），阻止若虫上树。

3）萌芽期喷布3~5波美度石硫合剂或柴油乳剂50倍液。

4）生长季节防治必须将喷药时期掌握在介壳虫孵化盛期，可用40%速杀灭乳油1000~1500倍液等，对发生严重的枝干可用80倍机油乳剂稀释液喷洒。

3. 蝽类

【为害特点】 为害猕猴桃的蝽类有麻皮蝽、茶翅蝽等，这类害虫的特点是有臭腺，被捕捉时会放出刺鼻的臭气，均以成虫、若虫刺吸猕猴桃嫩叶、嫩枝、果实的汁液，叶片受害后出现失绿黄斑，幼果受害后局部细胞组织停止生长，形成干枯疤痕斑点，果形不正，发育不正常，受害严重时脱落；后期受害的果实，被害处果肉木栓化，变硬，品质下降不耐储藏。多以成虫在树皮、杂草、残枝落叶和土壤缝隙里越冬。由于蝽类前胸有盾片、后背有硬基翅，药剂难以渗透，需用内吸剂农药防治。麻皮蝽1年发生2代，以成虫在屋檐下墙缝中越冬，3~4月出蛰，5~6月产卵，6月下旬~8月中旬为第1代成虫盛发期，8~10月第2代成虫盛发后进入越冬。茶翅蝽1年发生1代，以成虫在空房、屋角、墙缝、草堆等处越冬，4月底5月初越冬成虫开始活动，6月产卵，卵多产于叶背部，7月上旬开始陆续孵化，初孵若虫喜群集在卵块附近，2龄后扩散取食，8月中句开始羽化为成虫。细毛蟓黄河流域1年发生3代，长江流域1年发生3~4代，以成虫在树皮裂缝、屋角墙缝等处越冬。陕西关中地区4月初越冬成虫开始活动，5月上旬~6月上旬、6月中旬~7月中旬、8月上旬~9月中旬分别为第1~3代若虫盛发期。初孵若虫群集在卵壳上不食不动，2~3天后群居在卵壳附近取食，2龄以后开始分散取食（彩图62）。

【防治方法】

1）成虫发生期在园内放置糖醋液诱杀。

2）药剂防治的关键时期为越冬成虫出蛰期和各代初龄若虫发生期，特别是第1代初龄若虫发生期。可用20%溴氰菊酯乳油2000倍液，或50%敌敌畏乳油1000倍液，或25%保得乳油1500倍液喷洒。

4. 叶蝉类

【为害特点】 叶蝉又名浮尘子，为害猕猴桃的有20多种，其中大青叶蝉、小绿叶蝉、猩红小绿叶蝉、桃一点叶蝉、黑大叶蝉等危害较严重。叶蝉类形体小，体长3~15mm，有翅、会迁飞。叶蝉类以成、若虫刺吸新梢、叶片、花蕾和幼果等的汁液（彩图63），被害部位呈现苍白斑点，严重时叶片发黄脱落，枝梢组织遭到破坏，使树体衰弱；越冬卵产于枝条皮层中，在受害部位产生半月形疱疹状突起，严重时枝条易失水干枯。陕西关中地区1年发生3代，越冬卵4月孵化，若虫期10~20天；5~6月、7~8月分别为第1、2代成虫盛发期，第3代成虫出现于9~10月，非越冬代成虫期约20~30天，10月中下旬为产卵盛期。成、若虫喜栖息在潮湿背风处，午间气温高时较活跃，遇惊动时四散飞动逃避；有较强趋光性，夏季高温夜晚时尤为明显。非越冬代卵多产于寄主叶背组织，越冬代卵多产于枝干皮层内，初孵若虫喜群居在寄主枝叶上，以后逐渐分散为害。以越冬代成虫在落叶、杂草、树皮裂缝、树丛中等处越冬，猕猴桃发芽后开始出蛰为害。

【防治方法】

1）冬季、早春清除果园内的残枝落叶，铲除杂草，减少越冬虫口基数。

2）在成虫盛发期设置频振式杀虫灯诱杀。

3）药剂防治应抓好越冬代成虫出蛰活动的盛期和第1、2代若虫孵化盛期，这3个时期虫态较一致，及时喷药防治可获得较好效果。常用药剂有2.5%溴氰菊酯乳油2000～3000倍液，或2.5%功夫乳油3000倍液，或25%噻嗪酮可湿性粉剂1000～1500倍液。

5. 小薪甲

【为害特点】 以成虫在相邻果实之间为害，果实受害部位出现针眼状虫孔，皮层细胞呈木栓化片状结痂隆起，果肉变硬，果实品质变差，受害果采前变软脱落或在储藏期间提前软化。成虫极小，体长1.3～1.5mm，深红褐色，咀嚼式口器。1年发生2代，以卵在枝干皮缝、杂草中潜伏越冬，5月中旬第1代成虫出现，先在杂草、蔬菜上危害，5月下旬～6月上旬是为害猕猴桃的主要时期，在相邻的果实之间取食（彩图64），6月下旬以后危害减轻。7月下旬出现第2代成虫，危害损失不大，数量较多时也会对果面造成危害。10月以后成虫在树皮缝隙、杂草中越冬、产卵。

【防治方法】 5月下旬～6月上旬为防治适期，一般喷药2次，间隔10天左右，常用药剂有2.5%功夫乳油3000倍液或2.5%溴氰菊酯乳油2000倍液。

6. 斑衣蜡蝉

【为害特点】 我国北方地区猕猴桃园普遍发生的常见害虫，以成虫、若虫刺吸嫩叶、枝干汁液，影响枝叶正常发育，其排泄物撒于枝叶和果实上，诱发病害，影响光合作用、降低果实品质。斑衣蜡蝉1年发生1代，以卵越冬，在陕西关中地区越冬卵于4月中旬开始孵化，若虫常群集在嫩枝上或嫩叶背面为害，若虫期40～60天，成虫于6月中下旬出现，8月中下旬交尾产卵，10月下旬逐渐死亡。成虫、若虫（彩图65）均有群集性，弹跳能力很强，受惊扰即跳跃逃避，卵常产于枝干背阴面，卵块上覆有一层土灰色覆盖物。

【防治方法】 结合冬季修剪和果园管理，将卵块压碎。若虫发生期可喷10%吡虫啉可湿性粉剂4000倍液，或2.5%功夫乳油2000倍液，或50%敌敌畏乳油1000倍液。

7. 蜗牛

【为害特点】 蜗牛主要取食猕猴桃嫩蔓叶，将其咬成不规则的缺口或破孔。成贝和幼体爬过的茎叶表面留有一层光亮白色胶质，这种黏性胶质可造成嫩叶枯萎或死亡。蜗牛1年发生1代，以成虫或幼体在落叶或土层里越冬。4月中旬~7月中旬为产卵期，卵产在植物根部附近疏松的湿土内，孵出的幼体最初群集为害寄主植物，以后逐渐分散，阴雨天则整日在外活动为害茎叶，尤其低洼阴湿的园地发生较多，危害严重。若遇干旱天气则潜伏在土内，肉体就长期缩在壳中（图9-1），分泌黏液膜封壳口，等到气候湿润时，再出土觅食，11月间入土越冬。

【防治方法】

1）人工捕捉，在阴雨天蜗牛大量出土活动时进行。

2）诱杀。用砷酸钙1份、麦麸30份，加水适量，制成毒饵，点布田间进行诱杀；或在猕猴桃园内每隔3~5m放青草1堆，每日清晨可在草堆底下捕杀蜗牛。

3）中耕暴卵。在蜗牛产卵盛期进行中耕松土，将卵块暴露于土面，经日光暴晒使卵炸裂而死。

图9-1　蜗牛

4）化学防除。在猕猴桃园内每亩撒放茶籽饼粉4~5kg或撒布石囊粉25kg，均有良好的防治效果。

8. 苹小卷叶蛾

【为害特点】　苹小卷叶蛾主要以幼虫为害嫩叶、花蕾和幼果。幼果被啃食后，造成果面伤害或落果，严重影响果品质量和产量。在四川1年繁殖3~4代，9~10月以2龄幼虫在粗树皮下或枯枝落叶中结茧越冬，春天孵化幼虫，猕猴桃谢花后20天左右开始为害嫩叶和幼果（彩图66）。

【防治方法】

1）搞好越冬清园工作。早春以前刮除老树皮，集中烧毁，以消灭越冬虫茧。清除受害枝蔓及果园周边杂草，以减少虫源。

2）诱杀。在成虫活动期，果园内挂糖醋液（8%糖、1%醋、

0.2%氟化钠）瓶诱杀，或挂杀虫灯诱杀。

3）化学防治。初龄幼虫在地面活动期（4月中下旬），于树冠下及干基部喷10%氯氰菊酯2000倍液；第1代卵孵化盛期和幼虫期（5~6月）树冠喷灭扫利3000~4000倍液或其他杀虫剂。

9. 吸果夜蛾类

【为害特点】 该虫属鳞翅目夜蛾科类。成虫用虹吸式口器刺破果皮表面，吸取果汁，由于刺孔较小，难于察觉，约1周后，刺孔处果皮变色、凹陷并流出胶液（彩图67），严重时果实脱落。

【防治方法】 参照苹小卷叶蛾的防治方法。

10. 根结线虫

【为害特点】 猕猴桃根结线虫在全世界分布较广，我国南方产区发生较多。被害植株的根系上产生圆形或纺锤形根结，即虫瘿，表面光滑较坚硬，初为浅黄色，以后逐渐变褐腐烂（彩图68）。受害植株根系较正常根短，分枝少，地上部发育不良，生长缓慢，叶小发黄，树势衰弱，结果少、果个小。感病轻的植株地上部不表现任何症状，只是较正常园产量低。线虫浸染根所产生的伤口有利于病菌侵入，从而诱发其他病害的发生。在我国猕猴桃上为害的主要为南方根结线虫，其次有花生根结线虫和爪哇根结线虫。线虫以卵囊内的卵和2龄幼虫在根或土壤内越冬，也有部分以不同虫态在根内越冬。次年早春根系开始发育时卵开始孵化，卵为乳白色，蚕茧状，1龄幼虫在卵内蜕皮，呈线性卷曲在卵内，孵化后为2龄幼虫，2龄幼虫在土壤中活动伺机侵入新根，在根内发育成3龄、4龄幼虫和成熟的雌虫或雄虫，雌虫将卵排到裸露在根外的卵囊内后便死去，如此反复直到落叶期根系进入休眠期后，线虫也进入越冬。土壤温度在10℃以下和30℃以上对2龄幼虫的浸染和发育不利。

【防治方法】

1）感染线虫的苗木或砧木是远距离传播的主要途径，加强检疫，严禁疫区苗木进入未感染区是预防的关键。

2）苗木定植前仔细检查，发现有线虫危害的苗木应坚决销毁，并对同来源的其他未显示害状的苗木进行处理，可用44~46℃的热水浸根5min，或用0.1%有效成分的克线磷杀虫剂1000倍液浸泡

1h，或在密封条件下用45g/m² 二氧化硫熏蒸 12h。

3）危害严重的果园在越冬代卵孵化高峰期，幼虫侵入新根之前用48%乐斯本乳油 300 倍液或每亩用 10% 的克线磷、克线丹 5kg，与湿土混拌后在树盘下开环状沟施入，土壤干燥时可适量灌水。

4）增施有机肥。有机肥中的腐殖质在分解过程中会分泌一些物质对线虫不利，并有侵染线虫的真菌、细菌和肉食线虫。

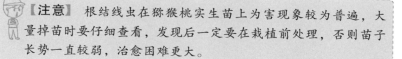

【注意】 根结线虫在猕猴桃实生苗上为害现象较为普遍，大量掉苗时要仔细查看，发现后一定要在栽植前处理，否则苗子长势一直较弱，治愈困难更大。

第九章
病虫害综合防治

第十章

果实采收、贮藏与采后处理

一　采收期的确定

狝猴桃品种繁多,不同品种从受精完成后果实开始发育到成熟大致需要 120～160 天,品种之间的果实生育期差别很大,成熟期从 8 月份开始可持续到 10 月底。同一个品种的成熟期受到气候及栽培措施等条件影响,不同年份之间差别可达 3～4 周。而狝猴桃果实成熟时外观不发生明显的颜色变化,不产生香气,当时也不能食用,无法通过品尝鉴定,给确定适宜采收期带来了困难。采收过早,果实内的营养物质积累不够,果实品质降低;采收过晚,则会有遇到低温、霜冻等危害的可能。

狝猴桃果实接近成熟时,内部会发生一系列变化,其中包括果肉硬度降低等,而最显著的变化是淀粉含量的降低和可溶性固形物含量的上升。在果实发育的后期,淀粉含量占总干物质的 50% 左右,可溶性固形物(其中大部分是糖类)稳定在 4.5%～5%。进入成熟期后,果实中的淀粉不断分解转化为糖,淀粉含量持续下降,而果实内糖的含量由于淀粉分解转化和来自叶片的营养输送显著升高,可溶性固形物含量逐渐稳步上升。不同品种的果实,其淀粉转化为糖的过程开始的时期不同,可溶性固形物含量上升的速度也不相同。同一个品种在冷凉的地区环境下可溶性固形物开始上升早、上升的速度快，而在温暖地区开始上升较晚、上升的速度慢。据测定，15℃时可溶性固形物在 5%~6.5% 之间每天上升约 0.04%，而 11℃ 时每天上升 0.07%~0.09%，气温每增加 1℃，可溶性固形物每天的上升量降低 0.006%~0.013%。冷凉区从 5% 上升到 6.25% 只要 13 天，而温暖区则需要 37 天，但不同年份之间的差别较大。猕猴桃果实达到生理成熟后，如果一直保留在树上，果实随着成熟度的提高，可溶性固形物逐步上升到 10% 以上，而果肉硬度逐渐下降软化，达到可食状态。留在树上的果实软化速度不仅超过在低温冷库贮藏果实的软化速度，而且超过在常温下贮藏的果实。

目前国际上通行的猕猴桃果实成熟期均是以果实内的可溶性固形物含量上升达到一定标准来确定的。新西兰对海沃德品种的最低采收指标是可溶性固形物含量达到 6.2%，辅以干物质含量的参考标准，日本、美国对海沃德品种的最低采收指标均为 6.5%。我国由于栽培品种众多，不同品种达到适宜采收期时的可溶性固形物含量会有所差异，在这方面尚未有系统的研究，目前主要以可溶性固形物含量 6.5% 作为采收的最低指标，这样才能保证采收的果实软熟后具备优良的品质、风味。这个指标主要针对采收后直接进入市场或短期贮藏（3 个月以内）的果实，对于采收后计划贮藏期较长的，一般在可溶性固形物含量达到 7.5% 后采收，果实的贮藏性、货架寿命及软熟后的风味品质更好。

测定可溶性固形物含量时，在园内（除边行外）有代表性的区域随机选取至少 5 株树，从高 1.5~2.0m 的树冠内随机采取至少 10 个果实，在距果实两端 1.5~2cm 处分别切下，由切下的两端果肉中各挤出等量的汁液到手持折光仪上读数（手持折光仪应在使用前用蒸馏水调整到刻度 0%），10 个果实的平均可溶性固形物含量达到 6.5% 时可开始采收，但如果其中有 2 个果实的含量比 6.5% 低 0.4 个百分点以上时，说明果实的成熟期不一致，仍被视为未达到采收标准，不能采收。

【注意】采收不宜太早，否则会对果实品质和贮藏期限影响较大。

二 采收过程

为了保证果实采收后的质量及食用安全，采收前 20～25 天果园内不许喷洒农药、化肥或其他化学制剂，也不再灌水。

采果应选择晴天的早、晚天气凉爽时或多云天气时进行，避免在中午高温时采收。晴天的中午和午后，果实吸收了大量的热能尚未散发出去，采收后容易加速果实的软化。下雨、大雾、露水未干时也不宜采收，果面潮湿有利于病原菌繁殖侵染。采果时如果遇雨，应等果实表面的雨水蒸发掉以后再采收。

果实采收前，为了避免采果时造成果实机械损伤，采果人员应将指甲剪短修平滑，戴软质手套。使用的木箱、果筐等应铺有柔软的铺垫，如草秸、粗纸等，以免果实撞伤。

采收时以使用采果袋为好（图 10-1），采果袋以大致可装 10kg 左右果实为宜，果袋底部开口，从底部缝制一个遮帘挂在袋顶的背带上，用遮帘将底部开口严密封住，防止果实掉出。要将采果袋内的果实转放入转运箱时，将装有果实的果袋轻放入箱内，取开遮帘的挂钩，将果袋轻轻提起，果实便从底部开口处轻轻滑落到果箱内（图 10-2）。

图 10-1　果实采收

图 10-2　果实采收与运出

采收时应分类分次进行。首先采收生长正常的商品果，再采生长正常的小果，对伤果、病虫危害果、日灼果等应分开采收，不要与商品果混淆。

采果时用手握住果实，手指轻压果柄，果柄即在距果实很近的区域折断，残余的果柄仍然留在树上。采摘时应轻拿轻放，尽量避免果实刺伤、压伤、撞伤。尽量减少倒筐、倒箱的次数，将机械损伤减少到最低程度。同时要注意提前修平运输道路，运输过程中缓速行驶，避免猛停猛起，减少振动、碰撞。

采收下来的果实应放置在阴凉处，用篷布等遮盖，不要在烈日下暴晒。

计划直接上市的果实，可将经过分级包装的果实在室外冷凉处放置一晚，待果实中吸收的热量散失掉后在清晨冷凉时装运进入市场。

需要贮藏的果实可以先分级包装再入库，也可以在预冷后分级包装，再入库。二者各有优缺点：前者的优点是能够按不同等级包装贮藏、去除伤残畸病果，利于贮藏效果，方便果实出库，但包装后的果实预冷时间延长；后者的优点是预冷速度快，有利于长期贮藏，不用在果实采收季节同时忙于分级包装，有利于调剂劳动力，缺点是预冷后还须再重新将果实分级包装，且伤残畸病果不能及时去除。这两种方法在国外都普遍使用，各地可根据自己的实际情况选择。

第二节　贮藏

一　猕猴桃采收后的变化及影响贮藏的因素

采收后的猕猴桃果实变成了独立的生命个体，无法继续从树体获得营养，只能通过呼吸作用消耗本身贮藏的能量来维持生命过程。贮藏的时间越长，消耗的有机物越多。在贮藏期间果实最重要的生理活动是呼吸作用，其实质是细胞中的有机物在酶的作用下分解成简单的物质并释放出能量，也是果实衰老的过程。

呼吸分有氧呼吸和无氧呼吸，有氧呼吸是在氧参与下把糖、有机酸、脂肪等物质氧化成二氧化碳和水，同时释放出能量：

$$C_6H_{12}O_6 + 6O_2 \longrightarrow 6CO_2 + 6H_2O + 2821kJ（674 大卡）$$

　　葡萄糖　　　氧　　二氧化碳　水　　　　　　　热能

无氧呼吸也称分子内呼吸，是在缺氧条件下进行的呼吸作用，呼吸底物未被彻底分解，生成乙醇、乙醛和乳酸等，同时释放出二氧化碳和少量能量。

$$C_6H_{12}O_6 \longrightarrow 2C_2H_5OH + 2CO_2 + 117kJ（28 大卡）$$

　　葡萄糖　　　　　乙醇　　二氧化碳　　　　热能

果实在贮藏期间会产生的热量，即常说的呼吸热。缺氧呼吸产生的热量少，果实为了维持其生命活动就必须消耗更多的有机物质，同时产生乙醇和乙醛等对果品贮藏有害的物质。

猕猴桃属于跃变型果实，在软化的后期产生呼吸高峰和乙烯释放高峰，但果实个体之间进入呼吸跃变期的时间差异很大。在20℃下猕猴桃果实的呼吸速率大致在 $20 \sim 30 mgCO_2/(kg \cdot h)$，以后随着果实的软化逐渐降低，当果肉硬度下降到大约 $1.0kg/cm^2$ 后，呼吸速率出现短时间的上升，最大值相当于初始呼吸速率的2倍，然后降低。当果实出现呼吸高峰后，果实处在最佳食用状态，以后随着呼吸的消耗，营养成分含量逐渐降低，一旦本身的能量消耗殆尽，果实就衰老崩解腐烂。贮藏过程就是要创造一种环境，将果实的各种生命活动维持在很低的水平，保持鲜果的营养价值，延长果实食用期限。由于品种、贮藏条件及其他因素的影响，这个期会相差很大。

猕猴桃贮藏期间最显著的变化是果肉硬度降低，刚采收时果肉硬度大致在 $6 \sim 9 kg/cm^2$；放置在室温条件下，这个硬度能保持 $2 \sim 3$ 天，然后果肉逐渐软化，可溶性固形物含量上升，硬度下降到 $0.5kg/cm^2$ 时可溶性固形物含量上升到最高值，果实达到最佳可食状态，这个可食状态保持一段时间后，细胞崩解，果实发酵腐烂，丧失食用价值。

据王贵禧等研究，在20℃下贮藏的猕猴桃果实的软化过程可分为以下两个阶段。

在第一阶段果肉硬度下降较快，秦美和海沃德品种从采收到采收后第10天、第13天，硬度分别从 $6.2kg/cm^2$、$7.0kg/cm^2$ 下降到 $2.9kg/cm^2$、$3.2kg/cm^2$。这一阶段果肉硬度的下降主要与淀粉酶活性明显上升引起淀粉快速降解有关。淀粉主要以淀粉粒的形式在细胞内维持细胞的膨压，对细胞起着支撑作用，当淀粉被水解直接转变为可溶性糖参与代谢后，引起细胞张力下降，从而导致果肉硬度降低。淀粉酶活性在采前就已存在，并引起淀粉开始降解、可溶性固形物上升。果实采收后淀粉酶活性快速上升，秦美、海沃德分别在采后第4天和第7天达到峰值，淀粉酶活性的上升促进了淀粉的降解，秦美在采后13天淀粉含量由6.1%到全部被降解，而海沃德在 15 天内淀粉含量由 7.5% 下降到 0.6%。经相关性分析表明，秦美和海沃德品种的淀粉含量与果实硬度的相关系数均达到 99% 以上，而淀粉酶是造成本阶段果肉硬度下降的关键酶。

第二阶段，果肉硬度下降趋缓，在 20℃下秦美和海沃德品种分别发生在从采收后第 11 ~ 25 天、第 14 ~ 28 天，硬度分别从 2.9kg/cm² 、3.2kg/cm² 下降到 0.7kg/cm² 、1.7kg/cm² 。这一阶段果肉中的淀粉已基本降解为零，硬度的下降主要以 PG（多聚半乳糖醛酸酶）活性上升、果胶物质水解加快、原果胶逐渐降解为可溶性果胶、不溶性果胶含量下降而可溶性果胶含量上升为主要特点。果胶是细胞壁的结构物质，果胶物质的降解由 PG 的活动引起，果胶物质的水解使胞间黏着力降低，引起细胞壁的解体和果实硬度的下降。果实采收后的硬度速降阶段，PG 的活性很低，果胶物质降解缓慢，秦美和海沃德分别在采后前 9 天、前 13 天只下降了 0.07%、0.12%，同期水溶性果胶含量约上升 0.025g/100g、0.05g/100g。秦美、海沃德品种的 PG 活性分别在采后 5 天、9 天明显上升，并分别在 13 天和 17 天达到活性峰值，秦美品种从采收 9 天、海沃德品种从采收 13 天起不溶性果胶含量下降速度加快，到采后第 25 天时，分别下降了 0.48/100g、0.35g/100g，相应的可溶性果胶含量上升了 0.34g/100g、0.18g/100g。

纤维素是构成细胞壁的骨架物质，纤维素的降解也是导致这一阶段果实软化的原因之一。秦美和海沃德在刚采收时的纤维素含量分别为 0.4% 和 0.9%，纤维素酶的活性较低，在采后 5 天、9 天纤维素酶活性快速上升，分别在 13 天和 17 天达到峰值。两个品种的果实在 20℃下放置 16 天后纤维素含量分别损失了 54.1% 和 32.9%。

影响果实贮藏性的因素包括果实本身的状况和贮藏的环境两个方面。

1. 果实本身的状况

首先是果实的贮藏性，如海沃德可以在常温下贮藏 1 个多月，而贮藏性较差的品种贮藏 1 周就已经软化。保持可食状态的时间也因品种而异，海沃德品种的可食状态可超过 10 天以上，而差的品种只能保持 3 ~ 5 天。

栽培的环境和措施通过对果实的成分构成及生理特性等的影响对果实贮藏性产生明显影响。凡土层深厚、土壤肥沃、果园营养平衡、园内光照良好的果园生产的果实贮藏性一般较好，相反，河滩沙土地果园或树冠郁闭、内膛光照不良的果园生产的果实贮藏性差。施氮肥过多、灌水过多、幼果期蘸膨大剂等会使果实内含水量高，果肉细胞大，排列疏松，组织不充实，果实硬度低，贮藏中也极易软化。同一果园中不同年份之间因气候的差异也会造成果实贮藏性的不同。果肉中钙的含量高，则贮藏过程中硬度下降慢，在果实生长季节果面喷钙或采后用含钙溶液浸果实均可延长果实的贮藏期。

采收期适宜的果实，贮藏后果肉硬度变化缓慢，一直保持在较高的水平上。采收过早的果实，贮藏中不仅软化速度快，而且品质差异大，风味淡。据研究，贮藏果实的采收期是可溶性固形物含量在 6.2%～7.0% 之间时，而可溶性固形物超过 8% 时是贮藏果实的最终采收期。

采收及采后处理过程中对果实产生的各种机械损伤，包括撞伤、擦伤、刺伤、病虫危害造成的伤口及振动产生的伤害，有些虽然在当时从外表上看不到任何受伤的痕迹，但果肉内部受伤的部分会促进淀粉酶活性的升高，使淀粉水解速度加快，果实逐渐软化，并在软化的过程中释放出乙烯，加速其他果实的软化。

2. 贮藏条件

（1）温度 影响果实贮藏寿命的首要条件是温度。温度的影响首先表现在对果实呼吸作用的影响，温度越高呼吸越强，营养消耗量大。据测定，在 0℃ 下海沃德品种的呼吸速率为 $3mgCO_2/(kg \cdot h)$，而在 2℃ 下呼吸速率为 $6mgCO_2/(kg \cdot h)$，4～5℃ 下呼吸速率为 $12mgCO_2/(kg \cdot h)$，10℃ 下呼吸速率为 $16mgCO_2/(kg \cdot h)$，20～21℃ 下呼吸速率上升到 $22mgCO_2/(kg \cdot h)$。在不干扰破坏果实缓慢而正常代谢的前提下，将贮藏温度尽可能控制在较低的水平，能够抑制果实代谢，延缓成熟衰老。

据日本有关人员研究，猕猴桃果实在常温（7±4℃）条件下，最长可贮藏到第二年 2 月；在低温（5～6℃）时，可贮藏到第二年 4～5 月；在更低温（2～3℃）的条件下，能贮到第二年 7 月。低温可以抑制果实的呼吸和内源乙烯的产生，因而可使果实的后熟期延长。据试验，在 $0 \sim 5℃$，尤其在 $2℃$ 以下的条件下，果实不产生内源乙烯，即使用外源乙烯处理，呼吸作用也不会出现变化。如果在 $15℃$ 以上时，果实对乙烯的作用就非常敏感。

低温贮藏就是通过降低果实贮藏环境的温度从而使果实内部的温度下降，以减少呼吸的消耗。同时在低温条件下，影响果实软化的各种酶的活性大大降低。例如，淀粉酶活性上升缓慢，淀粉水解速度也慢得多，因而推迟了果实的软化速度。

多数研究表明，猕猴桃果实的冰冻点为 $-1.66℃$，在 $0℃$ 的条件下贮藏最适宜，温度超过 $0.5℃$ 时可明显观察到果实软化速度加快。温度过低会对果实造成冻害，出库后果实会迅速腐败而丧失食用价值。

贮藏期间温度忽高忽低的变化会加速果实的软化进程，影响到果实的贮藏效果，因此贮藏库的温度变化幅度不能过大，使果实温度尽可能保持稳定，上下波动以不超过 $\pm 0.5℃$ 为好。

据新西兰有关人员研究，贮藏在 $0 \pm 0.5℃$ 下的海沃德猕猴桃，入库后的 $4 \sim 6$ 周之间果肉硬度下降较快，从大约 $8kg/cm^2$ 降到 $3kg/cm^2$，此后硬度下降缓慢；贮藏到 3 个月后，硬度仍大致保持在 $1.5kg/cm^2$，以后下降更缓；贮藏到 6 个月左右时，果肉硬度大致保持在 $1kg/cm^2$，符合新西兰海运出口的标准。在 $20℃$ 下贮藏的果实，尽管初期果实软化速度只是略高于贮藏在 $0℃$ 的果实，但冷藏的果实软化速度逐渐变得越来越缓慢，而 $20℃$ 下贮藏的果实一直保持较高的软化速度，不到 20 天就软化、过熟、衰败。

对猕猴桃果实的冷藏，是国内外普遍采用的办法，效果也比较理想。将采收的果实在 $24 \sim 48h$ 内经过预冷后，马上进库冷藏，这样可以降低其呼吸强度，延缓乙烯的大量产生，推迟呼吸高峰的到来，使后熟过程延迟，提高了贮藏寿命。在新西兰有这样的规定，猕猴桃果实采收后在 $8h$ 内将果实温度降到 $1℃$，$24h$ 内进入冷库贮藏。他们认为冷库的适宜温度是 $-0.5 \sim 0.5℃$，相对湿度为 95% 左右，这样的条件下可保存 4 个月左右。贮温不能太低，如在 $-1.5℃$ 时，有的果肉就会受到冻害。而日本则认为，温度 $1 \sim 2℃$、相对湿度 98% 以上是冷藏的适宜条件。美国则认为,温度 1.7℃、湿度 90% ~ 95% 最适宜。

(2) 乙烯 乙烯是影响猕猴桃贮藏寿命的又一重要因素,它既是果实贮藏过程中的新陈代谢产物,也是加速果实软化的催化剂。猕猴桃对乙烯的反应特别敏感,空气中乙烯含量的变化对其软化进程的影响十分明显,即使贮藏在 0℃ 环境中,果实周围有 0.01μL/L 的乙烯也会促进果实软化、呼吸上升。猕猴桃在贮藏过程中本身会产生微量的乙烯,在 20℃ 环境中果实产生的乙烯量在贮藏前期一直很微量,大致到果实出现呼吸高峰前一周,乙烯产生量迅速增加并很快达到峰值,大约为 60 ~ 80μL/(kg·h),随着老化的临近而又降低。产生的乙烯加速了果实软化,而软化的果实又会产生更多的乙烯,二者互为因果。用外源乙烯处理猕猴桃果实后,ACC(乙烯形成的前身)含量及乙烯释放量都明显增加,尤其处理后的贮藏温度越高,果实的软化越快。

在刚采收后的硬果猕猴桃中,已有一定量的 ACC 存在,但由于没有 ACC 氧化酶活性,因此没有乙烯释放。只有当果实开始变软达到一定生理状态后,ACC 氧化酶的活性才表现出来,果实开始释放乙烯。ACC 氧化酶活性的上升早于乙烯的释放,跃变前果实内 ACC 的含量很低,在乙烯释放快速增加的同时,ACC 的含量也大量上升。但不同果实中内源乙烯的释放时间会相差一个月左右。

降低贮藏环境中氧气的浓度,提高二氧化碳的浓度,可以通过抑制 ACC 的合成和 ACC 的氧化作用而明显抑制果实内源乙烯的生成。低温条件也可以抑制乙烯释放速度、ACC 氧化酶的活性及外源乙烯的催熟作用。

但即使贮藏在低温条件下,果实也会因成熟度、附着病原菌密度的差异等,引起乙烯生成量的不同。在 0℃ 的贮藏条件下,正常果实产生的乙烯很微量,受伤的果实常是较多乙烯的来源。部分果实的乙烯释放量增加,导致贮藏容器中乙烯含量上升,健全的果实也会被催熟软化。在低温 (0 ± 0.5℃) 贮藏条件下,尽可能将贮藏环境中乙烯的含量控制在 0.03μL/L 以下,这样直到贮藏后期果肉硬度仍然可以保持相对较高,果实硬度的软化过程被延缓。

要去除贮藏库内的乙烯，可以在库内安装专门的去除乙烯设备，或在贮藏箱内放置乙烯吸附剂，也有人在夜间低温时打开库门通风换气，降低库内乙烯含量。常用的乙烯吸附剂有氧化剂、溴化剂和催化剂三类，其中使用最多的是作为氧化剂的高锰酸钾，其吸附乙烯的能力强，吸湿性低，具有持久性，可持续去除环境中的乙烯。乙烯吸附剂在低温下的效果明显优于常温下的效果，果实包装薄膜较厚的去乙烯的效果更好。乙烯吸附剂可自行制作，一般用蛭石、新鲜碎砖块泡在饱和的高锰酸钾溶液中，使蛭石和砖块染上一层紫红色，然后取出沥干，放在库内或装果实的薄膜袋内即可。放置一段时间后，蛭石或砖块褪掉鲜艳的红色，表明已经失效，要重新换上新泡制的蛭石或砖块。

苹果、梨等其他水果本身能产生大量乙烯，但对乙烯的反应相对迟钝，如果这些果实与猕猴桃贮藏在同一库内，产生的乙烯会导致猕猴桃迅速软化。

（3）空气成分　贮藏环境中的气体成分能显著影响果实的贮藏性能，人为控制低温贮藏库的气体成分，增加二氧化碳或氮气的含量、降低氧气含量均能达到抑制呼吸、抑制乙烯合成、降低过氧化物酶的活性等效果，达到延迟果实软化的目的。也可在库内安装气体洗涤器，清滤库内空气，将有害气体清除。

气调库通过调节库内的氧气、二氧化碳和氮气之间的比例并保持在一定水平上（氧气含量 2%~3%，二氧化碳含量 4%~5%），氧气含量在 1% 以下时会产生无氧呼吸，猕猴桃果实会产生酒味，因此一般适宜使用的氧气含量不应低于 2%；而二氧化碳含量过高，果实外果皮变硬呈纤维状，内果皮软化呈水浸状，中柱则无法软化，果实风味变差。

气调体系的建立一般通过充气直换法进行先期降氧气，然后通过猕猴桃自身的呼吸作用继续降低氧气，达到调节库内气体的目的。由于贮藏的果实不断呼吸产生二氧化碳，库内二氧化碳的含量会持续升高，超过限度后会对果实造成危害，因此库内气体成分的维持必须通过检测来控制。气调库是在密封的低氧状态下贮藏，人员不能自由出入，必须在库外建立快速准确的监测系统，随时控制库内的气体成分变化，以避免水果中毒受害事故发生。

（4）空气湿度 贮藏库中的空气湿度对猕猴桃的贮藏性能也有显著影响。据新西兰有关人员研究，猕猴桃果实在0℃和90%～95%的相对湿度下，贮藏3个月后，果实水分只减少1%；如相对湿度减少到80%～85%时，在相同的温度和贮藏期内，水分损失为5%。因此，冷库内通常要用喷水来保持最大湿度，一般认为以95%的相对湿度比较适宜。若湿度太低，果实易失重、皱缩，降低商品价值；如湿度过高，易引起果实腐烂。

一定体积的空气中所能容纳的水汽数量在一定温度下是有一定限度的，超过这个限度，多余的水汽就会凝结成水滴或冰晶。水汽达到最大限度的水汽压称为饱和水汽压，饱和水汽压随着温度的降低而降低（表10-1）。果实内部的空气相对湿度约99%，当果实贮藏在相对湿度低于99%的环境中时，果实中的水汽就会向周围扩散。由于贮藏在低温条件下，空气中能保持的水汽数量少，果实不断向空气中扩散水汽，而空气中多余的水汽不断凝结，造成果实水分不断损失。果实内的相对湿度与贮藏库中的空气湿度差距越大，果实水分的损失越快。在未用聚乙烯薄膜保护的贮藏箱内果实贮藏到4～6周时就可见到果面皱缩，通常当果实的重量损失达到3%～4%时果面皱缩明显。水分损失时果实发生萎蔫，重量减轻，更重要的是萎蔫使果实的正常呼吸作用受到破坏，加速有机物的水解过程，使果实逐步衰老，削弱了果实的贮藏性和抗病性。

表10-1　不同温度下的饱和水汽压

温度/℃	-2	0	2	5	10	15	20	25	30	35
饱和水汽压/Pa	5.3	6.1	7.1	8.7	12.3	17.1	23.4	31.7	42.5	56.3

由于冷藏库中的热交换器蒸发管路不断地结霜、化霜，常导致湿度下降，难以保持最适的湿度范围，对此可以采用在地面洒水或安装加湿器等方法加以解决，也可把猕猴桃放在塑料薄膜袋内或塑料帐内，保持小环境内的相对湿度基本稳定。

当库门开关次数太多时常造成库内相对湿度过高，使果实表面出现发汗现象，对果实贮藏有不利影响，因此，要尽量减少冷库门的开关次数。在库内各适当部位放置氯化钙、木炭、干锯末等吸湿物，对降低库内湿度也有一定的作用。

二　贮藏库的种类

水果贮藏库可分为两大类：一类为自然温度库，库温随着自然温度的升降而变化，如常温通风库、窖洞等；另一类是利用冷冻机制冷来降低库内温度，不受外界气温影响，果品贮藏时间长、效果好，如机械冷库、低乙烯气调库等。

1. 常温通风库贮藏

常温通风库贮藏就是在缺乏制冷设备的情况下，利用自然冷源以降低库内温度，达到延长果实食用期的目的。这类库是利用库顶、库底的温差和昼夜温度变化，通过换气来调节库温。通风库可分为地下式、半地下式和地上式三种。现将应用较广泛的地上式通风库作一介绍。

库址选择对降温效果非常重要。要选择通风良好的冷凉山地或河谷阴坡，同时要有开阔的场地和便利的交通条件。建筑材料尤其是保温材料要有良好的绝热性能，结构疏松，不易吸水，如可用软木板、油毛毡、稻壳、芦苇、刨花等作隔热层，也可采用封死的空气绝热材料及聚苯乙烯泡沫塑料等作隔热材料。库顶以"人"字形为好，顶的下部设天花板，板上铺一定厚度的隔热材料，如干锯末、稻壳等，用油毛毡或塑料薄膜防潮，顶的最上端铺一层木板，木板上铺瓦，在房顶和隔热材料之间是一层不流动的空气层。库门设在北面或东面，安装两道库门，两道门之间相距 2～3m，作为空气缓冲间。库门采用双层木板结构，木板之间填充保温材料，门的四周全部钉上毛毡密封。通风系统由进风道、通风窗、排风扇和排气筒等设施组成。由于猕猴桃在贮藏期间的呼吸强度较高，因此各种风道的通风面积应适当加大，开孔大小可根据贮果数量和当地风速等因素来计算。一般来说，50 吨库的通风面积不应少于 $1m^2$。排气筒应高出库顶 1m 以上，筒体越高，排气效果越好，最好在排气筒的下方装一排风扇以加速空气循环。一般要求在果实入库前先做好清扫、消毒工作。平时主要是做好控制通风时间、通风量，调节库内的温度、湿度等工作。一般通风换气应在凌晨进行，但严冬时节应注意

保温防冻，使库内温度达到或接近0℃。地面用泥土夯实为好，不要用水泥铺地，库的周围不得熏烟及堆放腐烂的有机物。通风库贮藏方法因库内温度很难维持到猕猴桃最适宜的贮藏温度，一般只用于猕猴桃的中短期存放。

2. 窑洞贮藏

虽然它的冷藏效果不如冷库好，但它投资少，利用自然条件，结构简单，建造方便，容易管理，是一种节能型的贮藏设备。在山区及丘陵地区的昼夜温差较大，可利用天然的冷凉条件，建造贮藏窑洞。

窑洞的建造应选地势高燥、土质坚实的阴坡地方。窑洞门通常设置两道，以利于保温，两门相距3~4m，门宽1.6m左右，高约2.4m，门外设防鼠沟一道。窑洞全长30~40m，贮果区长约30m，宽、高各3m，整个窑洞顶应位于地下4~6m处。在洞尾设一排气孔，排气孔高出地面5m左右，排气孔全长约10m，直径1.2m。窑洞内沿两侧壁各修1条地沟，沟宽、深各为0.25m，长度与窑洞相等，沟的一端与窑外相通，一端与排气孔底部相接，以利于通风降温。果实进入窑洞之前，一般都要对窑洞进行消毒处理，特别是已贮藏过果实的旧窑洞，更要进行彻底清扫和消毒。常用硫黄进行熏蒸消毒，按每立方米空间用硫黄10g进行，或用1%的福尔马林溶液均匀喷布。用药消毒处理后关闭窑洞2~3天，然后开门通风，待硫黄或甲醛气体散尽后再使用。地面可撒石灰进行消毒。包装容器用0.10%~0.5%的漂白粉溶液洗刷干净，然后再在太阳下暴晒消毒。将采收的果实装箱，经散热预冷后入洞。堆箱时最好箱与箱之间交错堆放，并留出3~5cm的空隙，地面垫上木条或砖块，以利于避风降温。

窑洞的温度调控是窑洞贮藏成败的关键。要经常观察窑洞内的温度变化。果实一入窑洞，温度会很快上升，要利用窑外温度较低的凌晨和夜间打开窑洞门和排气孔，换气降温。在室外温度低于最适贮藏温度的寒冬季节，要在白天气温高时（0~5℃）进行通风，防止果实受到冻害。窑洞内湿度过高时，可在洞内外湿度相差不大时换气。洞内湿度过低时，可通过在窑洞内地面喷水、挂湿草帘等方法来提高湿度。日常要经常检查窑洞内温度、湿度的变化情况，同时检查果实在贮藏中的变化情况，发现软化和腐烂变质果要及时清除，以免影响窑洞内的空气质量。

3. 机械冷库贮藏

在有良好隔热保温性能的库房中安装冷冻设备，利用沸点很低的液态制冷剂，在低压下蒸发变成气体，吸收果品贮藏库的热量，达到降低库温的目的，再通过压缩机的作用将气化的制冷剂加压并降温、液化、再循环。机械冷库贮藏猕猴桃时，果实周围的温度应保持在 0 ± 0.5℃，相对湿度保持在 95% 以上，空气中的乙烯含量低于 $0.01 \mu L/L$。

4. 低乙烯气调库贮藏

此法使用了现代自控技术进行操作，在机械冷库上增加控制、检测库内气体成分的设备，采用乙烯净化装置，使低温贮藏、气体调节和乙烯脱除三个方面合为一体。它是通过提高二氧化碳的含量，降低氧气的含量，达到抑制呼吸、延长贮藏期的目的。用这种方法贮存的水果贮藏期和品质都明显优于其他方法，是目前国际上最先进的果品保鲜技术。据国外对猕猴桃果实的气调贮藏试验认为，最适宜的气调贮藏条件是：3% 的氧气 + 3% 的二氧化碳，或 2% 的氧气 + 4.5% 的二氧化碳，或少量的氧气 + 6% ~ 8% 的二氧化碳。温度为 $0.5 \sim 1$℃，相对湿度为 95% 左右。一般推荐的猕猴桃气调贮藏适宜的组合为：二氧化碳含量 4% ~ 5%，氧气含量 2% ~ 3%，温度 0 ± 0.5℃。

气调贮藏在延长果实贮藏寿命方面优于冷藏，但它不能代替良好的冷藏。气调贮藏是将果实置于密封的气体薄膜袋（容器）中再加冷藏的条件。人为地将袋内促进果实呼吸的氧气减少，增加能够抑制呼吸作用的二氧化碳，达到减少果实的呼吸作用、抑制乙烯产生的要求，以延长果实的贮藏期，并能获得较好的品质。在入库堆放果箱时，除小心轻放外，还要留出一定空道，以利于库内空气环流，保持稳定的温度环境。同时要注意库内乙烯气体的含量。

气调贮藏除了大型冷库外，还可以采用简易气调贮藏，如硅窗塑料帐贮藏、硅窗保鲜袋贮藏、塑料薄膜袋贮藏。简易气调贮藏方法的优点是投资少，操作方便，简单实用，还具有调气速度快、管理灵活、便于出入库等特点；缺点是要与适当降温措施相结合，才能达到明显效果。

硅窗塑料薄膜帐贮藏的设备是以厚度 0.2mm 左右的透明聚乙烯薄膜或无毒聚乙烯薄膜作为帐材，制成类似于蚊帐样的长立方形帐子，帐的大小据贮果多少而定，一般每帐贮果 1 吨左右。在帐子的中部镶嵌一块硅橡胶布小窗。一般温度为 0℃，保存 1 吨果子，其开窗面积需 0.4m² 左右。选择一块稍大于帐底的长方形地块，四周挖 1 条深、宽各 10cm 左右的小环沟，在沟上铺好帐底，帐底上放些垫果箱的砖块，然后将预冷好的果箱放在砖上，码成通气垛，再将帐顶扣在垛上，下面与帐底紧紧卷在一起埋入小沟内，用土压紧，以防漏气，帐上可开几个抽气小孔，抽气孔用自行车气门芯、胶管和铁夹组成，以便抽气和密封。这种贮存方法必须与机械冷风库或自然通风库（窖）配合使用，以保证库内有较低而稳定的温度。塑料薄膜帐内一般湿度较大，不需另外加湿。帐内气体成分的调控主要靠果实的呼吸作用和硅橡胶窗对氧气和二氧化碳的通透性不同来调节。硅橡胶布对二氧化碳的通透性比氧气大 5～6 倍，具有自动调节帐内气体成分的功能。帐内二氧化碳含量过高时，应当及时补充新鲜空气。还可在帐内放入少量吸有高锰酸钾的砖头和蛭石，吸收乙烯和其他有害气体。每 1～2 天应对帐内所含气体用奥氏气体测定仪进行测定。

硅窗保鲜袋贮藏与硅窗塑料帐原理相同，区别在于这种袋子较小、较薄，薄膜厚度 0.03～0.05mm，一般每袋贮果 5～10kg，适于少量贮果用户。选择成熟度中等的果子，放入袋中置于阴凉处过夜降温，再放入少量乙烯吸附剂，然后扎紧袋口，放在低温处贮藏。其缺点是袋的容积小，气体成分难于控制。

塑料薄膜袋贮藏与硅窗保鲜袋相比，除没有硅橡胶窗之外，其大小、规格皆与硅窗袋相似。贮藏果实必须是优质硬果，当袋内二氧化碳含量高时要打开袋口通气，调整二氧化碳和氧气的含量，同时果袋中要加入乙烯吸附剂并经常更换，而且要在低温的环境条件下使用。

【注意】 气调库中容易发生二氧化碳中毒的现象，要勤检查库内的状况。

三 冷库贮藏预冷处理

入库贮藏的果实要经过预冷。从田间采收的果实携带有大量的热能，直接进入冷库后大约需经过 7 天才能使果实从常温状态降低到 0℃左右，而使用预冷处理只要 8～24h 便可达到，经过预冷处理的果实贮藏性能明显优于未预冷处理的果实。预冷的方法很多，有抽风预冷、冷库预冷、水预冷、鼓风预冷等，但以抽风预冷的应用最普遍。

1. 抽风预冷

将果箱放入特制的密闭预冷间，每排果箱之间留有较窄的通风道，通风道上用帆布等盖住，在预冷间的两端分别安装有制冷机和排气扇，预冷时由于排气扇的运转，使预冷间的两端形成气压差，使冷空气从果箱的间隙穿过将热能带出。当流经果实的冷气流量为 0.75L/（kg·s）时，大约 8h 便可将果实从室温降低到 2℃。

2. 水预冷

将果实放入 0.5℃的冷水中，冷水以 7～10 L/（s·m²）的速度流动，一般不到 25min 便可使果实的温度从 20℃降低到 1℃。水冷法的优点是果实没有水分损失，其他方法约损失 0.5%，但其缺点是果实包装之前需要风干，否则果毛腐烂后会影响果实的外观。

3. 鼓风预冷

在果实包装线输送带上设置一冷气槽，-5℃的冷空气以 3～4m/s 的速度从槽中流过，从而使输送带上尚未包装或已包装但未加盖的果实在不到 30min 内冷却到 1℃。

四 入库

果实入库前一周对果库消毒，每 100m³ 用 250g 硫黄或 20mL 甲醛熏蒸后密封 2～3 天，然后通风换气 3～5h。将库温降到 0.5℃，温度变化幅度不超过 ±0.5℃。贮藏箱可用长、宽、高分别为 50cm、35cm 和 20cm 的木条箱，木条宽 3～4cm，木条间隔 0.5～1cm，内壁光滑。箱底铺粗纸，上置厚度 0.03～0.05mm 的聚乙烯塑料保鲜袋，袋子口径 80～90cm，袋长 80cm。将经过预冷的果实装入保鲜袋中，每袋约 12.5kg，放入保鲜剂，用绳子轻扎保鲜袋口。大型的贮藏库也可使用内宽 90cm×90cm、深 40cm 的大箱，木条宽 8～10cm，木条间隔 0.5～1cm，但需同时配备叉车。

果实采收后的入库时间对猕猴桃的贮藏性有显著的影响，采收后尽快入库，可以抑制呼吸消耗，延长果实的贮藏期。新西兰过去一直强调采收后 24h 内入库，但经过近年的研究发现，由于果实采收、运输程度不同程度地产生了一些机械损伤，这些伤口迅速入库后，在低温、高湿条件下愈合慢，易遭受病菌侵染，果实贮藏后腐烂率较高；而采后的果实在常温下的阴凉处放置 2 天左右，使采运过程中产生的伤口在常温、干燥的环境下得到较好愈合，可减少病原菌侵染的机会，降低贮藏果的发病率。

首次入库的果实数量可达总库容的 20%，以后每天按库容的 5%～10% 入库，以免引起库温起伏过大。进库后先将果箱散开摆放，待 1～2 天后果实温度降至 0℃ 再按要求堆放。未经预冷的果实入库时应直接将果实放在果箱内入库，待果实温度下将到 0℃ 后再装入聚乙烯塑料保鲜袋内，以利于果实迅速降温。整个入库过程中，制冷机要全部开动，不能停机。

果箱在库内堆放时应留有 50～60cm 的主风道（与冷风机方向相同）和 30～40cm 的侧风道（与冷风机方向垂直），冷风机下距地面 80～100cm，对面距墙 50～60cm，其他两侧距墙 30～40cm，距库顶 100～150cm。堆垒与墙之间留 20～30cm 的空隙，堆垒间距 30～50cm，果箱之间留缝隙 1～2cm，果箱距库顶 50cm，果箱下的垛底垫木高 10～15cm，以利于库内空气流通。

五　贮藏库的管理

库房外应设有能连续测定库内温度的直接读数的显示器，同时在库内有代表性的方位安装 3～5 个温度计，温度计应放置在不受冷凝、异常气流、振动和冲击影响的地方，果实入库后将温度计插入果箱中用保鲜袋封住后观测温度，并用精密玻璃温度计校正控温仪的显示温度，防止仪表误差导致果实受冻或温度过高。如果库内不同部位的温差大于 0.5℃，则应调整堆放方式和调节各风机的制冷量。

　　库内相对湿度应保持在95%以上，湿度不足时应在地板上浇水，保持地面湿润或结冰，最好配置超声波加湿器使库内湿度达到饱和，冷风机化霜的水不必引向库外，而是直接流至冷库地面。

　　入库后的前2周，应每3天通风1次。通风时先关住库门，打开风门，开动风机，所需时间 = 库容/风机抽风量，到时间后打开库门，再按以上时间抽风，如此反复2～3次。抽风换气后立即加湿，通风时制冷机不能停机。

　　每隔2～3天检查库温1次，检查温度、湿度是否与设备的控制仪表显示的相符，发现问题立即校正。入库时不宜开库内大灯，用手电筒即可。同时观察冷风机的结霜情况与化霜效果，化霜时间以能将霜化完为止，不宜太长。化霜时关闭制冷机，化霜后先开冷风机5min，然后再开动制冷机。

　　果实入库后20天左右在库内检查全部果实1次，捡出软化果及其他不宜贮藏的果实。一般果实出库时果肉硬度应保持在 1.0kg/cm² 左右为宜。

第三节　分级、包装与运输

一　分级

　　我国目前还没有形成适应现代化市场要求的猕猴桃分级标准，大部分地方采用手工分级，将果实按照重量分为3个等级：一级100g以上，二级80～100g，三级60～80g。这种分级标准同级内果实差异较大，无法进入等级较高的超级市场，更难以进入国际市场。新西兰的美味猕猴桃海沃德品种的分级标准已经得到了世界市场的认可，可以作为我国果实进入世界市场的参考。

　　首先要求果实在外形、果皮、果肉色泽等方面符合品种特征，无瘤状突起，无畸形果，果面无泥土、灰尘、枝叶、萼片、霉菌、虫卵等异物，无虫孔、刺伤、压伤、撞伤、腐烂、冻伤、严重日灼、雹伤及软化果，再按照果实的重量通过自动分拣线分级（表10-2）。

猕猴桃
高效栽培

表 10-2　新西兰猕猴桃果实分级标准

每盘（3.6kg）个数/个	最小重量/g	最大重量/g
25	143	160
27	127	143 以下
30	116	127 以下
33	106	116 以下
36	98	106 以下
39	88	98 以下
42	78	88 以下

果实分级时一般采用机械自动化分级和人工拣除残次果相结合的方式（图 10-3），滚动式分级线将果实传动到检查台，检查台两边有 8~10 个技术熟练的人员在良好的照明条件下观察转动的果实，发现不符合要求的果实后立即取出放入淘汰果传送带，另外收集起来。其他果实则继续前行通过由不同重量标准组成的

图 10-3　果实自动分拣线分级

活动板块，当一个果实的重量达到该活板块设计的承受重量时，活动板自动翻转，果实进入承接活动板口的小输送带，完成了果实的自动分级，单果重误差不超过 ±3g。果实分级后再由人工摆放入不同规格的包装箱内。

二　包装

猕猴桃属于浆果，怕压、怕撞、怕摩擦，包装物要有一定的抗压强度；同时，猕猴桃果实容易失水，包装材料要求有一定的保湿性能。国际市场的猕猴桃果实包装普遍使用托盘，托盘由优质硬纸板或塑料压制成外壳，长 41cm、宽 33cm、高 6cm，内有一张聚乙烯

薄膜及预先压制的有猕猴桃果实形状凹陷坑的聚乙烯果盘，果形凹陷坑的数量及大小按照不同的果实等级确定，果实放入果盘后用聚乙烯薄膜遮盖包裹，再放入托盘内，每个托盘内的果实净重 3.6kg。托盘外面标明注册商标、果实规格、数量、品种名称、产地、生产者（经销商）名称、地址及联系电话等。

我国目前在国内销售的包装多采用硬纸板箱，每箱果实净重2.5～5kg，两层果实之间用硬纸板隔开，也有部分采用礼品盒式的包装，内部有透明硬塑料压制的果形凹陷，外部套以不同大小的外包装。这些包装均缺乏保湿装置，同时抗压能力不强，在近距离的市场销售尚可使用，远距离的销售明显不适应，需要加以改进。至于对外出口的果实，只有采用托盘包装才能保证到达目的地市场后的果实质量。

三 运输

猕猴桃果实采收以后，除少量供应当地市场外，绝大部分需要转运到人口集中的城市、工矿区和贸易集中地销售，运输是保证安全、优质的猕猴桃果实到达消费者手中的完整链条中极其重要的一环。

猕猴桃是新鲜果品，运输过程中要安全运输、快装快运，绝不可积压堆积，以免果实长时间堆放在外界不良条件下而加速软化过程。装卸时要轻装轻卸，文明转运，以免造成果实的机械损伤。运输环境要适宜，防冷防热防振动：运往北方市场的运输过程中要防止果实受冻；运往南方市场的过程中则要注意防热；运输途中的强烈振动和加速度的反复作用会使果实发生损伤，进而引起腐烂。

现代水果产业在新鲜水果采收后的流通、贮藏、运输、销售一系列过程中实行低温保藏，以防止新鲜度和品质下降，这种低温贮藏技术连贯的系统被称为低温冷链保鲜运输系统（图10-4）。如果冷链系统中任何一环出现问题，就将破坏整个冷链保鲜运输系统的完整实施，而在整个冷链系统中低温运输担负着联系、串联的中心作用。

在猕猴桃的冷链运输中，运输的时间越长，要求的适宜低温越低（表10-3），如果途中运输时间超过6天以上，温度就必须与低温贮藏的温度保持一致，才能获得保鲜的良好效果。

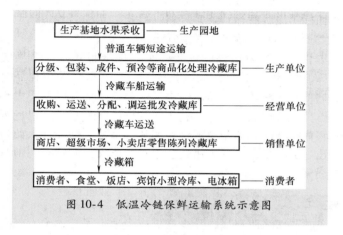

图 10-4　低温冷链保鲜运输系统示意图

表 10-3　猕猴桃冷链运输中的推荐温度

途中运输时间/天	1~2	2~3	3~4	5~6
运输温度/℃	3~5	2~4	2~3	1~2

目前，我国猕猴桃的运输采用冷藏车的较少，主要依靠普通货车，这类车辆设备简单、成本较低，运输途中除防止产生强烈振荡、机械损伤外，还要根据果实运往的地区情况采用不同的遮盖物，防止日晒雨淋、受热受冻。

第四节　猕猴桃果实的加工

建立食品加工厂应当从生产效益出发，首先要有充足、优质的原料来源和水源。水质的好坏直接影响产品的质量，而生产猕猴桃饮料的水质尤其重要。加工用水应符合国家颁布的饮用水标准，以软水为宜，硬度不要高于8度。厂区周围要有良好的卫生环境，附近不能有有害气体、放射物质、粉尘或其他扩散性污染源。为了减少运输成本，加工厂最好建在生产集中区附近。

狝猴桃加工产品多达几十种，其中最常见的有果汁、果酱、果酒、果脯、果冻、果糖、汽水、固体饮料、糕点等。以下介绍几种狝猴桃制品的加工技术。

一　狝猴桃果汁

狝猴桃果汁是极受市场欢迎的保健饮料，用狝猴桃果汁还可以加工浓缩果汁、果酒、汽水、果冻、果晶等多种产品。

1. 技术要求

（1）感官指标　色泽呈黄绿色或浅黄色。口感具有狝猴桃汁特有的风味，酸甜适度，无异味。形态为汁液均匀混浊，静置后允许有沉淀，但摇动后仍呈均匀状态。不允许有杂质存在。

（2）物理生化指标　每罐净重为200g或250g，允许公差±3%，但每批平均不低于净重。可溶性固形物为11%~15%，总酸0.3%~1%（以柠檬酸计），原果汁含量不低于40%。

（3）微生物指标　无致病病菌及因微生物作用而引起的腐败征象。

（4）罐型　采用QB 221—76。

2. 工艺流程

选果→清洗、消毒→去皮→破碎、打浆→榨汁→过滤→调配→加热→装罐→封罐→杀菌→冷却→擦罐入库→包装→贮运

3. 操作技术要点

（1）原料选择　要求果实成熟度达八、九成，新鲜完好，色泽正常，无病虫果和烂果。

（2）原料清洗　先用1%漂白粉溶液或0.1%的高锰酸钾溶液进行消毒，清除虫卵及微生物，再用清水清洗几次。

（3）去皮　可用人工法将果实切开，用勺子将果肉挖出；也可用化学去皮法，将10%~25%的氢氧化钠溶液煮沸，放入洗净的果实，浸泡1~2min，冲洗去皮以后再放入1%的盐酸溶液中，常温下处理30s，立即用流水冲洗10min。

（4）破碎、打浆　将去皮的果实在破碎机中破碎或在打浆机中打浆。

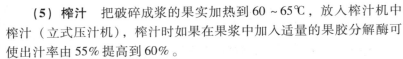

（5）**榨汁**　把破碎成浆的果实加热到 60~65℃，放入榨汁机中榨汁（立式压汁机），榨汁时如果在果浆中加入适量的果胶分解酶可使出汁率由 55% 提高到 60%。

（6）**过滤**　在过滤机中过滤或用平板布过滤，把果汁中的残籽或果肉滤出。这时果汁混浊，若在低温下冷冻，吸取上清液便得到澄清果汁。若需制混浊果汁，则把滤出的混浊果汁在真空脱气罐中进行脱气，使果汁色泽不变，然后用高压均质机进行均质，使果汁中的细小颗粒进一步细碎，促使果汁溶出，使果胶与果汁亲和，保持果汁的混浊度。

（7）**调配**　按原果汁含量的 40% 加白砂糖配成可溶性固形物为 35% 以上的果汁。

（8）**加热**　将调配好的果汁通过灭菌器加热。

（9）**装罐**　当果汁温度在 70~80℃ 时，应当迅速装入罐或瓶（罐、瓶必须提前清洗干净和消毒）。

（10）**封罐**　趁热将罐封口，真空度要求 46.7kPa（350mm 汞柱）以上，要封口良好。

（11）**杀菌及冷却**　装罐密封后立即杀菌 8~15min（100℃），杀菌后冷却到 40℃ 时取出。

（12）**擦罐、入库**　冷却后将罐擦干净入库。

二　猕猴桃果酱

用猕猴桃果实制果酱的利用率高达 90% 以上，果酱营养丰富，甜酸适度，有良好的开胃生津效果，极受消费者欢迎。

1. 技术要求

（1）**感官指标**　色泽呈黄绿色或黄褐色，有光泽，均匀一致。口感具有猕猴桃酱所特有的风味，无焦煳味，无异味。形态为蒸制酱体呈胶黏状，带种子，保持部分果块，置于水面上允许徐徐流散，不得分泌汁液，无糖结晶。不允许有杂质存在。

（2）**物理生化指标**　每罐净重允许公差 ±3%，但每批平均不低于标明的净重。总糖量不低于 57%（按转化糖计），可溶性固形物不低于 65%（按折光计）。

（3）**微生物指标**　无致病病菌及因微生物作用而引起的腐败

征象。

（4）**罐型**　旋口玻璃瓶或铁罐。

2. 工艺流程

选果→清洗、消毒→去皮→破碎→软化→加糖浓缩→装罐、封罐→杀菌→冷却→擦罐入库→包装→贮运

3. 操作技术要点

（1）**原料选择**　加工果酱的猕猴桃果实要求果心较小，种子较少，含有丰富的果胶物质和有机酸，果肉甜酸适度，芳香味浓，颜色一致，成熟良好。果肉颜色不同的果实，应分别进行加工。要剔除腐烂变质果、硬果及成熟过度果。

（2）**原料清洗**　先用1%的漂白粉溶液或0.1%的高锰酸钾溶液进行消毒处理，再用清水彻底清洗。

（3）**去皮**　可用人工法将果实切开，用勺子将果肉挖出；也可用化学去皮法，将10%～25%的氢氧化钠溶液煮沸，放入洗净的果实，浸泡1～2min，冲洗去皮以后再放入1%的盐酸溶液中，常温下处理30s，立即用流水冲洗10min。

（4）**打浆软化或破碎软化**

1）打浆软化是将果实去皮后，倒入打浆机中进行打浆。打浆机的筛板应根据留籽或去籽的加工要求进行选择。将果浆倒入夹层锅中，再加入75%的糖浆进行软化（10～15min），这样可制成全泥状果酱。

2）破碎软化是将洗净去皮的果实，用破碎机破碎成小碎块，然后倒入夹层锅中加入糖液软化，这样可制成块状果酱。

（5）**浓缩**　浓缩包括常压浓缩和真空浓缩两种方法。常压浓缩是把果酱倒入夹层锅后，再加适量75%的糖液（须先经过滤），然后加热，并不断搅拌，以便加速蒸发和避免发生焦煳。浓缩时蒸汽压力为245～294kPa，浓缩时间为30min左右。浓缩时间过长，易使果酱颜色变褐，凝胶能力降低，贮藏期蔗糖返沙。

在有条件的厂中，可将原料用泵打入真空浓缩锅内，在减压低温条件下进行蒸发浓缩，能有效地避免养分的损失。为了提高果酱的质量，可添加适量的果胶，使色泽和风味有所提高。真空浓缩的

配料为：果酱100kg、白糖100kg或75%的糖水135kg、真空浓缩锅的真空度约80kPa（600mm汞柱），浓缩到65%~66%（用折光计测）出锅，再加热到100℃左右，以后保温在90℃以上。

（6）装罐 用经消毒的四旋瓶装酱，酱温不能低于86.5℃，趁热封罐，注意勿外溅污染瓶口。

（7）杀菌及冷却 玻璃瓶封口后应在100℃条件下立即杀菌20min，分段冷却，以防玻璃瓶炸裂。

（8）擦罐、入库 将杀菌后的玻璃瓶擦净入库。

三 猕猴桃发酵果酒

猕猴桃果酒，是一种低度酒，一般酒精度为12°左右，较甜，具有猕猴桃特有的果香和醇香，是老少皆宜的产品。

1. 工艺流程

选果→清洗、消毒→破碎→主发酵→压榨分离→后发酵→陈酿→调配→过滤→装瓶→成品

2. 操作技术要点

（1）原料选择 原料需要充分成熟发软且有猕猴桃浓香味的果实，剔除腐烂变质、病虫果及未熟果。

（2）清洗 用清水洗去果实上的泥沙、虫卵及其他杂质。

（3）破碎 将洗净的果实在破碎机内破碎成浆状或糊状。

（4）主发酵 把已破碎的果浆，倒入或泵入经过消毒的发酵池或缸内，加入5%的酒母糖液，搅拌均匀，发酵温度维持在25~28℃，每天搅拌2次（上、下午各1次），使发酵均匀。当残糖下降到1%时，即可进行压榨分离。

（5）压榨 主发酵结束后进行压榨，使皮渣与酒液分离。压榨后的皮渣，还可进行2次发酵，蒸馏白酒或称"白兰地"。

（6）后发酵 酒液转入后发酵，当酒度达到12°时，再加入适量砂糖，在20~25℃条件下，进行30天左右的后发酵，之后可转入陈酿。

（7）陈酿 后发酵结束后酒液不清，不容易沉淀，此时可将酒液倒入池或缸中，调整酒度到16°左右，置于15~18℃的室温下进行陈酿，第二年2月份进行倒池或倒缸，年底即可调配成成品酒。

（8）**调配过滤**　调配酒度可按 12°~16° 调配，经过滤后，要求酒液透明。

（9）**装瓶**　将酒装入已经消毒好的瓶中，装后立即压盖密封。

（10）**包装成品**　通过检查质量合格的猕猴桃酒，贴上商标，作为成品销售。

四　猕猴桃蜜饯

1. 工艺流程

原料选择→去皮→清洗→切半、挖果心→加热糖渍→烘干→成品

2. 操作技术要点

（1）**原料**　选择成熟完好的果实，剔除伤残腐烂果和病虫果。

（2）**去皮**　选出的果实放入 10% 左右的氢氧化钠水溶液中煮沸去皮。

（3）**清洗**　用清水冲去果实上的残留皮渣和碱液，再用清水漂洗 2~3 次。

（4）**切半挖心**　用不锈钢刀将果实纵向切成两半，挖除果心和种子。

（5）**加热糖渍**　将果坯放入不锈钢双层锅内，向锅内加入占果坯重量 6%~15% 的蜂蜜和少量香料，加热 2 次，经冷却、风干即成。

五　猕猴桃果脯

1. 工艺流程

原料分选→清洗→去皮→切片→烫漂→糖渍→糖煮→干燥→整形→包装

2. 操作技术要点

（1）**原料分选**　选用八成半成熟的果实，果实要有一定的硬度，无病虫害、霉烂变质。

（2）**清洗**　用流动自来水将猕猴桃表面的泥沙及污物洗涤干净。

（3）**去皮**　用 80~90℃ 的浓碱液浸泡 30~60s 去皮，然后迅速用自来水冲洗掉果实上的残留皮屑和碱液，并用 1% 的盐酸溶液浸泡

以中和残留的碱液。

(4) 切片　将猕猴桃果实横切成厚度为 5 ~ 6mm 的薄片，并浸入 1% ~ 2% 的盐水中，以抑制氧化酶的活性。

(5) 烫漂　将猕猴桃片在沸水中烫漂 2min 左右，以杀灭氧化酶活性，并迅速用自来水冷却。

(6) 糖渍　沥干水分的猕猴桃片，用白砂糖糖渍 20 ~ 24h，砂糖用量为猕猴桃片重的 40%，砂糖在上、中、下层的分布比例为 5:3:2。

(7) 糖煮　取出糖渍好的猕猴桃片，沥干糖液，在糖液内加入砂糖，使含糖量达到 65% 左右，煮沸后加入糖渍过的猕猴桃片，再次煮沸 25 ~ 30min。当糖液含糖量达到 70% ~ 75% 时，取出果片沥干糖液。

(8) 干燥　将糖煮过的果片，放在竹筛网（或不锈钢丝网）上，在 55℃ 左右的烘房内干燥 24h 左右。

(9) 整形包装　干燥后的果脯片需压平，然后用玻璃纸或聚乙烯薄膜包装。

六　猕猴桃晶

猕猴桃晶是一种水果型的固体饮料，具有猕猴桃的特有风味，酸甜适口，开胃生津，极受市场欢迎。

1. 工艺流程

选果→清洗、消毒→破碎→榨汁→浓缩→配料混合→成型→成品包装

2. 操作技术要点

(1) 原料分选　选用新鲜、汁多、维生素 C 含量高、充分成熟变软的猕猴桃果实。剔除生青、病虫、伤烂的果实。

(2) 清洗　用流动清水清洗，洗除果实表面的泥沙污物。

(3) 破碎　用破碎机迅速破碎，以免果汁与空气接触时间过长而氧化变色，又可减少维生素 C 的损失。

(4) 榨汁　将破碎的猕猴桃放入压榨机中徐徐加压，使果汁缓缓流出。若果胶含量高，可将果渣取出捣松后加入 10% 的清水，搅匀再进行第二次榨汁，可提高出汁率。一般出汁率 65% ~ 70%。果汁用纱布粗滤一遍。

（5） 浓缩 常压浓缩可在不锈钢双重锅中浓缩，保持蒸汽压力 245kPa（2.5kg/cm²）。浓缩过程中应不断搅拌果汁，以加快蒸发和防止焦化，要求浓缩时间越短越好，为此应控制投料量，使每锅浓缩时间不超过 40min。当果汁浓缩到可溶性固形物为 60% 时即可出锅。真空浓缩是在真空浓缩锅中进行，浓缩时保持锅内真空度 80～86.7kPa（600～650mm 汞柱），加热蒸汽压力为 147～196kPa（1.5～2kgf/cm²），果汁温度为 50～60℃。浓缩后所得到的半成品为无糖猕猴桃酱。这种半成品可放入冷库或装入马口铁大罐中保存。

（6） 配料混合 取洁白干燥的白砂糖，用粉碎机粉碎，并过筛成糖粉。取 1 份猕猴桃汁拌入 6～7 份糖粉搅拌均匀，为提高风味，可适当加入猕猴桃香精和柠檬酸，倒入合料机中搅拌混合成干湿适宜的混合剂。

（7） 成型 一般用颗粒成型机，通过震动使粉团松散，再通过一定孔径的筛网使糖粉形成圆形或圆柱形小颗粒。

（8） 烘烤 将已成型的猕猴桃粉颗粒，均匀摊放在搪瓷盘中，摊放厚度为 1.5～2.0cm。烘烤温度 65℃，时间为 3h。在烤到 2h 时，可用竹耙将盘内猕猴桃晶上下翻动使受热均匀，加速干燥。为了尽量保存原来的风味和营养成分，可用真空干燥，真空度为 86.7～90.7kPa（650～680mm 汞柱），温度 55℃左右，时间 30～40min。

（9） 成品包装 将干燥后的成品冷却到 40℃，分别用 3.04mm（6 目）和 1.63mm（10 目）的筛子过筛整形，去掉过大结块颗粒及粉末，取得较为整齐一致的颗粒，用复合塑料袋或铁听进行包装。

七 猕猴桃软糖

猕猴桃软糖是一种透明、柔软、甜酸适中的凝胶果糖。因为猕猴桃的酸度较高，大量胶体同它一起加热熬制糖果时使胶体分解，失去凝胶能力，因此在制造软糖时，采用果胶或海藻酸钠作为凝胶剂。将猕猴桃与果胶首先制成软糖芯，再采用另一种胶体与糖共煮，制成皮料。芯料、皮料分别浇盘成型，制成猕猴桃夹心软糖，造型别致，营养丰富，风味独特。

1. 工艺流程

选果→清洗、消毒→去皮→破碎→打浆→浓缩→芯料熬制→皮

料熬制→浇盘成型→凝结切块→干燥包装

2. 操作技术要点

（1）**原料处理** 选果、清洗、破碎、打浆、浓缩几个工序的操作同猕猴桃晶生产中的具体操作。

（2）**芯料的熬制** 将生产中所需的白砂糖、淀粉糖浆、果胶或海藻酸钠、猕猴桃酱、柠檬酸钠（作为缓冲剂）按配方量分别称量备用。首先将部分砂糖与果胶充分混合，使果胶分散；再加水溶化，放入蒸汽夹层锅内加热，使果胶与砂糖完全溶化；加入淀粉糖浆后，继续加热使糖液煮沸；再加入余下的砂糖，继续熬煮，使糖液含糖量达到78%~79%，停止加热，供下一道工序浇盘用。

（3）**皮料的熬制** 采用琼脂软糖精造工艺，首先将干琼脂用30倍水浸泡2h左右，加热到85~90℃，使其溶化备用。然后将配方中所用的白砂糖加适量水，在夹层锅内加热溶化，用0.216mm（80目）筛过滤，去掉杂质；再把过滤后的糖液倒入夹层锅内，继续加热至沸，倒入溶化的琼脂，熬煮到糖液温度达105~106℃；加入配料中的液体葡萄糖浆，搅拌均匀，继续加热使糖液含糖量达75%~76%，停止加热。待糖液冷却到80℃左右，加入适量猕猴桃香精和柠檬酸，调和均匀浇盘。

（4）**浇盘、凝结、切块** 熬制好的芯料与皮料配合浇盘，上、下层为皮料，中层为芯料。待凝结4h以上成为稳定的胶凝体后，进行切块，切成长方形糖块。

（5）**干燥、包装** 糖块干燥温度控制在50℃左右，干燥时间一般为36~48h，其最终含水量为12%~20%。干燥好的软糖包装时，首先内衬糯米纸，再在外层包玻璃纸等。

八 猕猴桃汽水

猕猴桃汽水属高级混浊型果汁汽水，色、香、味俱佳，营养丰富，是防暑降温的佳品。

1. 工艺流程

原料选择→清洗→破碎→压汁→净化→均质→灭菌→配制果汁糖浆→制备碳酸水→灌瓶封盖→检查→贴商标→成品。

2. 操作技术要点

（1）原料选择　选用新鲜、充分成熟、香气浓、变软的猕猴桃果实。剔除伤烂、病虫害果和发酵变质的果实。

（2）清洗　用流动自来水冲洗果实表面的泥沙污物。

（3）破碎、压汁　用不锈钢破碎机，将猕猴桃破碎成 0.5 ~ 1cm 大小的碎块。为了便于榨汁，在破碎时应加入适量的果胶酶。将破碎的猕猴桃块，放入螺旋榨汁机中榨取果汁。

（4）净化、均质　将榨取的果汁用 3 层纱布过滤，除去残皮、籽、粗纤维、果肉等。将过滤后的果汁，放入高压果汁均质机中使果汁均质，得到均匀混浊的原果汁。

（5）灭菌　均质后的果汁，用板框式热交换器加热到 80 ~ 90℃，保持 30 ~ 60s 灭菌，然后冷却到室温。

（6）制备果汁糖浆　首先将蒸汽夹层锅中的水加热到 50℃，然后倒入配方中的砂糖，继续加热至沸，使砂糖溶化，并加入调味剂柠檬酸、糖精适量，另加防腐剂苯甲酸钠，趁热将糖浆过滤，待糖浆冷却到 60 ~ 65℃时，加入适量的混浊剂、色素、猕猴桃香精，继续冷却到室温，然后按比倒加入已灭菌的猕猴桃汁，制成果汁糖浆。

（7）制备碳酸水　用于生产汽水的水必须是处理过的，先用活性炭过滤脱掉异味，然后用电渗析器处理，降低水的硬度，去掉有害离子，并用红外线灭菌器进行消毒，再将水冷却到 4℃左右，与二氧化碳气体在混合机内混合制成碳酸水。

（8）灌浆　经清洗干净的汽水瓶，通过汽水生产机上的链板传送带进入灌糖机内，灌注糖浆 35 ~ 50mL（视果汁糖浆浓度调节），然后瓶子又进入灌碳酸水机中灌注碳酸水。

（9）封盖　灌满碳酸水的汽水瓶，进入打盖机压盖密封。之后应逐瓶检查，如果发现汽水内有不符合质量要求的杂质，如刷子毛、碎玻璃等其他污物，应将其剔除作为废品。

（10）贴商标　通过感官检查质量合格的汽水，经贴商标机逐瓶贴上商标，装箱，作为成品出售。

以上介绍的汽水生产法为两次灌装法。目前较先进的汽水生产设备为一次灌装法，即把果汁糖浆、二氧化碳、水按比例倒在混合机内混合，一次灌瓶。这种方法生产的汽水含气量高，质量好。

在猕猴桃的加工操作过程中必须注意：加工过程要迅速，加热时间尽量缩短，以防止维生素等营养物质的氧化损失；防止金属污染，忌用铁、铜、白铁（含锌和铅）等器具；严格注意环境卫生，勿使杂味和微生物感染；在工艺流程和操作技术过程中，应尽量保全猕猴桃原有的风味和营养成分，严控不利于人体健康的物质混入。

第十一章
猕猴桃高效栽培实例

实例一　徐香猕猴桃高效栽培实例

徐香是美味猕猴桃种中品质最好的品种之一，现在已经被越来越多的消费者所认可。近年来我们对陕西猕猴桃产区的徐香猕猴桃园进行了大量调查后发现，该品种只要管理科学，可以连续获得比较高的产量和收益，眉县金渠镇田家寨村两位种植户的果园（果园A与果园B）便是成功的范例。这两个果园都是在2000年3月定植，定植时苗子状态为冬季室内在实生苗上嫁接的假植苗，规模为7.6亩，株行距为2m×3.5m，初期雄株52棵，近年来进行人工授粉后改为32棵，2003年初挂果，2005年开始进入盛果期，2006年亩产量即达到了2631kg，2007年为2924kg，之后的产量一直稳定在4000kg左右，累计收益过百万元，在市场价格最好的年份（2012年）收益达到了28万元，是典型的丰产高效栽培示范园。

该园采用的树形为单主干多主蔓上架，结果枝呈自然伞形均匀分布。架型为大棚架。7月份走进果园观察，地面光斑大约为20%～30%，并且全园光线比较均匀，对光能的利用率基本达到了最大化。表11-1为这两个果园树体结构的主要特征：成龄树冬季修剪后单株保留17个结果母枝，均为长果枝，修剪后每个枝保留剪留15～21个有效芽，单株留芽量为255～270个，折合每亩留长果枝量为1496个左右，留芽量为22440～23760个。春季抹芽后每个结果母枝上保

留 6～8 个芽，抽生的每个结果枝上经过疏花疏果后保留 4～5 个果子，这便相当于每个结果母枝上有 2000～2500g 果实（单果重为 130～150g），7 月份单株保留有效叶片数量平均为 1088 片，单株留果量平均为 327 个，叶果比为 3.33∶1。

表 11-1　丰产徐香猴桃果园树体结构状况

调查果园	冬剪后单株留枝量/个	冬剪后单株留芽量/个	单株留果量/个	单株有效叶片数量/个	叶果比
果园 A	17	255	320	1060	3.31∶1
果园 B	16～18	270	333	1116	3.35∶1
平均	17	263	327	1088	3.33∶1

我们对两个徐香猕猴桃果园在果实采收后的土壤养分状况进行了测定分析，其土壤速效氮为 14.3～18.7mg/kg，平均为16.5mg/kg，速效磷为 60.8～68.8mg/kg，平均 64.8mg/kg，速效钾为 208.9～218.3mg/kg，平均 209.6mg/kg，速效镁和速效铁的含量分别为 156.6mg/kg 和 3.58mg/kg，有机质含量为 1.13%。

表 11-2 是这两个果园的施肥情况。施肥方式为在距离树干 80cm 外撒施后浅旋耕，3～9 月间 3 次的旋耕深度为 10cm，采收后的旋耕深度为 15～20cm。

表 11-2　丰产徐香猴桃果园的土壤施肥情况

施 肥 时 期	肥 料 种 类	施 肥 量
3 月底前	碳酸氢铵	1.75kg/株
6 月中旬	氮磷钾三元复合肥	1.25～1.5kg/株
7 月下旬	高氮高钾型复合肥	1.0～1.25kg/株
9 月底	二铵	1.25kg/株
采收后	磷肥 + 腐熟鸡粪	131.6kg/亩 +5000kg/亩

灌水每年 1～3 次，灌水时间主要根据当年土壤墒情而定。喷药 3 次，主要喷甲基托布津，个别年份视虫害发生情况而定。

海沃德是目前全球商业化栽培面积最广泛的品种，它特别耐储藏，冷库储藏条件下可以保存 8 个月以上，基本上达到了猕猴桃果实的周年供应，树体的抗性也较强，很受生产者欢迎。陕西眉县金渠镇红星村猕猴桃种植者谢××的 3 亩海沃德是西北农林科技大学猕猴桃试验示范站从开始建园就抓的示范园。2007 年春季建园，2011 年亩产量就达到了 2133.3kg，2013 年亩产量达到了 4066.7kg，亩收益 19140 元。

定植时苗子状态为实生苗，定植前用开沟机整行开沟，沟宽80cm、深80cm，在沟底部填入20cm 厚度的玉米秆，中部填入表土，拌入磷肥和农家肥，上部覆盖开沟土，定植后及时灌水，覆盖地膜；来年春季在田间完成品种嫁接，种植株行距为 3.5m×2m，雌雄株比例为 15:1。树形采用单主干双主蔓上架，冬季修剪后每个主蔓上保留 8 个长枝，结果母枝均匀地在主蔓上呈现羽状均匀分布，每个结果母枝上留 4~6 个结果枝，结果枝上预留 4~5 片叶后全部摘心，架型为大棚架。

主要施肥措施为：全年施肥 7 次。冬季每株施入氮磷钾（各为15%）复合肥 1.5kg，生物有机肥 2kg；春季发芽前每亩施入 80kg 尿素，150kg 过磷酸钙；花前每亩追施 30kg 尿素，随水冲施 1.5m³ 腐熟的鸡粪；花后每亩施入 100kg 氮磷钾（各为 15%）复合肥；6 月随水每亩施入 2m³ 沼液；7 月下旬随水每亩施入 2m³ 有机全营养复合肥。

红阳猕猴桃是一个红心黄肉型品种，其果实品质优良，果肉细、香味浓，质感好，很受消费者欢迎，销售价格高，效益好，但在陕西关中地区栽培困难，许多果农望而却步。陕西宝鸡市陈仓区钓渭镇东阳村猕猴桃种植者尚××，2003 年以来栽植的 3.2 亩红阳猕猴桃，由于实行了规范化栽植和精细化管理，连年高产稳产，栽培效益逐年攀升，且树体健壮，病虫害发生少。2012 年，3.2 亩猕猴桃共生产商品果 8670kg，平均售价 16.6 元/kg，总收入 14.4 万元，亩均生产优质商品果 2710kg，收入 4.5 万元。他成为远近闻名的猕猴桃科技示范户和果业致富典型，吸引了周边县区众多果农前来取经。

该园为秦岭北麓台塬坡地，坐西朝东，属南北走向的台田，土层深厚，灌溉方便。栽植密度为 3m×2m，雌雄株搭配比例为 7∶1，雄株按雌雄株定植比例在果园中间均匀分布。架型为改良型大棚架。

1. 主要土肥水管理措施

（1）高标准建园 秋挖坑，春栽植。于建园前一年秋季开挖宽 80cm、深 60cm 的定植沟，沟内填埋作物秸秆、杂草等，亩施优质有机肥 4000~5000kg，并混施碳铵、磷肥各 100kg。浇水踏实，待春季解冻后栽植。栽后及时覆膜，并留足宽度在 1m 以上的营养带。

（2）连年深翻改土 栽后当年秋季，从定植沟处向外挖宽 50cm、深 50cm 的施肥沟，结合深翻继续填埋腐熟有机肥、秸秆、杂草等，并适量混施氮、磷、钾三元复合肥。连续深翻 3 年，直至全园翻通。

（3）科学配方施肥 重视有机肥，巧施化肥。成龄树每年秋季亩施腐熟有机肥 4000~5000kg，并配合株施沼液 50kg，亩施氮、磷、钾三元复合肥 165kg。全年追肥 3 次，以氮、磷、钾三元复合肥为主，分别于萌芽前、果实膨大前和果实生长后期，交替采用放射状沟施和多点穴施法施入，施肥深度为 20cm。其中，萌芽前（3 月上中旬）亩施氮、磷、钾三元复合肥 165kg；果实膨大前（5 月下旬~6 月上旬）亩施氮、磷、钾三元复合肥 110kg，株施沼液 50kg；7 月中下旬亩施氮、磷、钾三元复合肥 110kg。同时，生长季节结合树上喷药每次都添加叶面肥或营养肥，主要有尿素、生命素、碧护、绿美滋、叶肥、钙镁肥等。

（4）适时合理灌溉 全园修畦，短行畦灌。灌好封冻水、萌芽水、膨大水，全年灌水 3~4 次。

2. 树体管理

1）采取单主干多蔓整形，中长梢修剪，保持合理的树体结构。冬季修剪后，1m² 架面留 2.6~2.8 个结果母枝，即单株保留 17 个结果母枝（均为中长果枝），每个枝保留 12 ~ 15 个有效芽，单株留芽量为 204 ~ 224 个，折合每亩留中长果枝 1632 个，留芽 19584 ~ 20563 个。春季抹芽定梢后每个结果母枝保留 5 ~ 6 个结果枝，每个结果枝最终保留 4 ~ 5 个果（一般留 4 个果，最外边的结果枝留 5 个果）。春季新梢长到 5 ~ 10cm 时，抹芽定梢一次进行。预备枝于 80cm 处摘心，结果枝于果前 4 ~ 5 片叶处摘心。7 月份，单株留果量平均为 272 个，单株保留有效叶 843 片，叶果比 3.1 : 1，地面透光率（光斑）20% ~ 30%。

2）重视花期管理，除花期放蜂外，还采取人工辅助授粉。用对花授粉或提前采集雄花苞收集花粉，在雌花期分两批授粉。用毛笔或橡皮头将花粉涂到雌花柱头上，或配制成花粉液用喷雾器均匀喷到雌花柱头上，反复进行 2 ~ 3 次。

实例四　红阳猕猴桃高效栽培实例（二）

陕西眉县金渠镇蔡家崖村红阳猕猴桃种植者白×× 种植的 2.3 亩果园，进入盛果期后，产量一直稳定在每亩 2000kg 以上，收益每年超过 10 万元，其中 2011 年每亩折合收益为 39583 元，2012 年每亩折合收益为 33667 元，2013 年每亩折合收益为 44166.6 元，2014 年最高总收益达到了 15.5 万元，每亩折合收益为 67390 元，创造了陕西猕猴桃产区单位面积收益的最高纪录。该园的成功影响和带动了周边大片红阳猕猴桃种植者学习其果园管理模式。

其建园时间为 2002 年春，定植时苗子状态为：50% 红阳嫁接成品苗、50% 金香嫁接成品苗（随后来年改接成红阳），种植密度为 3.5m×2m，雌雄株比例为 15 : 1，树形采用单主干多主蔓上架，结果枝呈自然伞形均匀分布，架型为大棚架。

主要施肥措施为：采果后每亩施入 3m³ 腐熟的麦壳，每株施入等量氮磷钾复合肥 1kg；发芽前每株追施 1kg 高氮复合肥；果实膨大期（6 月）每株追施 1kg 高钾复合肥；7 月每株追施 1kg 高磷复合肥。遇到伏旱严重年份，灌水和追肥次数适量增多。

第十一章　猕猴桃高效栽培实例

附　　录

附录 A　石硫合剂与波尔多液

1. 石硫合剂的熬制和使用方法

熬制而成的石硫合剂原液为红褐色透明液体。其毒力主要为多硫化钙和一部分硫代硫酸钙，同时具有强碱性，腐蚀性强，有侵蚀昆虫表皮蜡层的作用。

配制方法：硫黄粉 2 份、生石灰 1 份、水 10 份。先将水加热至 40～50℃，将生石灰放入锅中搅拌成石灰乳，煮沸后将硫黄糊慢慢倒入锅中，做好水位线记号，迅速搅拌，随时用热水补充蒸发的水，煮沸 40～50min 即成原液。当锅内的药液由黄色变为红色，再变为红褐色时即成。为了鉴定是否熬好，可取少量原液滴入清水中，如果滴入清水中的原液立即散开，表明熬好，如果药滴下沉，则需继续熬制。熬成的原液冷却后滤去渣质，测定浓度后，储藏于密闭容器中，注意不能用铁器等金属器皿盛放。使用时所需的浓度通过查阅石硫合剂重量稀释倍数表（表 A-1），即可获得要配制一定浓度的药液，每千克原液应加多少水。

表 A-1　石硫合剂稀释倍数表（以重量计）

加水倍数　　使用浓度 原液浓度	0.1	0.2	0.3	0.4	0.5	1.0	2.0	3.0	4.0	5.0
15.0	149	74.0	49.0	36.5	29.0	14.0	6.5	4.00	2.75	2.00
16.0	159	79.0	52.3	39.0	31.0	15.0	7.0	4.33	3.00	2.20
17.0	169	84.0	55.6	41.5	33.0	16.0	7.5	4.66	3.25	2.40
18.0	179	89.0	59.0	44.0	35.0	17.0	8.0	5.00	3.50	2.60
19.0	189	94.0	62.3	46.5	37.0	18.0	8.5	5.33	3.75	2.80

原液浓度 \ 使用浓度	0.1	0.2	0.3	0.4	0.5	1.0	2.0	3.0	4.0	5.0
20.0	199	99.0	65.6	49.0	39.0	19.0	9.0	5.66	4.00	3.00
21.0	209	104.0	69.0	51.5	41.0	20.0	9.5	6.00	4.25	3.20
22.0	219	109.0	72.3	54.0	43.0	21.0	10.0	6.33	4.50	3.40
23.0	229	114.0	75.6	56.5	45.0	22.0	10.5	6.66	4.75	3.60
24.0	239	119.0	79.0	59.0	47.0	23.0	11.0	7.00	5.00	3.80
25.0	249	124.0	82.3	61.5	49.0	24.0	11.5	7.33	5.25	4.00
26.0	259	129.0	85.6	64.0	51.0	25.0	12.0	7.66	5.50	4.20
27.0	269	134.0	89.0	66.5	53.0	26.0	12.5	8.00	5.75	4.40
28.0	279	139.0	92.3	69.0	55.0	27.0	13.0	8.33	6.00	4.60
29.0	289	144.0	95.6	71.5	57.0	28.0	13.5	8.66	6.25	4.80
30.0	299	149.0	99.0	74.0	59.0	29.0	14.0	9.00	6.50	5.00

石硫合剂碱性强，使用时不能与酸性农药混合，也不能与含铜药剂混用，与波尔多液交替使用时，应间隔 20 ~ 30 天。该原液有腐蚀性，皮肤、衣服沾上原液应立即用清水冲洗。

2. 波尔多液配制方法

根据硫酸铜和石灰的比例，波尔多液可分为等量式〔硫酸铜:生石灰:水 = 1:1:(160 ~ 200)〕、半量式〔硫酸铜:生石灰:水 = 1:0.5:(160 ~ 200)〕、倍量式〔硫酸铜:生石灰:水 = 1:2:(160 ~ 200)〕等类别。等量式波尔多液容易产生药害，建议使用倍量式或多量式。

将硫酸铜与生石灰分别溶于 50% 的用水量中，然后将两种药液同时缓慢地倒入第三个容器中，边倒边搅即成。或将硫酸铜溶于 80% 的用水量中，配成稀硫酸铜液，把生石灰溶于剩余的 20% 水中，配成浓石灰乳，然后把稀硫酸铜溶液缓慢地倒入浓石灰乳中，边倒边搅拌。注意不能将浓石灰乳倒入稀硫酸铜溶液中，也不能先配成浓缩的波尔多液再加水稀释，否则影响药液质量。

附录

附录 B　猕猴桃园年工作历

月份	工作内容
1	完成冬剪，沙藏种子
2	复剪，为嫁接树剪砧，整理架材，绑蔓，萌芽前喷 3~5 波美度石硫合剂，检查、防治溃疡病，新建园栽植，嫁接
3	施萌芽肥，灌水，检查、防治溃疡病、嫁接
4	除萌、抹芽，海沃德品种摘心防风，疏蕾，施花前肥，种植三叶草，育苗播种，架设诱虫灯
5	授粉，雄株修剪，苗圃地搭设遮阴棚
6	疏果，施花后肥、灌水，绑蔓，摘心，疏枝，除萌
7	灌水，绑蔓，疏枝，除萌，叶面喷肥，嫁接，准备农家肥
8	灌水，疏枝，摘心，除萌，叶面喷肥，嫁接，低洼地排水，准备农家肥
9	采收早熟品种，预防溃疡病，叶面喷肥，低洼地排水、准备农家肥
10	采收中、晚熟品种
11	施基肥，栽植，树干绑草诱虫
12	落叶后清园，冬灌，下旬收集树干绑草后烧毁，树干涂白，开始冬剪、采接穗

附录 C　常见计量单位名称与符号对照表

量的名称	单位名称	单位符号
长度	千米	km
	米	m
	厘米	cm
	毫米	mm
面积	公顷	ha
	平方千米（平方公里）	km^2
	平方米	m^2

量 的 名 称	单 位 名 称	单 位 符 号
体积	立方米	m³
	升	L
	毫升	mL
质量	吨	t
	千克（公斤）	kg
	克	g
	毫克	mg
物质的量	摩尔	mol
时间	小时	h
	分	min
	秒	s
温度	摄氏度	℃
平面角	度	(°)
能量，热量	兆焦	MJ
	千焦	kJ
	焦［耳］	J
功率	瓦［特］	W
	千瓦［特］	kW
电压	伏［特］	V
压力，压强	帕［斯卡］	Pa
电流	安［培］	A

附
录

参 考 文 献

［1］刘旭峰，龙周侠，姚春潮，等. 猕猴桃栽培技术［M］. 杨凌：西北农林科技大学出版社，2005.

［2］张指南，侯志洁. 中华猕猴桃的引种栽培与利用［M］. 北京：中国农业出版社，1999.

［3］李喜宏，许宇飞，陈丽，等. 果蔬营养诊断与矫治［M］. 天津：天津科学技术出版社，2003.

［4］韩礼星. 猕猴桃标准化生产技术［M］. 北京：金盾出版社，2008.

［5］桂明珠，胡宝忠. 小浆果栽培生物学［M］. 北京：中国农业出版社，2002.

［6］陈立松，刘星辉. 果树逆境生理［M］. 北京：中国农业出版社，2003.

［7］黄宏文. 猕猴桃高效栽培［M］. 北京：金盾出版社，2001.

［8］姜远茂，彭富田，巨晓棠. 果树施肥新技术［M］. 北京：中国农业出版社，2002.

［9］黄宏文. 猕猴桃研究进展（Ⅱ）［M］. 北京. 科学出版社，2003.

［10］黄宏文. 猕猴桃研究进展（Ⅵ）［M］. 北京. 科学出版社，2011.